生态环境产教融合系列教材

U0650545

有机农业种植技术

主　编：王　静　曾广娟　冯　阳

副主编：苗利军　邹　磊　鲁凤娟

　　　　张鹏娟　唐新玥　马立杰

　　　　于　辉

中国环境出版集团·北京

图书在版编目（CIP）数据

有机农业种植技术 ／ 王静，曾广娟，冯阳主编.
北京 ： 中国环境出版集团，2024. 10. -- （生态环境产
教融合系列教材）. -- ISBN 978-7-5111-5974-8
Ⅰ. S345
中国国家版本馆CIP数据核字第2024A5T055号

◉ AI农业专家
◉ 课 件 辅 读
◉ 答 案 速 查
◉ 案 例 促 学

责任编辑　宾银平
封面设计　宋　瑞

出版发行　中国环境出版集团
　　　　　（100062　北京市东城区广渠门内大街 16 号）
　　　　　网　　　址：http://www.cesp.com.cn
　　　　　电子邮箱：bjgl@cesp.com.cn
　　　　　联系电话：010-67112765（编辑管理部）
　　　　　　　　　　010-67113412（第二分社）
　　　　　发行热线：010-67125803，010-67113405（传真）
印　　刷　玖龙（天津）印刷有限公司
经　　销　各地新华书店
版　　次　2024 年 10 月第 1 版
印　　次　2024 年 10 月第 1 次印刷
开　　本　787×1092　1/16
印　　张　15.5
字　　数　400 千字
定　　价　58.00 元

生态环境产教融合系列教材编委会

（按拼音排序）

主　任：李晓华（河北环境工程学院）

副主任：耿世刚（河北环境工程学院）
　　　　张　静（河北环境工程学院）

编　委：曹　宏（河北环境工程学院）
　　　　崔力拓（河北环境工程学院）
　　　　杜少中（中华环保联合会）
　　　　杜一鸣［金色河畔（北京）体育科技有限公司］
　　　　付宜新（河北环境工程学院）
　　　　高彩霞（河北环境工程学院）
　　　　冀广鹏（北控水务集团）
　　　　纪献兵（河北环境工程学院）
　　　　靳国明（企美实业集团有限公司）
　　　　李印杲（东软教育科技集团）
　　　　潘　涛（北京泷涛环境科技有限公司）
　　　　王喜胜（北京京胜世纪科技有限公司）
　　　　王　政（河北环境工程学院）
　　　　薛春喜（秦皇岛远中装饰工程有限公司）
　　　　殷志栋（河北环境工程学院）
　　　　张宝安（河北环境工程学院）
　　　　张军亮（河北环境工程学院）
　　　　张利辉（河北环境工程学院）
　　　　赵文英（河北正润环境科技有限公司）
　　　　赵鱼企（企美实业集团有限公司）
　　　　朱溢镕（广联达科技股份有限公司）

生态环境产教融合系列教材
总　序

　　引导部分地方本科高校向应用型转变是党中央、国务院的重大决策部署，其内涵是推动高校把办学思路真正转到服务地方经济社会发展上来，把办学模式转到产教融合、校企合作上来，把人才培养重心转到应用型技术技能型人才、增强学生就业创业能力上来，全面提高学校服务区域经济社会发展和创新驱动发展的能力。为推动我校转型发展，顺利完成河北省转型发展试点高校的各项任务，根据教育部、国家发展改革委、财政部《关于引导部分地方普通本科高校向应用型转变的指导意见》（教发〔2015〕7号），《河北省本科高校转型发展试点工作实施方案》等文件精神，特组织编写生态环境产教融合系列教材。

　　我校自被确立为河北省转型发展试点高校以来，以习近平新时代中国特色社会主义思想为指导，坚持立德树人根本任务，坚定不移培养德智体美劳全面发展的高素质应用型人才；以绿色低碳高质量发展需求为导向，优化学科专业结构，建设与行业产业需求有机链接的专业集群；以产教融合为人才培养主要路径，建立产教融合协同育人的有效机制；以培养高素质应用型人才为根本目标，探索"五育并举"的实现形式，创新产教融合人才培养模式，改革课程体系和教育教学方法，打造高水平"双师双能型"教师队伍，把学校建设成为教育教学理念先进、跨学科专业交叉融合、多元主体协同育人充满活力、服务地方经济社会能力突出、生态环保特色彰显的应用型大学。为深入推进转型发展，切实落实各项任务，确保实现"12333"转型发展目标，学校实行转型发展项目负责制，共包含产业学院建设项目、专业产教融合建设项目和公共课程平台建设项目3类。根据OBE教育理念，构建"跨学科交叉、校政企共育共管、多元协同促教"的产教融合人才培养模式，着眼于建设特色鲜明高水平应用型大学的办学目标，通过实施项目负责制精准推进产教融合。25 个本科专业实现了校企合作办学全覆盖，7 个产业学院、10 个专业和 5 个课程平台投入建设，通过多层次、多渠道与相关行业企业开展实质性合作办学，不断深化产教融合、校企合作，校企协同育人机制初步形成。

编写产教融合教材是转型发展工作中的重要环节，是学校与企业之间沟通交流的重要载体。教材建设团队坚持正确的政治方向和价值导向，将先进企业的生产技术、管理理念和课程思政教育元素融入教材。教材的编写推进了启发式、探究式等教学方法改革和项目式、案例式、任务式企业实操教学等培养模式综合改革；有利于促进人才培养与技术发展衔接、与生产过程对接、与产业需求融合；有利于促进学生自主学习和深度学习。产教融合教材和对应课程依据合作企业先进的、典型的任务而开发，满足学生顶岗实习需求、项目教学需求、企业人员承担教学任务需求。课程开发和教材编写人员组成包含共建实习实训基地项目和创新创业项目人员及顶岗挂职人员，确保教材能够将人才链、创新链、产业链有机融合，为应用型人才培养贡献力量。

前　言

随着世界经济的发展，环境和生态问题越来越成为人们关注的焦点，食品安全问题也随之日显突出。为迎接这一人类共同面临的挑战，一场绿色革命的浪潮正在席卷全球。

以生态友好和环境友好为主要特征的有机农业种植技术，已经被世界许多国家作为解决食品安全、保护生物多样性、促进可持续发展等目标的一条有效的可实践途径。以有机农业种植技术生产的安全、优质、健康的有机食品及其加工产品，越来越受到各国消费者的欢迎。发展有机农业种植技术和推进有机食品生产的宗旨是：建立人与自然的和谐关系，促进生态环境的利用和保护，实现农产品的安全生产和农业的可持续发展。

有机农业种植技术是一种适用于种植业的农业技术，旨在通过不使用合成化学物质和基因改造的种子，以及采用自然和生态的方法来提高农作物的产量和品质。这种技术不仅有助于保护环境，还能提高土壤的肥力和生物多样性，从而促进农作物的健康生长。有机农业种植技术的核心要点包括：①产地环境选择，选择一个适合有机种植的地点，确保基地周围没有污染源，土壤耕性良好，且在36个月内未使用违禁物质，不含重金属等有毒有害物质。②施肥技术，有机农业种植依赖于自然和生态的方法来培育健康肥沃的土壤。适合的肥料种类包括有机肥、堆肥、沤肥、绿肥、矿物源肥料以及一些厂家生产的允许在有机农作物上施用的纯有机肥和生物有机肥。③建立有机种植环境，严禁使用国家标准中的禁用物质，培养维护地表生态，如预留天敌栖息地，不绝对铲除杂草，养蜂、养鹅、养鸭等，增加有机质、增加土壤有益菌、培养蚯蚓等。④病虫草害防治，采用生物防治、物理防治和化学防治相结合的方法，如利用天敌、诱虫黄板、喷洒生物农药等，确保农作物的健康生长。采用人工灭草方式，杜绝使用化学药剂。⑤采用纯天然的原料，对土壤进行改良、控制病害虫及施肥，帮助植物生长。⑥收获与贮存，当农作物长到适宜的大小时进行收获，注意避免损伤农作物，并及时清理残留在基质中的根系等杂物。收获后的农作物要进行适当的贮存和处理，以保持其新鲜度和口感。通过这些技术和方法的应用，有机农业种植技术不仅有助于提高农作物的产量和品质，还能保护环境，促进农业的可持续发展。

由于国内外市场的需求，有机食品在我国的发展速度较快。我国经认证的有机食品如粮食、茶叶、蔬菜、水果、蜂蜜、天然香料、中药材、奶制品、畜禽产品和水产品等近 300 个品种销往美国、加拿大、日本、欧洲等地。全国各地通过有机食品的生产和贸易，产生了良好的经济效益和社会效益，有机食品逐渐成为我国出口最有前途、最有附加值的产品之一。但是，我国有机食品发展在国际市场份额中所占的比例还很小，从市场的需求和空间看，我国有机食品产业是大有发展前途的。加入世界贸易组织（WTO）后，客观上要求我国加大调整农业生产结构的力度，引导和支持按照比较优势原则调整农业产业结构，这是提高我国农产品国际竞争力和扩大国内需求的关键。

有机农业种植是贯彻高产、优质、高效、生态、安全农业方针所应达到的最高标准，是现代农业的前沿，是一种新的生产方式和理念。发达国家在此方面高筑"技术壁垒"，以"安全"为由将我国多数农产品拒之门外，因此，我国只有大力发展有机农业种植技术，才能突破这种"壁垒"，并获得融入世界市场的"通行证"。

2022 年，河北环境工程学院启动了有机产品系列教材编写工作，《有机农业种植技术》一书就是在这一背景下产生的。本书以项目合作伙伴——企美实业集团有限公司多年的有机种植实践为基础，借鉴国内外最新的有机生产技术编写而成。

本书由各单位的教师和专家共同完成。全书除绪论，共分六个项目，以企业有机农业种植实际生产案例为基础，遵循应用型大学本科教育规律，按照项目任务式编写方式，对有机农业种植技术进行了全新梳理和编排。

本教材由王静、曾广娟、冯阳担任主编。苗利军、邹磊、张鹏娟、鲁凤娟、唐新玥、马立杰担任副主编。张兆辉和岳清华作为本书的技术顾问，提供了部分案例素材。具体编写分工为：曾广娟编写绪论，唐新玥、鲁凤娟编写项目一，马立杰、秦津、张颖编写项目二，邹磊编写项目三，王静、于辉编写项目四，张鹏娟、王静、苗利军编写项目五，苗利军、冯阳编写项目六。全书由王静统稿，河北省农林科学院昌黎果树研究所刘国俭研究员主审。此外，南京农业大学何文龙教授对全书的编写工作提出了指导意见，河北嘉诚农业科技有限公司的周国彦经理参与了大纲制定工作，在此表示诚挚的感谢！同时对本书采用的有机农场企业案例的企业表示衷心的感谢。

　　由于有机农业种植技术是当下较先进的种植技术，可供借鉴的资料和可利用的资源比较有限，书中不妥之处在所难免，敬请读者提出批评和修改建议。

王静

2024 年 5 月于秦皇岛

目　录

扫码查看

◉ AI农业专家
◉ 课件辅读
◉ 答案速查
◉ 案例促学

绪　论

　　有机农业是一种可持续发展的环境友好型农业生产方式，作为一种现代农业的替代农业模式，在全球一直呈持续发展的态势。本部分介绍了有机食品及有机农业的概念以及两者之间的联系，介绍了有机农业的起源与发展、有机农业的特征，比较了有机农业与传统农业、常规农业的不同，探讨了发展有机农业与生态环境保护的关系，简述了有机农业发展的现状及国内外有机农业种植研究的概况。通过本部分的学习，学生应认识到有机农业在健全环境治理和环境保护中的重要作用，认识到有机农业种植是构建食品安全和农业可持续发展的必由之路。

　　长期以来，高强度的掠夺性种植和大量施用化肥农药等化学合成的投入品，使环境和食品受到不同程度的污染，自然生态系统遭到破坏，土地生产能力持续下降，食品质量堪忧，已成为制约农业可持续发展的"瓶颈"。人类亟须在尊重自然规律的基础上重新审视目前的农业生产方式和生活方式，重新认识自然、了解自然，寻找适合人类发展的农业生产方式。因此，有机农业应时而生。有机农业更强调对生态环境的保护及注重土壤的健康。有机农业是全球农业先驱在近100年的时间里探索的有利于保护生态环境、提供健康营养农产品、推进可持续发展的农业生产体系。有机农业种植系统旨在保持、提高土壤肥力和保护生态环境，在农业和环境的各个方面，充分考虑土地、农作物、牲畜、水产等的自然生产能力，并致力于提高食物的质量水平和改善生态环境，尽可能解决常规农业生产存在的环境、生态、经济甚至社会问题，实现经济效益、生态效益、环境效益、景观效益和社会效益的有机结合。世界不少国家政府决策层也逐渐认识到发展有机农业的必要性和紧迫性，有机农业是实现农业可持续发展最基本而有效的方法之一，其核心是建立和恢复农业生态系统的生物多样性和良性循环，以维持农业的可持续发展。

1　有机农业概述

1.1　有机食品与有机农业

　　有机食品（organic food）是国际上对无污染天然食品比较统一的提法。有机食品是有机农业的产物，是在国际有机农业生产基础上经认证确认的符合有机食品相关标准的产品。除有机食品外，国际上还把一些衍生的产品如有机化妆品、有机纺织品、有机林产品或为有机食品生产而提供的生产资料，包括生物农药、有机肥料等，经认证后统称有机产品。

　　目前，我国有机食品的基础标准有《有机产品　生产、加工、标识与管理体系要求》（GB/T 19630—2019）和《有机食品技术规范》（HJ/T 80—2001）。有机食品是指来自有机农业生产体系，根据有机农业生产的规范生产加工，并经独立的认证机构认证的农产品及其加工产品等。在我国，除有机食品外，还有普通食品、无公害食品和绿色食品。与普通食品相比，有机食品、绿色食品、无公害食品都是安全食品，安全是这 3 类食品突出的共性，它们从种植、收获、加工生产、贮藏及运输过程中都采用了无污染的工艺技术，实行从土地到餐桌的全程质量控制，保证了食品的安全性。有机食品与无公害食品、绿色食品的区别体现在以下几个方面：①有机食品在其生产加工过程中绝对禁止使用农药、化肥、激素等人工合成物质，并且不允许使用基因工程技术；而无公害食品和绿色食品认证则允许有限使用这些物质，且不禁止基因工程技术的使用，如绿色食品对基因工程和辐射技术的使用就未作规定。②在生产转型方面，从生产无公害食品或绿色食品到生产有机食品需要 2~3 年的转换期，而从生产有机食品到生产绿色食品或无公害食品则没有转换期的要求。③在数量控制方面，有机食品认证对有机食品的生产面积和产量有要求，而无公害食品和绿色食品认证没有该要求。

有机农业生产方式强调生产过程回归自然，更加注重土壤质量的保护和改善，有利于保持农产品的天然属性和营养成分，因此有机食品较普通食品的营养价值高，更能满足人体对营养的需求。此外，有机农业生产过程中还注重选用优质种子和种植方法，使得有机食品在口感、风味和香气上更加出色。

1.2 有机农业的起源和发展

有机农业的起源要追溯到 1909 年，当时美国农业部土地管理局局长金（F. H. King）途经日本到中国，学习了中国农业数千年兴盛不衰的经验，并于 1911 年写成了《四千年农夫》一书，这本书被称为有机农业的"圣经"之一。书中指出中国传统农业持久繁荣的秘诀在于中国农民的聪明才智、辛勤劳作和节省资源，善于利用时间和空间提高土地的利用率，并将秸秆、人畜粪便和塘泥等还田培养地力，描述了一种原生态的循环农业模式。该书对英国植物病理学家、土壤微生物学家霍华德（Albert Howard）影响很大，其于 20 世纪 30 年代初出版《农业圣典》一书，该书被称为有机农业的第二部"圣经"。书中指出农业的关键在于土壤，保持土壤肥力是任何农业保持长久的首要条件，提出"土壤、动物、人、植物的健康是合一的，无法分离的"，强调保护土壤中的腐殖质、水分以及土壤菌群的重要性，指出与自然循环和自然过程同步是农业生产策略的关键，书中积极倡导有机农业的思想。1940 年，在英国著名的农业科学家诺斯博纳（Northbourne）勋爵出版的著作 *Look to the Land* 中第一次出现"有机农业"一词。

有机农业因其倡导的健康生产和健康消费观念、产品（食品）安全意识、质量标准而被广大的消费者所认可，在国际上产生了广泛而深刻的影响。在这种背景下有一部分先驱者开始了有机农业的实践。世界上最早的有机农场是由美国的罗代尔（J. I. Rodale）先生于 20 世纪 40 年代建立的"罗代尔农场"。随着现代石油农业对环境、生态和人类健康影响的日益加剧，发达国家纷纷于 20 世纪 50 年代自发建立了有机农场，开始了有机农业种植的生产实践，但总体发展缓慢。1972 年，国际有机农业运动联盟（International Federation of Organic Agriculture Movement，IFOAM）成立，随后建立了众多农业协会和科研机构，使有机农业取得了较快的发展。1973 年，在 IFOAM 成立后，有机农业研究所（Research Insititute of Organic Agriculture）在瑞士成立，成为国际上针对有机农业技术发展和推广的重要机构。有机农业的思想在经历了近半个世纪的漫长实践，直到 20 世纪 80 年代，一些发达国家的政府才开始重视有机农业，很多国家都出台了有机产品标准，并鼓励农民从常规农业生产向有机农业生产转换，有机农业的概念开始被广泛地接受。随后，有机农业进入快速发展时期。有机农业从产生到快速发展与现代农业对环境和人类的影响是分不开的。

近年来，有机农业不仅在生产规模上发展迅猛，而且已由单一的有机种植产品发展到涉及农林牧副渔和农副产品深加工、食品配料、农资产品、纺织品、护肤用品等诸多领域。

1.3　有机农业的概念与特征

（1）有机农业的概念

关于有机农业的定义，不同的国家和地区略有差异，但核心内容是一致的，即不施用化学合成的农药、肥料等投入物质，不使用转基因产品。

1）IFOAM 对有机农业的定义：有机农业包括所有能促进环境、社会和经济良性发展的农业生产系统。这些系统将土壤的肥力作为农业生产成功的关键。通过尊重植物、动物的自然生长能力，达到使农业和环境各方面质量都最完善的目标。有机农业通过禁止使用化学合成肥料、农药而极大地减少了外部物质的投入，相反利用强有力的自然规律来增加农业产量和抗病能力。有机农业坚持世界普遍可接受的原则，并根据当地的社会经济、地理气候和文化背景实施相应的原则。

2）联合国粮食及农业组织（FAO）、世界卫生组织（WHO）和食品法典委员会（CAC）对有机农业的定义：有机农业是一个依靠生态系统管理而不是依靠外来农业投入的系统。这个系统通过禁止使用化学合成物，如合成肥料、农药、兽药、转基因品种和种子、防腐剂、添加剂，代之以针对长期保持和提高土壤肥力、防止病虫害的管理方法，注意对环境和社会的潜在不利影响。有机农业是整体生产管理体系，以促进和加强农业生态系统的保护为出发点，重视利用管理方法，而不是外部物质投入，并考虑当地具体条件，尽可能地使用农艺、生物和物理方法，而不是化学合成物质。从这个定义可以看出有机农业更强调对生态环境的保护，其目的是达到环境效益、社会效益和经济效益三大效益的协调发展。

3）美国农业部对有机农业的定义：有机农业是一种完全不用或基本不用人工合成的肥料、农药、生产调节剂和畜禽饲料添加剂的生产体系。在这一体系中，尽可能地采用作物轮作、作物秸秆、畜禽粪肥、豆科作物、绿肥、农场以外的有机废弃物和生物防治病虫害的方法来保持土壤生产力和耕性，供给作物营养并防治病虫害和杂草。尽管该定义还不够全面，但描述了有机农业的主要特征。

4）欧洲对有机农业的定义：有机农业是一种通过施用有机肥料和适当的耕作和养殖措施，以达到提高土壤长效肥力的系统。有机农业生产中仍然可以使用有限的矿物质，但不允许施用化学肥料，可以通过自然的方法而不是通过化学物质控制杂草和病虫害。

5）我国对有机农业的定义。根据《有机食品技术规范》（HJ/T 80—2001），有机农业是指在动植物生产过程中不使用化学合成的农药、化肥、生长调节剂、饲料添加剂等物质，以及基因工程生物及其产物，而是遵循自然规律和生态学原理，采取一系列可持续发展的农业技术，协调种植业和养殖业的平衡，维持农业生态系统持续稳定的一种农业生产方式。

综上所述，有机农业是一个环保和可持续生产的概念，强调的是在尊重自然规律的前提下对农业自身能力的唤醒与恢复，主张建立土壤、生物、人类、环境的良性运行的生态系统，提倡农业生产与自然相融合，拒绝使用任何化学农业制品和基因工程产品，强调内部资源充分循环利用的有机体，在生产过程中将种植业与养殖业相结合，按生态学原理循环利用农业废弃物，以生物代谢方式为土壤提供有机肥料，自身生产过程利用有机体内有机物质保持土壤肥力，维护动植物多样性，以生态系统的承载力为基础，达到人与自然的和谐。

（2）有机农业的特征

1）强调自然和生态。有机农业注重尊重自然规律和生态平衡，避免使用化学合成的肥料、农药、生长调节剂和畜禽饲料添加剂等物质，而是倾向于使用有机物质来替代这些化学合成物质。

2）促进生物多样性。通过种植多种作物和养殖多种牲畜，有机农业有助于增加生物种群的数量和种类，提高生态系统的稳定性。

3）维持土壤肥力。有机农业通过种植豆科作物、绿肥等来维持土壤的肥力，并采用轮作、间作等方式来恢复土壤，保持其持久的肥力。

4）自我循环的农业方式。有机农业注重资源的循环利用，如将废弃物转化为肥料、将动物粪便转化为有机肥料等，减少对外部资源的依赖，同时减少对环境的污染。

5）遵循自然规律和生态学原理。在有机农业生态系统中，采取的措施均围绕实现系统内养分循环，最大限度地利用系统内物质，采用包括利用系统内有机废弃物质、种植绿肥、选用抗性品种、合理耕作、轮作、多样化种植等技术。

6）精耕细作。依据自然条件，遵循自然规律，因地制宜、因时制宜地精耕细作，制造和施用有机肥，充分和合理地利用水、土壤和生物资源。

7）协调种植业和养殖业的平衡。有机生产标准通常限制从外界购买的饲料量，因此养殖者需根据土地承载力来决定牲畜养殖规模，以避免环境污染。

1.4 有机农业与生态环境保护

有机农业是人类在反思常规农业对生态环境的危害后，建立起来的一种资源节约型、环境友好型的农业模式。有机农业的本质是实施农业清洁生产，是一种"循环经济"模式，有机农业注重种养结合，农林牧副渔合理配置，把农业生产系统中的各种有机废弃物，如畜禽粪便、作物秸秆和残茬等，重新投入到系统内进行物质循环利用，强调持续农业生产体系的建立。有机农业基本理念是在维持农业生产经济持续发展的基础上，最大限度地减少对环境的影响，其发展宗旨之一是有效利用各种自然资源，维持营养物质良性循环，最大限度地减少空气和水体等物质的损失浪费。

（1）改良土壤，保持土壤健康

现代农业长期、不合理地施用农药、化肥及植物生长调节剂等物质，在提高作物产量的同时也严重损害了土壤环境，导致农田土壤板结、土壤有机质减少、土壤微生物活力下降、土壤的蓄水保肥能力降低、水土流失严重等恶果；而土壤是农业生产的根基，与人类福祉休戚相关，没有健康、肥沃的土壤就没有健康、营养的农产品，农业可持续发展的第一个要求就是保护和改良土壤。有机农业作为一种环境友好型的可持续农业，在其生产中，严格禁止化学合成农药、除草剂和化肥的施用，并禁止使用污水灌溉和施用污泥，有效地阻断了农药和重金属进入土壤的途径，降低农药和重金属在土壤中的积累。在肥料施用方面，有机农业主要通过间（套）作或轮作中引入豆科固氮植物、休耕、秸秆和杂草还田、施用腐熟的有机肥料来维持和提高土壤肥力。培肥土壤的目的除满足植物的生长外，更是增强土壤自身的生物活性和保持土壤肥力。长期有机耕作的土壤，有机质含量、土壤团粒结构、微生物种类和有益微生物的数量都能够得到较大的改善。

（2）减少温室气体排放

常规种植大量施用化肥是全球温室气体排放量大的原因之一，尤其是近年来 CH_4 和 N_2O 的排放量增加更是主要来源于现代农业生产活动。而有机农业主要是通过农场内部物质的循环利用来保持土壤肥力，并且拒绝施用消耗大量能源的化肥和植物保护产品，这样可以从产品生产加工的源头上控制 CO_2 的释放。同时，有机农业种植中不使用化学合成的无机氮肥，这就可以显著减少 N_2O 的排放。而且由于有机农业种植中，土壤微生物种群远较常规生产活跃，可以增加 CH_4 的氧化性，从而减少 CH_4 的排放。有机农业的一整套体系有助于降低有害气体的排放，并螯合有害气体。这对有效控制温室气体排放、保护全球气候环境具有重要的现实意义。因此，有机农业被作为全球碳中和以及对抗气候变化的重要抓手。

（3）降低土壤氮、磷流失，从源头削减农业面源污染

常规集约化农业高强度的化肥农药投入，导致过量的氮、磷养分元素随径流或地下水进入流域水体造成农业面源污染，不仅威胁江河湖库水环境质量，也破坏了农用耕地的土壤环境质量和农田生物多样性。研究证实，与常规农业相比，有机农业能够显著降低流域内农田土壤硝酸盐含量，氮径流流失量平均可减少 30%～35%，个别地区甚至可减少 50%。有机农业种植基地通过禁止化肥农药施用，资源化利用秸秆、畜禽粪便及农业废弃物，可控制氮、磷、农药向水体的输入性迁移，有效防控面源污染，减轻水体富营养化的危害。同时，通过有机种植、养殖方式可以消纳大量的畜禽粪便，在基地内经合理堆肥处理后返还农田，既可为作物提供基肥和改良土壤，又减少了畜禽粪便外排带来的面源污染。

（4）改善土壤生态环境，丰富农田生物多样性

有机农业种植大力提倡精准施用有机肥，拒绝施用农药、化肥，不仅能够降低土壤容重，改善土壤结构和增加土壤通透性，同时可以有效地恢复和保持生产区域内生物的多样性。生态环境部南京环境科学研究所团队对有机农业种植基地的定点调查研究结果表明，有机农业种植方式可提高土壤有机质含量 8%～115%、微生物量碳 6%～51%，降低土壤容重 9%～30%。在对江苏省句容市戴庄村的国家有机食品生产基地的研究中发现，有机稻田中的动物种类数是常规稻田的 4.8 倍，有机稻田环节动物、两栖动物和鱼类群落的辛普森多样性指数（Simpson 指数）显著高于常规稻田。益鸟等动物天敌是有机农业体系中生物防治虫害的重要环节，与常规农田相比，有机农田中鸟类（尤其是地面孵化的鸟类）的种类和数量更多。对内蒙古磴口县境内常规农业系统和有机农业系统中动物多样性的调查结果表明，有机农业种植区的有益鸟类等生物的数量较多，而且有益昆虫（尤其是七星瓢虫）的数量也明显增加，而蚜虫等害虫的虫口密度则明显降低。节肢动物也是农田中数量较多的一类动物，相关研究发现，有机农田内节肢动物的物种丰富度与多度都明显高于常规农田，有助于实现对农田害虫的生态控制。有机农业种植方式不仅能够提高物种多样性，而且能够提高物种均匀度水平，有机水稻栽培下的稻田水生生态系统具有更高的稳定性和更好的环境质量水平。

1.5 有机农业与传统农业、常规农业的比较

我国在《有机食品技术规范》（HJ/T 80—2001）中对传统农业的定义为：传统农业（traditional agriculture）指沿用长期积累的农业生产经验，主要以用人、畜力进行耕作，采用农业、人工措施或传统农药进行病虫草害防治为主要技术特征的农业生产模式。传统农业是相对常规农业而言的。常规农业也称石油农业、工业农业，常规农业在为人类提供大量农副产品的同时，也使人们生存所依赖的资源环境受到极大的挑战，如土壤质量退化、能源危机、食品安全、生物链断裂等问题，都是发展常规农业所造成的直接或间接后果。有机农业有别于传统农业，但又立足于传统农业，是对传统农业的一种升华，有机农业的要求更加严格。

从传统农业到有机农业的过程，有机农业并非一种简单的否定之否定，因为有机农业和常规农业一样是从传统农业中发展而来，只是在不同的思维范式中、不同的历史时期表现出不同的强弱和形式，常规农业的成功彰显出了现代科学技术强有力的一面，其历史功绩是值得肯定的。有机农业与传统农业、常规农业的不同之处主要包括以下 5 个方面：

（1）时代背景不同

传统农业是在工业革命以前，科学技术不发达、生产力水平低下的时代环境下产生的农业生产模式，耕种以人和畜力为主，没有先进的农业生产工具。常规农业是随着人口的增长，在传统农业难以充分满足人类对粮食需求的情况下，利用先进的农业生产技术、机械化手段、投入一定的农用化学制剂对传统农业进行一定的改造，为人们的日常生活提供大量的农产品，属于高投入、高产出农业。有机农业是在人类认识到常规农业对人类健康的潜在危害、对自然环境的污染、对生态环境的破坏尤其是人们的食品安全意识、环境意识不断增强的情况下发展起来的。

（2）耕作规则不同

传统农业没有一定的生产规则，在生产过程中农民凭借长期积累的农耕经验，根据节气和地域因时、因地精耕细作，对土壤进行深耕，将作物秸秆腐熟肥、畜禽粪尿作为肥料，采用土农药防治病虫害。常规农业虽然也按季节耕种，但会利用大棚生产部分反季节蔬菜、水果，大量施用化肥、农药、生长调节剂来加速果实成熟、提高产量。有机农业在遵循自然规律和生态学原理的前提下，强调生态平衡和环境友好，尽量避免耕种反季节蔬菜、水果，努力平衡农业体系中的种植业和养殖业，通过采用自然肥料、生物农药和农业生态系统的保护来实现可持续发展，并最终实现经济、环境和社会的协调发展。

（3）生产环境不同

传统农业是农民凭借经验根据生产环境（如土壤的肥沃程度）选择适宜的作物种类进行种植。常规农业对生产环境没有太多限制，在国家允许的耕地范围内可以利用先进的农业机械、工程技术和施用化肥农药来改善土壤状况、提升土壤肥力。有机农业的生产环境要远离污染，远离工业区，远离人口集中区域以及居民生活垃圾场。有机农业在生产过程中对各项指标、各个环节的检测、监管十分严格：农家肥要符合有机农产品的生产标准、种植者要求按标准操作、生产信息记录要求完整、生产废弃物须按标准处理。

（4）种源不同

传统农业的种源一般是农户把收获后的部分优良粮食作为下一轮种植的种源，有时候农户之间会调配种子。常规农业一般会通过市场购买或政府配发，选择优质高产的种源，或根据地域特点选择具有抗旱、抗洪涝、抗寒等特性的种源。有机农业对种子有比较严格的规定，必须是未经化学处理、没有经过基因重组和辐射技术的有抗性的有机种子。没有有机种子的情况下，可以使用常规种子，但必须没有经过禁用物质处理。

（5）理念不同

中国传统农业强调与自然和谐共生，尊重自然，顺应自然规律，强调协调共生、用养结合，循环共生、因地制宜，与自然秩序相和谐。中国传统的农业生产模式是一个可以完成物质能量的循环系统，崇尚自然、和谐，有机农业将农业生态系统的良性互动循环视为生产的核心，这与传统农业在生产模式、生产理念上具有一致性。但是，传统农业的自然观是朴素的整体自然观，依然有神秘主义色彩，整体论思想背后是神格化的"天"。常规农业根据传统农业经验以及常规农业科学技术生产出大量农副产品，大部分进入市场进行交换，并取得较高的经济效益，它追求的主要是数量目标。有机农业生产出发点是对于土壤的生命性的尊重，精髓在于土壤，土壤健康则动植物健康，动植物的健康又影响人类的健康，影响自然界的健康，这一整体的关系链的有序运行，正是有机农业的目标和理想。

2　有机农业发展的现状

有机农业出发点为中国的传统农业，其作为生态环保的一种生产方式得到了全球大多数国家或地区的高度认可。

2.1　世界有机农业发展的现状

20 世纪 70 年代开始，许多国家开始强调发展可持续农业。20 世纪 90 年代，有机农业作为可持续农业中重要的一支，开始兴起并在全球蓬勃发展。20 世纪 90 年代以来，随着可持续发展战略得到全球的共同响应，有机农业的发展由单一、分散、自发的民间活动转向政府自觉倡导的全球性生产运动，并且生产规模与市场规模越来越大。同时，许多国家还制定了有机农业相关政策、法律和有机产品标准等来促进本国有机农业的发展。据《2024 年世界有机农业概况与趋势预测》（*The World of Organic Agriculture Statistics and Emerging Trends 2024*），截至 2022 年，全球范围内 188 个国家和地区践行有机农业，最新调查数据显示，全球有机农业用地面积呈持续增长趋势。2022 年，全世界有 9 640 万 hm^2 土地实行有机农业管理，占耕地总面积的 2.0%，较 2000 年的 1 500 万 hm^2 增长了 543%，如图 1 所示。2022 年较 2021 年，有机农业用地面积增加了 26.2%，即 2 000 万 hm^2。

2022 年，大洋洲拥有全球一半以上（55%）的有机农业用地；多年来欧洲有机农业用地面积持续增长，占世界耕地总面积的 19%；拉丁美洲有机农业用地面积占世界耕地总面积的比例接近 10%，如图 2 所示。

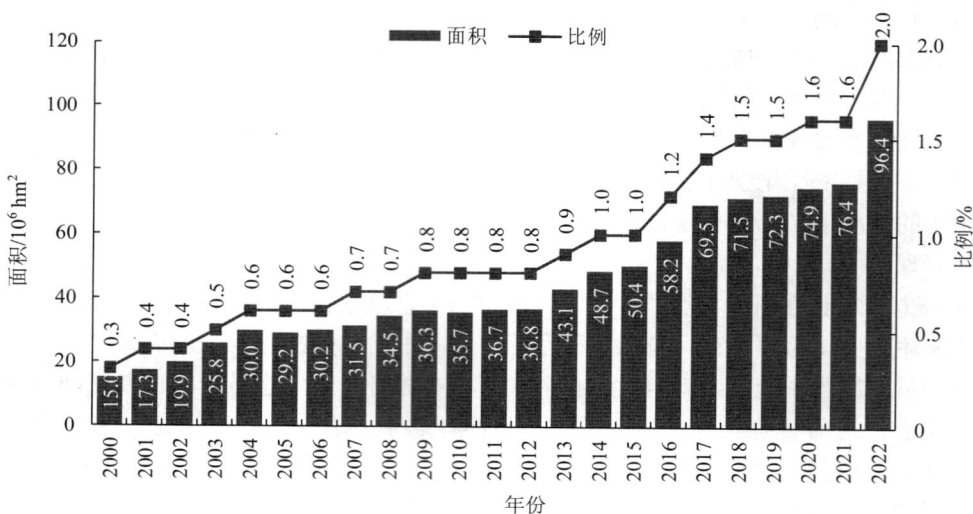

图 1 2000—2022 年全世界有机农业用地面积和有机农业用地面积占耕地总面积的比例

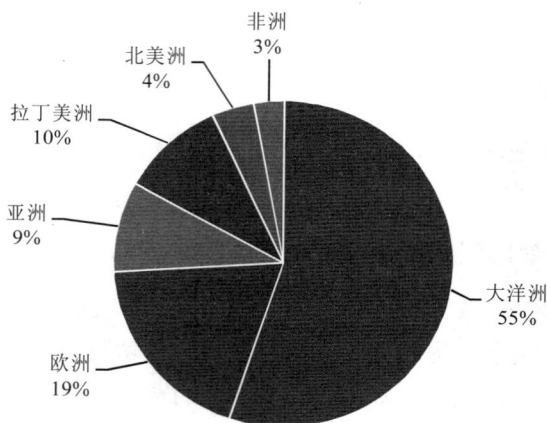

图 2 2022 年各大洲有机农业用地面积占比

2.2 中国有机农业发展的现状与挑战

有机农业是当今人们在对自然新的认识和理解的基础上所形成的一种新型的农业生产方式，是各种替代农业流派主要精髓的集中体现。在乡村振兴的国家战略下，国家格外关注农业和农村的发展；尤其是有机农业的发展原则和理念，与目前国家倡导的生态文明建设、供给侧结构性改革等大政方针匹配度高，有机农业正在形成一个新型的环保产业。中国有机农业的发展起源于 20 世纪 80 年代初，由于国际有机食品市场对中国有机产品的需求，才开始出现有机农业种植，主要在江浙一带种植有机茶叶。1984 年，中国农业大学开始了有机食品和有机农业的研究。1988 年，我国科研机构与国外大学开展合作，对传统农业生产系统与有机作物生产系统进行比较，同年我国科研机构也加入 IFOAM，成为会员。1994 年，我国第一家有机食品认证机构——南京国环有机产品认证中心有限公司（OFDC）在南京成立，其后又有多个国际认证机构进入我国成立办事机构，并有多家国内认证机构成立，标志着我国有机农业的正式起步。2005 年我国第一版的有机食品国家标准 GB/T 19630 发布，同时发布了中国国家有机标志。至此，所有在我国销售的有机产品必须持有国家认证认可监督管理委员会（CNCA）认可的认证机构颁发的有机证书才可以在市场上销售。从此以后，我国的有机农业进入市场化、标准化阶段。在政府的推动下，我国的有机农业飞速发展。

目前，随着我国有机农业的发展，不仅在沿海经济发达地区开始应用有机农业，在我国著名的粮食生产基地东北也逐步转变了耕种模式。我国有机农地面积多年来保持持续增长态势，尤其近几年增长迅速。按照《中国有机产品认证与有机产业发展（2024）》提供的数据，截至 2023 年 12 月 31 日，中国境内依据中国有机标准进行有机植物生产的面积为 631.1 万 hm^2，其中，有机作物种植面积为 342.6 万 hm^2，野生采集生产面积为 288.5 万 hm^2；有机植物总产量 2 695.5 万 t，其中有机作物产量 2 504.3 万 t，野生采集产量 191.2 万 t。在有机种植方面，2023 年谷物的生产面积最大，为 174.2 万 hm^2；排在第二位的是豆类、油料和薯类，种植面积为 61.8 万 hm^2；坚果、含油果、香料（调香的植物）和饮料作物排在第三位，种植面积为 38.9 万 hm^2。2023 年中国有机作物种植面积排名前五位的省（区）分别是黑龙江省（107.1 万 hm^2）、内蒙古自治区（48.1 万 hm^2）、云南省（30.2 万 hm^2）、贵州省（18.5 万 hm^2）、西藏自治区（18.0 万 hm^2），这五个省（区）有机作物种植面积占全国有机作物种植面积的 64.8%。2023 年，畜禽养殖数量全面上升，有机羊和有机牛养殖数量分别为 818.79 万只和 178.37 万头，较 2022 年分别增加了 183.53 万只和 65.98 万头；有机猪和有机鸡养殖数量分别为 19.58 万头和 262.78 万羽。2023 年，有机畜禽及动物产品的生产总量为 295.63 万 t，有机水产品的生产总量为 82.35 万 t。

我国有机农业历经多年的发展，取得了巨大成就，但发展过程依然存在较大问题，总体来说存在"中间强，两头弱"的问题，也就是重中间认证，轻前端有机农业基础研究推广和后端市场体系建设。虽然有机农业许多理念来自我国的传统农业，但我国对有机农业系统、深入的研究却远远落后于欧美等发达国家（地区）。有机农业是一项系统复杂的工程，涉及许多行业和许多环节，未来应在有机生产技术、生产方式、生产管理制度等方面加强研究和完善，形成完善集成的有机生产管理体系。

3　国内外有机农业种植研究

在当今人们回归自然，追求绿色、健康的生活理念下，有机农业因其绿色、安全、可持续的特征而受到国内外的普遍重视。随着有机农业的兴起，有机农业种植的土壤面积越来越大，国内外对有机农业种植的研究主要集中在两个方面：市场化的经营管理和生产过程中的技术控制。前一个方面是通过各类有机种植组织确立和完善规章、条例、行规等措施来保证有机种植的健康发展。有机种植的管理技术和法规是有机种植发展的保障，如有机产品认证体系建设、生产标准、生产过程（生产、加工和运输）和产品监督、有机产品的市场销售等，这些技术保证了有机产品的安全和信誉。有机农业种植发达的欧洲、北美洲、澳大利亚、日本等地区和国家已有比较完备的技术标准和法规。进入 21 世纪，欧盟委员会和欧洲国家加大了有机农业的立法和研究力度，如协调各国有机农业法规、修订欧盟共同农业政策、制订和实施有机农业行动计划、拓宽有机农业研究领域等，这些措施使欧盟国家成为有机农业发展的主要推动力。我国有机农业种植的技术研究、标准化和立法仍有待加强。

后一个方面则主要通过田间种植、室内检测等试验手段，对有机种植进行系统化、专业化的种植、样品采集等试验研究。重点研究的关键内容包括作物轮作模式，堆肥制作和施用，病虫草害的物理、机械和生物防治，有机生产系统物质循环的调控、微生物活性等，其核心是保持和提高土壤肥力、培育健康的土壤、生产高品质和安全的产品。国内外大多数研究工作都热衷于有机种植与常规种植的相互比较，如不同种植模式的养分管理与调控、产品产量与品质的提高、改善或改良环境等方面的研究等，旨在增强人们对有机种植体系的科学理解，同时为推进有机农业种植体系提供科学依据。我国的有机农业发展时间较短，有机粮食、有机蔬菜和有机水果种植时间较短，因此，我国在有机种植方面经验不足，对有机种植技术的推广应用还需要不断探索。随着有机农业种植技术的不断完善和发展，有机农业将为人们提供更加安全、健康、可持续的农产品和生态环境，这也为有机农业的进一步发展提供了广阔的空间。

思考题

1. 谈谈你对"生态环境保护是当今社会的一个重要话题，有机农业被认为是一种有效的生态环境保护手段"这句话的理解。

2. 通过查阅相关文献，阐述"中国有机农业发展面临的主要问题和挑战"。

参考文献

[1] 乔玉辉，曹志平. 有机农业[M]. 2 版. 北京：化学工业出版社，2016.

[2] 杜相革，董民. 有机农业导论[M]. 北京：中国农业大学出版社，2006.

[3] 韩南容. 二十一世纪的有机农业[M]. 北京：中国农业大学出版社，2006.

[4] 黄国勤. 有机农业：理论、模式与技术[M]. 北京：中国农业出版社，2008.

[5] 陈声明，陆国权. 有机农业与食品安全[M]. 北京：化学工业出版社，2005.

[6] 北京市科学技术协会. 有机农业种植技术[M]. 北京：中国农业出版社，2006.

[7] 黄惠英. 中国有机农业及其产业化发展研究[D]. 成都：西南财经大学，2013.

[8] 周泽江，李德波，杨永岗，等. 发展有机农业与有机食品，推动循环经济振兴东北[C]. 沈阳：中国环境科学学会 2004 年学术年会，2004.

[9] 刘雪燕. 玉米种植的土肥管理技术研究[J]. 黑龙江粮食，2024（2）：37-39.

项目一　植物生长发育与环境

　　植物在新陈代谢的基础上进行生长发育过程。生长是指由于细胞分生和伸长引起植物体积和质量的不可逆增加；在细胞生长过程中，还会发生从一种同质的细胞类型转变成形态结构和功能与原来不相同的异质细胞类型的过程，即分化。而发育则是指在植物生活史中，组织、器官或整体在形态结构和功能上的有序变化，它是生长和分化的总和，属于生长和分化的动态过程。

　　生长发育不仅受植物内在因素的控制，而且受外界环境的影响。生长是发育的基础，发育是生长的必然结果。

　　植物营养器官的生长与农业、林业、园艺等有着非常密切的关系。如果以营养器官为收获对象，则营养器官的生长状况直接决定产量与品质；如果以生殖器官为收获对象，由于生殖器官的形成和发育所需要的养料绝大部分是营养器官提供的，则营养器官生长直接影响着生殖器官生长，从而影响产量和品质的形成。在生产中，要采取适当的调控措施，使植物各器官的生长协调进行，才能达到高产、优质的目的。通过本项目的学习，学生应了解植物的生长生理及生殖生理，掌握环境因子对植物生长发育的影响，能利用科学合理的方法促进植物的生长、生产。

任务 1　植物的生长生理

任务介绍

　　植物种子是植物繁衍后代的重要途径，人类利用种子进行农业种植和园艺栽培，为人类提供粮食、蔬菜、水果等重要资源。以绿色植物为对象的种植业是农业的核心组成部分，而以资源高效利用与环境保护为标志的有机农业可为人类提供优质安全的农产品，因此学生亟须了解植物生长发育特性与调节，掌握控制种子寿命及种子萌发调控技术，以服务于有机农业生产。

任务解析

　　理解植物细胞的生长生理、种子生理、植物生长的基本特性，会应用相关理论去指导有机农业生产，调控植物生长发育过程。

▦ 知识储备

1 植物细胞的生长生理

通过细胞分裂增加细胞数目,通过细胞伸长增加体积,通过细胞分化形成不同的组织和器官。一般情况下,在种子萌发后,由于细胞分裂和新产生的细胞体积加大,幼苗迅速长大,同时,由于细胞的分化,各种器官不断形成,最后成长为完整植株。细胞的全部生长发育过程可分为三个时期,即分裂期、伸长期和分化期,各时期的形态上和生理上都有不同的特点。

(1)细胞分裂生理

植物的生长点、形成层和居间分生组织的细胞是一些具有分裂能力的细胞,其特征是体积小、胞质浓、无液泡、细胞核大、细胞壁薄、合成代谢旺盛。植物分生组织的细胞生长到一定阶段就会发生有丝分裂,一分为二。新生的细胞长大后,再分裂为两个子细胞。新生的持续分裂的细胞从第一次分裂形成的细胞至下一次再分裂为两个子细胞为止所经历的过程,称为细胞周期或细胞分裂周期。细胞周期包括分裂期和分裂间期。分裂期也称为 M 期,是指细胞进行有丝分裂,形成两个子细胞的时间,包括前期、中期、后期和末期等四个时期。分裂间期是分裂期后合成 DNA 的静止时期,它可分为 DNA 合成前期(简称 G_1 期)、DNA 合成期(简称 S 期)和 DNA 合成后期(简称 G_2 期)。G_1 期是新生细胞形成后 DNA 复制开始前的细胞生长期,此时细胞内大规模进行 RNA 和蛋白质的合成,细胞体积也显著增加;S 期是 DNA 复制期,DNA 和有关组蛋白在此时合成,完成染色体的复制,形成两个染色单体;G_2 期是 DNA 复制后期,细胞继续进行 RNA 和蛋白质的合成,为细胞分裂做好准备。G_2 期完成后,细胞进入分裂期。

(2)细胞伸长生理

根尖和茎尖分生组织细胞通过有丝分裂形成的新细胞,只有靠近生长点顶部的一些细胞继续保持分裂能力,其余的则过渡到细胞伸长阶段。随着细胞伸长,细胞壁各种成分如纤维素、半纤维素、果胶质含量不断增加,细胞的体积显著增大,核酸、蛋白质等的合成也随之加强。细胞伸长过程中,有大量需能的物质合成过程,因此代谢十分旺盛,呼吸速率加快,蔗糖酶和磷酸化酶活性明显增加。

植物激素对细胞生长也有一定的影响。例如,赤霉素(GA)和生长素(IAA)促进细胞的伸长;细胞分裂素(CTK)有促进细胞横向生长的作用;乙烯(ETH)和脱落酸(ABA)对细胞的伸长有抑制作用。

(3)细胞分化生理

细胞分化是指由分生组织细胞转变为形态结构和生理功能不同的细胞群的过程。高等植物大多是从受精卵开始,不断分化,形成各种细胞、组织和器官,不同的组织和器官既有分工又相互联系,使植物成为一个有机的整体,所以分化是一个很普遍但又非常复杂的现象。

分生组织细胞分化发育成不同的组织和器官,是植物 DNA 链上不同基因按一定的时间和空间顺序选择性地活化或阻遏的结果。植物体中的所有细胞都是由受精卵通过有丝分裂发育而来的,因而具有相同的基因组成。但是,处于不同发育时期、不同部位的细胞在基因表达的数量和种类上是有差异的，即在个体发育的某一阶段、某一部位的细胞，其基因只有这一部分表达，另一部分处于关闭状态；而在另一发育阶段、处于另一部位的细胞，可能其基因中这一部分关闭而另一部分表达，最终造成了细胞的异质性，即导致了细胞的分化。例如，胚胎中的开花基因在营养生长阶段处于关闭状态，到成花时期才表现出来。

一般来说，细胞分化要经历 4 个过程：①诱导细胞分化信号的产生和感应；②分化细胞特征基因的表达；③分化细胞结构和功能基因的表达；④基因差异表达导致分化细胞结构和功能的特化。

2 种子生理

严格来讲，植物的个体发育始于受精卵（合子）的第一次分裂。但由于农业生产往往从播种开始，因此，一般植物的个体发育从种子萌发开始，进一步表现为根、茎、叶等营养器官的生长，然后进入生殖生长，最后形成新的种子。

2.1 种子休眠

种子休眠是指活种子在适宜的萌发条件（温度、水分和氧气等）下仍不能发芽的现象，是植物重要的适应特性之一。根据种子休眠产生的时间可分为初生休眠（收获时即已具有的休眠现象）和次生休眠（原来无休眠或解除休眠后的种子由于高湿、低氧、高 CO_2、低水势或缺乏光照等不适宜环境条件的影响诱发的休眠）。

种子休眠的原因主要有以下几个方面。

（1）胚未完全发育

银杏、人参等的种子采收时外部形态已近成熟，但胚尚未分化完全，仍需从胚乳中吸收养料，继续分化发育，直至完全成熟才能萌发。

（2）种子未完成后熟

有些种子的胚形态上已经发育完全，但在适宜条件下仍不能萌发，还需要经过一系列的生理生化变化，才能萌发，这一过程叫作后熟作用。大多数植物都具有后熟作用，例如蔷薇科的苹果、桃、梨、樱桃等植物及松柏类植物的种子都具有后熟作用。这类种子必须经低温层积处理，即用湿砂将种子分层堆积在低温（5℃左右）的地方 1～3 个月，经过后熟才能萌发。完成后熟的种子，其淀粉、蛋白质、脂肪等有机物的合成作用加强，呼吸作用减弱，稳定性加强，发芽率较高，品质得到改善。

（3）种皮限制

许多种子成熟后，其种皮结构致密而使其不能透水或透水性差，造成萌发障碍，将这类种子称为硬实种子，如苜蓿、紫云英等的种子；另一些种子的种皮虽可透水，但气体不易通过或通过性极低，因而阻碍了种子内的有氧代谢，使胚得不到营养而不能萌发，如椴树种子；还有些种子的种皮虽能透水通气，但因种皮特别坚硬，使胚在一定时间内无法突破种皮，因而难以萌发，如核果类的种子。

在自然条件下，微生物分泌酶类可水解这些种子的种皮，或高温、低温等其他环境因素作用下，使种皮变软，增加其透气和透水性，进而逐步打破休眠。该过程通常需要几周甚至几个月。生产上，可采用物理、化学的方法来破除种皮。例如，棉花、刺槐、皂荚、合欢、漆树、国槐等的种子可用浓硫酸（2 min～2 h 后立即用水漂清）处理。

（4）抑制物质的影响

有些种子不能萌发是由于种子或果实内含有抑制萌发的物质，其化学成分因植物而异，如挥发油、生物碱、激素（如脱落酸）、氨、酚、醛等。这些物质存在于果汁（西瓜、番茄）、果肉（苹果、梨）、胚乳（鸢尾、莴苣）、子叶（菜豆）、颖壳（小麦、野燕麦）、种皮（桃树、蔷薇、大麦、甘蓝、苍耳）中。洋白蜡树的种子和果皮内都有脱落酸，其含量分别达到 1.7 μmol/kg 和 2.8 μmol/kg，当其脱落酸含量分别降至 0.6 μmol/kg 和 1.8 μmol/kg 时，种子即破除休眠而萌发。这些抑制物大多是水溶性的，可通过浸泡冲洗逐渐排除；同时也不是永久性的，可通过贮藏过程中的生理生化变化而分解、转化、消除。

萌发抑制物抑制种子萌发具有重要的生物学意义。沙漠里生长的某些植物，其种子中的抑制物质，经一定雨量冲洗后，种子才能萌发。如果雨量不足，不能完全冲洗掉抑制物质，则种子不萌发，继续休眠，以适应极度干旱的沙漠环境。

生产实践中，有时需要延长种子休眠防止发芽。如有些小麦、水稻品种的种子休眠期太短，成熟后遇到阴雨天气，就会在穗上发芽，影响产量和品质。春花生成熟后，土壤湿度大时，花生种仁会在土中发芽，造成损失；在其种子成熟时喷施比久（B9），可延缓萌发。

2.2　种子寿命

种子从完全成熟到丧失生活力所经历的时间，被称为种子的寿命。种子的寿命因植物种类和贮藏条件的不同而有所差异。种子的寿命可以是几个星期，也可以长达几千年。如柳树种子的寿命极短，成熟后只在 12 h 内有发芽能力；杨树种子的寿命一般不超过几个星期；而莲的种子寿命很长，可达数百年以至千年。种子的寿命也与贮存条件有关，如低温、低湿、黑暗以及降低空气中的含氧量都可降低其呼吸消耗，延长寿命。大多数植物的种子，如水稻、花生等的种子，能耐脱水和低温，寿命往往较长，称为正常性种子；而热带的可可、芒果、菠萝等的种子，既不耐脱水干燥，也不耐零上低温，寿命很短（只有几天或几周），称为顽拗性种子。

种子寿命的延长对优良植物的种子保存有重要意义。许多国家利用低温、干燥、气调技术贮存优良种子，使优良种子保存工作由以种植为主转为以贮存为主，大大节省了人力、物力并保证了优良种子品质。但生产上用的种子，仍以新鲜的为好，因为即使在适宜的条件下，种子保存过久，也会逐渐丧失发芽能力。

种子生活力是指种子能够萌发的潜在能力或种胚具有的生命力，通常用一批种子中具有生命力（活的）的种子数占种子总数的百分率来表示。没有生活力的种子是死亡的种子，不能萌发。

生产实践表明，实验室的发芽率与田间的出苗率之间往往存在很大差距。具有相同发芽率的两批种子，其发芽速度以及幼苗的整齐度、健壮度可能有所不同。为了更准确地评价种子萌发质量，人们又引入了种子活力的概念。种子活力，即种子的健壮度，是指种子在田间状态（非理想状态）下迅速而整齐地萌发并形成健壮幼苗的能力，是种子发芽和出苗率、幼苗生长的潜势、植株抗逆能力和生产潜力的总和，是种子品质的重要指标。在播种时选用高活力的种子有利于形成健壮的幼苗，提高田间出苗率，从而提高作物的抗逆能力，增加作物产量。

2.3 种子萌发

在适宜的环境条件下，度过休眠的种子吸水膨胀，代谢活性加强，胚开始生长，胚根（很少情况下是胚芽）突破种皮的过程称为种子萌发。一般来说，种子萌发可分为吸胀、萌动、发芽三个阶段。

种子吸水膨胀是萌发过程的开始。吸胀的结果导致种皮软化，代谢活动加强，启动胚细胞的分裂、伸长与扩大。随着胚的长大，胚根突破种皮，此过程即为萌动（露白或破胸）。当胚根的长度等于种子的长度或者胚芽突破种皮并达到种子长度一半时即为发芽，出芽之后逐渐长成幼苗。种子萌发是利用种子发育成熟时所积累的贮藏物质，使早已形成的胚体由静止状态转变为活跃状态，由胚转变为幼苗，为形成独立生活的个体奠定基础。种子萌发的情况既受内部因素（种子寿命、种子活力等）的制约，又受外界条件的影响。

影响种子萌发的外界条件有以下几个方面。

（1）水分

吸水是种子萌发的先决条件。种子只有吸收一定量的水分，才能萌发。这是因为：①水可使种皮软化，既利于气体交换、增强胚的呼吸，又使胚根易于突破种皮；②水可使细胞质从凝胶状态转变为溶胶状态，代谢加强，正在生长的幼芽在酶的作用下，降解大分子贮藏物质；③水可促进降解后的可溶性物质运输到幼根，供其呼吸或建造自身物质；④水可促使种子结合态的激素转化为游离态，调节胚的生长；⑤细胞的分裂与伸长均需要充足的水分。

一般种子要吸收其本身质量的 25%～50%或更多的水分才能萌发，例如，水稻为 40%，小麦为 50%，棉花为 52%，大豆为 120%，豌豆为 186%。种子吸水的程度和速率与种子成分、温度以及环境中水分有关。干燥种子最初的吸水是依靠吸胀作用进行的，吸胀作用依靠亲水性物质吸收水分，是一个物理过程，因而无论是死种子还是活种子都可进行。吸胀作用的大小与种子中所含物质的亲水性有关，蛋白质、淀粉和纤维素对水的亲和性依次减弱，因此，含蛋白质较多的豆类种子的吸胀作用大于含淀粉较多的禾谷类种子。

在一定温度范围内，温度高时，吸水快，萌发也快。例如，早春水温低，早稻浸种要 3～4 d；夏天水温高，晚稻浸种 1 d 就能吸足水分。

（2）氧气

种子萌发过程中要进行旺盛的物质代谢和运输，需要通过呼吸作用来提供能量和物质，因此在种子萌发时，需要有足够的氧。若播种后氧气供应不充足，则会导致种子无氧呼吸，一方面消耗大量贮藏物质，另一方面无氧呼吸导致乙醇中毒。不同作物种子萌发时的需氧量不同，一般作物种子在氧浓度 10%以上才能正常萌发。一些含脂量高的种子，如花生、大豆、棉花等种子的萌发对氧的需求更高，因此这类种子宜浅播。若播后遇雨，还要及时松土排水，改善土壤的通气条件，否则会引起烂种。

（3）温度

种子萌发过程中的生化反应是由一系列酶催化完成的，而酶促反应与温度密切相关，因此，温度也是种子萌发的重要条件之一。种子萌发有温度三基点，即最适、最低和最高温度。最适温度是指能使种子在最短时间内获得最高发芽率的温度；最低温度和最高温度分别指种子能够萌发的最低温度和最高温度。植物种子萌发的温度三基点与其原产地有关，一般原产北方的植物（如小麦）种子萌发时所需温度较低，而原产南方的植物（如水稻）种子萌发时所需温度则较高。冬作物种子萌发的温度三基点较低，而夏作物较高。

虽然在最适温度下种子萌发最快，但由于消耗较多，幼苗长得瘦弱。一般适宜播种期以土温稍高于最低温度为宜。了解不同植物种子萌发的温度三基点（表 1-1）对于确定适宜的播种时期具有重要意义。

表 1-1 不同种子萌发的温度三基点

单位：℃

作物	最低温度	最适温度	最高温度	作物	最低温度	最适温度	最高温度
小麦	0～4	20～28	30～43	水稻	8～12	30～37	40～42
大麦	0～4	20～28	30～40	烟草	10～12	25～28	35～40
大麻	0～2	37～40	50～51	棉花	10～13	25～32	38～40
高粱	6～7	30～33	40～45	花生	12～15	25～37	41～46
谷子	6～8	30～33	40～45	黄瓜	15～18	31～37	38～40
大豆	6～8	25～30	39～40	茄子	15～18	25～30	34～39
玉米	5～10	32～35	40～44	甜瓜	10～19	30～40	45～50

资料来源：苍晶，李唯. 植物生理学[M]. 北京：高等教育出版社，2017。

实验证明，许多植物种子在昼夜变温条件下比恒温更易萌发，如小糠草种子在 28℃ 下萌发率为 72%，但昼/夜温度在 28℃/21℃ 的变温条件下发芽率可达 95%。自然界中的种子大都是在变温的情况下萌发的，生产上也常对植物种子进行变温处理（通常是低温下 16 h，高温下 8 h，温度变化幅度大于 10℃）来提高萌发率和幼苗的抗寒能力。

（4）光

光对种子萌发的影响可分为 3 种类型：①中光种子，其萌发对光暗反应不敏感，有光无光均萌发，大多数种子属于此类；②需暗种子，萌发时受光抑制，黑暗则促进其萌发，如西瓜、番茄等的种子；③需光种子，萌发时需要光照，如莴苣、烟草等的种子。

种子萌发对光的需要是植物在进化过程中发展起来的一种自我保护机制，有其重要的生物学意义。需光种子一般很小，贮藏物很少，只有在近地面有光条件下萌发，才能保证幼苗很快出土进行光合作用，不致在幼苗出土前因养料耗尽而死亡。杂草种子多是需光种子，处在深层土壤中保持休眠的杂草种子只有在耕地时被翻到地表才萌发。需暗种子则相反，因为不能在土表有光处萌发，避免了幼苗因表土水分不足而干死。

案例：桃花心木的种子需要经过休眠才能发芽。这是因为桃花心木的种子非常敏感，只有在极低的光照和极高的湿度下才能发芽。而且，桃花心木的种子还需要被真菌侵染破坏种子内部的抑制物质后才能发芽。

3 植物生长的基本特性

植物或植物器官的生长过程并不是连续和均一的，而是有一定的节奏和规律性，主要体现在植物生长的大周期、植物生长的周期性、植物生长的相关性等方面。

（1）植物生长的大周期

植物体或个别器官的生长速率表现为"慢—快—慢"的规律，即开始生长缓慢，以后逐渐加快，然后又减慢以至停止，这三个阶段总和起来，称为生长大周期。典型的有限生长曲线呈 S 形或抛物线形（图 1-1）。如果用干重、高度、体积、表面积、细胞数或蛋白质含量等参数对生长时间作图，可得到呈 S 形的生长曲线；若以生长速率对生长时间作图，得到的是呈抛物线形的生长曲线。

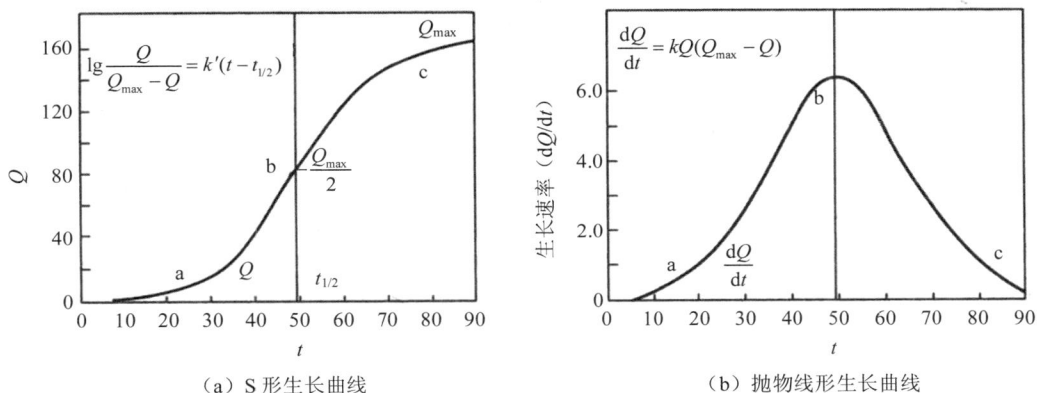

（a）S 形生长曲线　　　　　　　　（b）抛物线形生长曲线

a.指数期；b.线性期；c.衰减期；Q：植物生长的高度或体积单位；t：植物生长时间单位；

k，k'：植物生长的高度或体积增长速率。

图 1-1　典型的生长曲线

资料来源：苍晶，李唯. 植物生理学[M]. 北京：高等教育出版社，2017。

根据 S 形曲线的变化情况，大致可将植物生长分为 3 个时期：指数期、线性期和衰减期。在指数期，绝对生长速率不断提高，而相对生长速率基本保持不变；在线性期，绝对生长速率最大，相对生长速率保持不变；在衰减期，绝对生长速率最大，而相对生长速率呈现为递减。

一个有限生长植物的根、茎、叶、花、果等器官的生长表现出 S 形曲线的原因可从细胞的生长和物质代谢的情况来分析。细胞生长有 3 个时期：分裂期、伸长期和分化期，生长速率呈"慢—快—慢"的规律性变化。器官生长初期，细胞主要处于分裂期，这时细胞数量虽能迅速增多，但物质积累和体积增大较少，因此表现出生长较慢；到了中期，则转向以细胞伸长和扩大为主，细胞内的 RNA、蛋白质等原生质和细胞壁成分合成旺盛，再加上液泡渗透吸水，使细胞体积迅速增大，因而这时是器官体积和质量增加最显著的阶段，也是绝对生长速率最快的时期；到了后期，细胞内 RNA、蛋白质合成停止，细胞趋向成熟与衰老，器官的体积和重量增加逐渐减慢直至最后停止。植株实际的生长曲线与典型的 S 形曲线常有一定程度的偏离，甚至差异很大。有时某一个生长期可能完全消失或特别突出，有时中间有一段时间由于生长停顿而形成双 S 形曲线，这些变异的产生主要取决于器官和植株的发育情况，当然也与环境条件有关。

研究和了解植物或器官的生长周期，在生产实践上有一定的意义。根据生产需要可以在植株或器官生长最快的时期到来之前，及时采取农业措施加以促进或抑制，以控制植株高度或器官的大小。例如，为防止水稻倒伏，常用晒田来控制节间的伸长，但必须在基部第一节间和第二节间伸长之前，迟了不仅不能控制节间伸长，还会影响幼穗的分化与生长，影响产量和品质。

（2）植物生长的周期性

一株植物从种子萌发，经过顶端（根尖、茎尖）以及侧生（形成层）分生组织细胞的分裂、伸长和分化，生长出根、茎、叶等营养器官，而后进入生殖生长阶段，形成种子和果实，这些器官及整株植物体的生长速率都表现出特有的节律；同时，它们的生长速率也会随昼夜或季节的变化而发生规律性的变化，这种现象叫作植物生长的周期性。

1）植物生长的温周期性

通常把植株或器官的生长速率随昼夜温度变化而发生有规律变化的现象称为温周期现象。

植物生长的昼夜周期性变化是植物在长期系统发育中形成的对环境的适应性。例如，番茄虽然是喜温作物，但系统发育是在变温下进行的，在白天温度较高（23～26℃）而夜间温度较低（8～15℃）时生长最好，果实产量最高。若将番茄植株放在昼夜均为 26.5℃的人工气候箱中或改变昼夜的时间节奏（如连续光照或光暗各 6 h 交替），则植株生长不好，产量也低；若夜温高于日温，则生长受抑更为明显。水稻在昼夜温差大的地方栽种，不仅植株健壮，而且籽粒充实，米质好，这是因为白天气温高，光照强，有利于光合作用以及光合产物的转化与运输；夜间气温低，呼吸消耗少，则有利于糖分积累。

2）植物生长的季节周期性

植物的生长发育进程大体有以下几种情况：春播、夏长、秋收、冬藏；或春播、夏收；或夏播、秋收；或秋播、幼苗（或营养体）越冬、春长和夏收。总之植物在一年中的生长随季节而发生的周期性变化规律，称为植物生长的季节周期性。这种生长的季节周期性是与温度、光照、水分等因素的季节性变化相适应的。春天，日照延长，气温回升，为植物芽或种子的萌发提供了最基本的条件；到了夏天，光照进一步延长，温度不断升高，植物生长旺盛，并开始生殖生长；秋天来临，日照缩短，气温下降，叶片接收到短日照的信号后，将有机物运向生殖器官，或贮藏在根和芽等器官中。同时，体内糖分与脂肪等物质的含量提高，组织含水量下降，原生质趋向凝胶状态；IAA、GA、CTK 等促进植物生长的激素由游离态转变为结合态，而 ABA 等抑制植物生长的激素含量增加，因此植物体内代谢活动大为降低，最终导致落叶。一年生植物完成生殖生长后，种子成熟，进入休眠，营养体死亡。而多年生植物（如落叶木本植物）的芽进入休眠。

一年生植物生长量的周期变化呈 S 形曲线，这也是植物生长季节周期性变化的表现。多年生植物的根、茎、叶、花、果和种子的生长并不是平行进行的，而是此起彼伏的。例如，成年梨树一年内可分为 5 个相互重叠的生长期（图 1-2）。

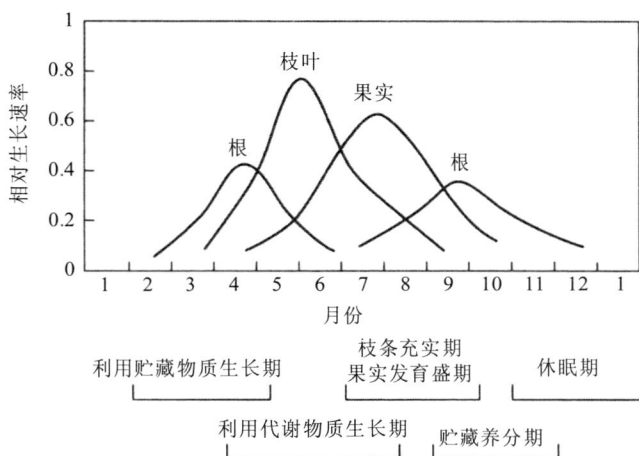

图 1-2　梨树周期性生长动态示意

资料来源：苍晶，李唯. 植物生理学[M]. 北京：高等教育出版社，2017。

（3）植物生长的相关性

高等植物各个器官的结构和功能虽然不同，但它们的生长是相互依赖和相互制约的。植物生长中器官间相互依赖和相互制约的关系被称为植物生长的相关性。这种相关性是通过植物体内的营养物质和信息物质在各器官间的相互传递或竞争来实现的。

1）地上部与地下部的相关性

地上部与地下部的生长是相互依赖的，它们之间不断地进行着物质、能量和信息的交流。地下部根的活动和生长有赖于地上部分所提供的光合产物、生长素、维生素等；而地上部分的生长和活动则需要根系提供水分、矿质、氮素以及根中合成的植物激素（CTK、GA 与 ABA）、氨基酸等。此外，地上部与地下部之间还存在着类似于动物神经系统那样的信息传递系统。例如，当植物根系受到干旱胁迫时，根部会产生化学信号物质 ABA，沿着木质部向地上部运输，导致叶片气孔导度下降，蒸腾减弱，生长变慢。同时，地上部的变化信息也会沿着维管束传至地下部，如根系可从地上部获得影响其生长的化学信号 IAA。还有研究指出，植物根-冠间有电波信号的传递，相互影响其生理功能的表达。一般而言，植物根系发达，地上部分才能很好地生长。所谓"根深叶茂""本固枝荣"就是这个道理。

地上部与地下部的生长也存在相互制约的一面，主要表现在它们对水分和营养的竞争上。这种竞争关系可从根/冠比（root/top ratio，R/T）的变化上反映出来。根/冠比是指地下部根系总质量与地上部叶等总质量的比值，它能反映植物的生长状况。不同物种有不同的根冠比，同一物种在不同的生育期根冠比也有变化。例如，一般植物在开花结实后，同化物多用于繁殖器官，加上根系逐渐衰老，使根冠比降低，而甘薯、甜菜等作物在生育后期，因大量养分向根部运输，贮藏根迅速膨大，根冠比反而增高；多年生植物的根冠比还有明显的季节变化。此外，外界环境条件对根/冠比也有较大的影响，主要影响因素如下：

①土壤含水量。土壤水分缺乏对地上部的影响远比对地下部的影响要大。土壤中常有一定的可用水，所以根系相对不易缺水。而地上部分则依靠根系供给水分，又因枝叶大量

蒸腾，所以地上部水分容易亏缺。因而土壤水分不足对地上部分的影响比对根系的影响更大，使根冠比增大。反之，若土壤水分过多，氧气含量减少，则不利于根系的活动与生长，使根冠比减少。水稻栽培中的落干烤田以及旱田雨后的排水松土，由于能降低地下水位，增加土中含氧量而有利于根系生长，因而能提高根冠比。"旱长根，水长苗"，就是这个道理。

②营养元素。不同营养元素或不同的营养水平，对根冠比的影响有所不同。氮素少时，首先满足根的生长，运到冠部的氮素就少，抑制其生长，使根冠比增大；氮素充足时，大部分氮素与光合产物用于枝叶生长，供应根部的数量相对较少，因而根的生长受到抑制，根冠比降低。磷肥有调节糖类转化和运输的作用，可促进光合产物向根和贮藏器官的转移，通常能提高根冠比。

③温度。通常根部的活动与生长所需要的温度比地上部分略低，故在气温低的秋末至早春，植物地上部分的生长处于停滞期时，根系仍有生长，因此根冠比增大；当气温升高，地上部分生长加快时，根冠比下降。

④光照。在一定范围内，光强提高则光合产物增多，这对根与冠的生长都有利。但强光下，空气中相对湿度下降，植株地上部蒸腾作用加强，组织中水势下降，茎叶的生长易受到抑制，因而根冠比增大；光照不足时，向下输送的光合产物减少，影响根部生长，而对地上部分的生长相对影响较小，所以根冠比降低。

在农业生产上，常通过肥水措施来调控根冠比，促进收获器官的生长，以达到增产的目的。对甘薯、胡萝卜、马铃薯等以收获地下部分为主的作物，在生长前期应注意氮肥和水分的供应，以增加光合面积，多制造光合产物；中后期则要施用磷肥、钾肥，并适当控制氮素和水分的供应，以促进光合产物向地下部分的运输和积累从而促进地下部的膨大。

2）主茎与侧枝生长的相关性

主茎与侧枝生长的相关性主要表现在植物的顶端优势上。植物主茎顶芽生长而抑制侧芽生长的现象，称为顶端优势。除顶芽外，生长中的幼叶、节间、花序等都能抑制其下面侧芽的生长，根尖能抑制侧根的发生和生长，冠果也能抑制边果的生长。

顶端优势现象普遍存在于植物界，但各种植物表现不尽相同。如向日葵、玉米、高粱、黄麻等草本植物的顶端优势很强，一般不分枝；雪松、桧柏、水杉等木本植物的顶端优势也较明显，越靠近顶端的侧枝生长受抑制越强，从而形成宝塔形树冠；而柳树以及灌木类植物则顶端优势不明显。同一植物在不同生育期，其顶端优势也有变化。如稻、麦在分蘖期顶端优势弱，分蘖节上可多次长出分蘖，进入拔节期后，顶端优势增强，主茎上不再分蘖；玉米顶芽分化成雄穗后，顶端优势减弱，下部几个节间的腋芽开始分化成雌穗；许多树木在幼龄阶段顶端优势明显，树冠呈圆锥形，成年后顶端优势变弱，树冠变为圆形或平顶。可见，植物的分枝及其株型在很大程度上受到顶端优势强弱的影响。

3）营养生长与生殖生长的相关性

营养生长与生殖生长是绿色开花植物生长过程中两个既不相同又密切相关的过程。植物的营养生长是指根、茎、叶等营养器官的生长；生殖生长是指花、果实、种子等生殖器官的形成与生长。当植物的营养生长进行到一定程度后，就会转入生殖生长阶段，这两个阶段相互重叠，不能截然分开，它们既相互依存又相互制约。

首先，营养生长为生殖生长奠定了物质基础。生殖器官生长所需的养料，大部分由营养器官供给，因此，营养器官生长的好坏直接影响生殖器官的生长发育。很难想象，一株瘦小的植株会结出硕大的果实来。在营养器官中，叶是主要的同化器官，对生殖生长具有重要的作用。在一定范围内，叶面积增加会促进果实的增加，但叶面积过大，会因消耗较多的养分而影响生殖器官的生长发育。如水稻、小麦前期肥水过多，造成茎、叶徒长，会延迟幼穗的分化，显著增加空瘪粒；后期肥水过多，则造成贪青迟熟，影响粒重；若果树、棉花等的枝叶徒长，则会造成不能正常开花结实或落花落果。

其次，生殖生长同样也影响着营养生长。如在自然状态下，大豆开花结实后，营养器官的生长就日渐减弱，最后衰老死亡；如果不断摘除花芽，则营养器官可继续旺盛生长，衰老延迟。

一次开花植物，如水稻、玉米、竹子等营养生长在前，生殖生长在后，开花后植株逐渐衰老死亡。多次开花植物，营养生长与生殖生长交叉进行，开花后并不导致植株死亡，只是引起营养生长速率的降低甚至停止生长。苹果、梨、荔枝、龙眼等多年生的果树具有"大小年"现象，即当年高产，次年低产，其原因是大年开花结实过多，消耗了较多养分，导致植株体内养分积累不足，影响了次年花芽的分化，使花果减少；而小年则情况正好相反。因此，果树生产上可采取疏花疏果等措施来调节营养生长与生殖生长的矛盾，从而达到年年丰产的目的。而茶树、桑树、麻类及叶菜类等，则应促进营养生长，而抑制生殖生长。在农业生产上积累了很多协调营养生长和生殖生长相关性的经验，可以根据收获器官的不同，来制定相应的生产措施。如以收获营养器官为主，则可增施氮肥促进营养器官生长，抑制生殖器官生长；如以收获生殖器官为主，则前期可促进营养器官生长，为生殖器官生长奠定良好的基础，后期则注意增施磷肥、钾肥，以促进生殖器官生长。

任务操作

1　植物细胞的观察

实验目的：植物细胞是构成植物体的基本单位，对于了解植物生长和发育过程具有重要意义。本次实验旨在通过显微镜观察植物细胞的结构和组成，了解其功能和特点。

实验材料：新鲜的洋葱、显微镜玻片、盖玻片、显微镜、草酸铁溶液、苏木精染色液。

实验方法：

（1）将洋葱切片，用草酸铁溶液浸泡 5 min，然后用草酸铁溶液洗净。

（2）取一片洋葱切片，放在显微镜玻片上，加入一滴苏木精染色液，用盖玻片盖住。

（3）将盖玻片上的洋葱切片放在显微镜下，逐渐调节镜头，观察细胞结构。

2　种子的识别与形态观察

实验目的：从形态特征和解剖结构识别蔬菜种子所属种类，并观察种子结构的特点；识别种子的新、陈及其生活力；掌握种子质量的鉴定方法。

实验材料：各种蔬菜，包括种、变种、品种。几种有代表性蔬菜浸泡过的种子和新的及陈的种子。

实验方法：

（1）形态观察。仔细观察并记载新的及陈的种子在色泽、气味等方面的区别。用肉眼和放大镜观察各种蔬菜种子的外部形态，记录其特点，如形状、颜色、种皮形态等。

（2）结构观察。观察浸泡过的蔬菜种子，用解剖刀片横剖及纵剖，用放大镜观察各部分结构，并绘图说明。

（3）种子的纯度测定。根据种子大小，称出种子 2 份，每份 5～100 g，仔细清除混杂物后再称重。根据称重结果计算种子样品的纯度。

（4）千粒重的测定。将上述纯净的种子平铺桌面呈四方形，按对角线取样，划对角线成为 4 个三角形，取出其中一半种子混合，再如此继续取样，直到只有种子千粒左右时，数出 1 000 粒称重。

（5）发芽率及发芽势的测定。取上述纯净种子，每 100 粒 1 份，各 2～3 份。置于垫有湿润滤纸的培养皿中，喜凉菜置于 20℃；喜温菜置于 25℃，恒温箱中催芽。2 d 后每天记录发芽粒数，直到发芽终止。根据测定结果计算发芽率和发芽势。

3 种子萌芽实验

实验目的：通过种子萌芽实验，了解种子的生长过程，探究不同环境因素对种子萌发的影响。

实验材料：黄豆（绿豆/红豆），罐头瓶 4 个，泥沙，清水。

实验步骤：

（1）在第一个罐头瓶里，放入适量泥沙，用小勺放入 10 粒黄豆，拧紧瓶盖。置于室温环境。

（2）在第二个罐头瓶里，放入适量泥沙，用小勺放入 10 粒黄豆，洒入少量清水，使泥沙湿润，拧紧瓶盖。置于室温环境。

（3）在第三个罐头瓶里，放入适量泥沙，用小勺放入 10 粒黄豆，倒入较多的清水，使种子淹没在水中，拧紧瓶盖。置于室温环境。

（4）在第四个罐头瓶里，放入适量泥沙，用小勺放入 10 粒黄豆，洒入少量清水，使泥沙湿润，拧紧瓶盖。置于低温环境。

观察并记录种子每天的变化，探讨影响种子萌发的因素。

任务 2 植物的生殖生理

任务介绍

植物通过生殖生长实现生命的延续、种群的繁衍以及作物产量和品质的提高。开花、授粉受精、结果等过程都会影响生殖生长，在农业生产实践中要通过合理的农业管理措施和技术手段，有效调节植物的生殖生长过程，以保障优质高产。

任务解析

了解成花诱导、授粉受精的生理特性，掌握植物光周期类型以及春化作用在农业生产上的应用。理解植物成熟和衰老的影响因素，掌握调控果实品质的相关技术。

⊞ 知识储备

1 成花诱导生理

1.1 春化作用

（1）春化作用的概念

早在 1918 年，加斯纳（Gassner）用冬黑麦进行实验时发现，冬黑麦在萌发期或苗期必须经历一个低温阶段才能开花，而春黑麦则不需要。1928 年，李森科（Lysenko）将吸水萌动的冬小麦种子经低温处理后春播，发现其可在当年夏季抽穗开花，他将这种处理方法称为春化，并将这种低温诱导植物开花的过程称为春化作用。除了冬小麦、冬黑麦、冬大麦等冬性禾谷类作物以外，某些两年生植物（如白菜、萝卜、胡萝卜、芹菜、甜菜、甘蓝、拟南芥和天仙子等）以及一些多年生草本植物（如牧草）的开花也需要经过春化作用，例如拟南芥，如果不经过一定天数的低温，就一直保持营养生长状态，不会抽薹。

（2）春化作用的条件

低温是春化作用的主要条件，春化作用是一个缓慢的量变积累的过程，有其作用的临界点，只有当低温处理足够长的时间后，植株才会产生明显的春化反应。它的有效温度介于 0～10℃，最适温度是 1～7℃，有效的温度范围和低温持续的时间随植物的种类和品种而异。在一定时间内，春化效应随低温处理时间的延长而增加。如果温度在 0℃以下，代谢即被抑制，不能完成春化过程。在春化过程结束之前，如遇高温，低温效果会削弱甚至消除，这种现象称为去春化作用。大多数去春化的植物返回到低温下，又可重新进行春化，而且低温的效应是可以累加的，这种解除春化之后，再进行的春化作用称为再春化作用。

春化作用除了需要一定时间的低温外，还需要适量的水分、充足的氧气和作为呼吸底物的营养物质。实验表明，将已萌动的小麦种子脱水干燥，当其含水量低于 40%时，即使用低温处理种子也不能使其春化。在缺氧条件下，即使满足低温和水分的要求，仍不能完成春化。实验观察到，在春化期间，细胞内某些酶活性提高，氧化还原作用加强，呼吸作用增强，充足的氧气是进行生理生化活动的必要条件。不仅高温可以解除春化，缺氧也有同样效果。由于春化时需要足够的营养物质，将小麦种子的胚培养在富含蔗糖的培养基中，在低温下即可完成春化，若培养基中缺乏蔗糖，则不能完成。

此外，许多植物在感受低温后，还需经过长日照诱导才能开花。如天仙子在较高温度下不能开花，经低温春化后放在短日照下，也不能开花，只有经低温春化后给予长日照处理的植株才能抽薹开花。

（3）春化作用在农业生产中的应用

1）人工春化处理

农业生产上对萌动的种子进行人为低温处理，使之完成春化作用的措施称为春化处理。我国农民创造了闷麦法，即将萌动的冬小麦种子密封在罐中，放在 0～5℃低温下 40～50 d，就可用于在春天补种冬小麦；在育种工作中利用春化处理，可以在一年中培育 3～4 代冬性作物，加速育种过程；为了避免春季倒春寒对春小麦的低温伤害，可以对种子进行人工春化处理后，适当晚播，缩短生育期。

2）调种引种

不同纬度地区的温度有明显的差异，我国北方纬度高而温度低，南方纬度低而温度高。在南北地区之间引种时，必须了解品种对低温的要求。北方的品种引种到南方，就有可能当地温度较高而不能满足其对低温的要求，致使植物只进行营养生长而不开花结实，造成不可弥补的损失。

3）控制花期

在园艺生产上可用低温处理促进植物花芽分化；低温处理还可使秋播的一、二年生草本花卉改为春播，当年开花；利用解除春化的效应还能控制某些植物开花，如越冬贮藏的洋葱鳞茎在春季种植前用高温处理以解除春化，可防止其在生长期抽薹开花而获得大的鳞茎，以增加产量；四川省种植的当归为二年生药用植物，当年收获的块根质量差，不宜入药，需第二年栽培，但第二年栽种时又易抽薹开花而降低块根品质，如在第一年将其块根挖出，贮藏在高温下使其不通过春化，就可减少第二年的抽薹率而获得较好的块根，提高产量和药用价值。

1.2 光周期现象

在一天之中，白天和黑夜的相对长度，称为光周期。光周期对花诱导有着极为显著的影响。对多数植物来说，特别是一年生和两年生植物，当同一种植物生长在特定的纬度时，每年都大约在固定的季节开花。植物对白天和黑夜的相对长度的反应，称为光周期现象。

1920 年，美国学者加奈（Garner W W）和阿拉德（Allard H A）观察到烟草的一个变种马里兰猛犸在华盛顿地区夏季生长时，株高达 3～5 m 时仍不开花，但在冬季转入温室栽培后其株高不足 1 m 就可开花。他们对温度、光照、营养等各种条件进行了试验，发现日照长度是影响烟草开花的关键因素。在夏季用黑布遮盖，人为缩短日照长度，烟草就开花；冬季在温室内用人工光照延长日照长度，则烟草保持营养状态而不开花。由此得出结论，短日照是这种烟草开花的关键条件。随后，在茎伸长、块茎形成、休眠、落叶等生理反应中也观察到光周期现象。在植物的光周期现象中最为重要且研究最多的是植物成花的光周期诱导调节。

人们通过用人工延长或缩短光照的方法，普查了植物开花对日照长度的反应，并将其分为以下几种类型。

1）长日植物

长日植物（long-day plant，LDP）是指在 24 h 昼夜周期中，日照长度必须长于一定时数才能开花的植物。延长光照，则加速开花；缩短光照，则延迟开花或不能开花。小麦、黑麦、胡萝卜、甘蓝、天仙子、洋葱、燕麦、山茶、杜鹃、油菜等都属于长日植物。例如，春油菜需经过 14 h 以上的日长才能现蕾，缩短到 12 h 则不能正常现蕾开花。

2）短日植物

短日植物（short-day plant，SDP）是指在 24 h 昼夜周期中，日照长度必须短于一定时数才能开花的植物。适当延长黑暗或缩短光照可促进和提早开花，如延长日照则推迟开花或不能开花。如菊花必须满足少于 10 h 的光照才能开花。水稻、玉米、大豆、高粱、苍耳、紫苏、大麻、黄麻、草莓、烟草、秋海棠、蜡梅、日本牵牛等都属于短日植物。

3）日中性植物

日中性植物（day-neutral plant，DNP）是指在任何日照条件下都可以开花的植物，例如番茄、茄子、黄瓜、辣椒和菜豆等。

4）长短日植物

长短日植物（long-short-day plant）开花要求有先长日照后短日照的双重日照条件，如大叶落地生根、芦荟、夜香树等。

5）短长日植物

短长日植物（short-long-day plant）开花要求有先短日照后长日照的双重日照条件，如风铃草、鸭茅、瓦松、白三叶草等。

6）中日照植物

中日照植物（intermediate-daylength plant）只有在一定中等长度的日照条件下才能开花，而在较长或较短日照下均保持营养生长状态的植物，如甘蔗成花要求每天 $11.5\sim12.5$ h 日照。

7）两极光周期植物

两极光周期植物（amphotoperiodism plant）与中日照植物相反。这类植物在中等长度的日照条件下保持营养生长状态，而在较长或较短日照下才开花，如狗尾草等。

许多植物成花有明确的临界日长（critical daylength），即昼夜周期中诱导短日植物开花所必需的最长日照长度或诱导长日植物开花所必需的最短日照长度。对临界日长要求严格的植物称为绝对长日植物或绝对短日植物。但是，还有许多植物的开花对日照长度的反应并不十分严格，它们在不适宜的光周期条件下，经过相当长的时间也能或多或少地开花，这些植物称为相对长日植物或相对短日植物。需要指出的是，长日植物的临界日长不一定都长于短日植物；而短日植物的临界日长也不一定短于长日植物。如短日植物大豆的临界日长为 14 h，若日照长度不超过此临界值就能开花。长日植物冬小麦的临界日长为 12 h，当日照长度超过此临界值时才开花。将此两种植物都放在 13 h 的日照长度条件下，它们都开花。因此，重要的不是它们所受光照时数的绝对值，而是在于时间长于还是短于其临界日长。

案例：一般深秋或早春开花的植物，如牵牛花、一品红、菊花、蟹爪兰、落地生根、一串红、芙蓉花、苍耳等，用人工缩短光照时间，可使这类植物提前开花；而且黑暗时数越长，开花越早；在长日照下只能进行营养生长而不开花。

2 授粉受精生理

花发育成熟时，萼片和花瓣向外展开，露出雄蕊和雌蕊。同时，雄蕊上的花药药室裂开，散发出成熟的花粉粒。花粉粒经各种不同的途径，如由花药直接与雌蕊柱头接触，或是通过风吹，或是动物的携带，把花粉粒传递到雌蕊的柱头上，这个花粉传到柱头的过程叫作授粉（pollination）。授粉有很多种形式，花朵不开放即授粉叫作闭花授粉，花粉粒授到同一朵花的柱头上叫作自花授粉，相对应地花粉授到不同花的柱头上叫作异花授粉。其他还有通过风传送花粉的风媒授粉，或通过昆虫来授粉的虫媒授粉等。

2.1　授粉生理

花粉是高等植物在进化过程中，为克服雌雄生殖器官在空间上的分隔而选择的传递配子的载体。花粉的存在，使高等植物得以扩展其生存空间。

不同植物花粉的生活力有很大的差异。一般农作物的花粉寿命较短，如水稻花粉，在田间条件下几分钟就有 50% 以上的花粉失去生活力，10～15 min 几乎完全丧失生活力；小麦花粉在几小时内活力开始下降；玉米花粉的寿命为 1～2 d；果树的花粉寿命可长达几周到几个月；向日葵花粉的寿命可达 1 年；而蔷薇科一些果树的花粉可在几年后仍保持活力。花粉的寿命与外界条件有关，高温、高湿、极度干旱、氧分压过高或高光强等会降低花粉的生活力。

在育种工作中，常需贮藏花粉，在干燥、低温、低氧条件下有利于花粉的贮藏，延长花粉的寿命。目前采用超低温、真空和冷冻干燥技术贮藏花粉，可使其寿命大大延长。

成熟的柱头可分为湿润型和干燥型两类。湿润型柱头表面有由表皮细胞分泌的脂肪酸、糖、硼酸等分泌物，呈酸性。这些分泌物可黏着花粉，促进花粉萌发和花粉管生长，也有对花粉识别的作用。干燥型柱头不产生分泌物，由其表皮细胞外表面的蛋白质表膜对花粉起识别作用。烟草、矮牵牛和百合的柱头都属于湿润型柱头，拟南芥的柱头属于干燥型柱头。

柱头的生活力因植物而异，一般能持续几天，如水稻的柱头生活力为 6～7 d，但其授粉能力以开花的当日最强。小麦的柱头在麦穗从叶鞘中抽出 2/3 时就有授粉能力，在麦穗完全抽出后第 3 d 结实率最高，花粉生活力共约维持 9 d，但第 6 d 后结实能力明显下降。玉米花丝长度达穗长一半时，柱头即有授粉能力，在花丝抽齐后 1～5 d 内授粉能力最强，6～7 d 时授粉能力开始下降，第 9 d 时则急剧下降。在授粉时期，花粉与柱头同时处于高度活力状态，有利于植物顺利完成授粉、识别、受精过程。

2.2　受精生理

受精是雄配子（精细胞）输送到配子体中与配子结合的过程。整个过程从花粉粒落到雌蕊的柱头上开始，花粉粒与柱头细胞相互作用，如果它们是亲和的，花粉粒即从柱头细胞吸水膨胀，萌发出花粉管，花粉管进入柱头组织，经由花粉管通道向胚珠方向伸长，最后进入胚珠内部，把两个精细胞释放到胚囊中，进行双受精作用。双受精就是花粉管带来的两个精细胞，一个与胚囊中的卵细胞结合形成合子，另一个与中心细胞核结合，所形成的合子发育成胚胎，而受精后的中心细胞发育成胚乳。卵子和精子都是单倍体细胞，因此，精细胞与卵细胞的结合形成的合子为二倍体，使植物生命周期循环恢复到二倍体世代。在胚囊形成发育的过程中，中心细胞的细胞核是由两个单倍体的极核融合而成的二倍体细胞核，与精细胞核结合后形成了三倍体的细胞核，因此，植物的胚乳细胞的基因组是三倍体。

（1）花粉萌发与花粉管生长

花粉萌发时，首先吸水膨胀，花粉粒内压力增大，使其内壁从萌发孔处向外突出形成花粉管。从传粉至形成花粉管所需时间长短，因植物种类而异，如玉米 5 min、棉花 1～4 h。花粉管穿过乳突细胞壁或胞间隙进入柱头组织的细胞间隙，穿过花柱到达子房，通常从珠孔进入胚囊，花粉管顶端破裂后释放精子，进一步完成双受精作用。

硼对花粉萌发和花粉管生长具有明显的促进作用，高温度条件下，效果更显著。

（2）花粉管伸长

花粉管伸长经花柱进入子房，通常是经过珠孔到达胚囊。一般认为，胚珠分泌的向化性物质主要是钙和糖。例如，金鱼草珠孔中的钙含量特别高，当花粉管通过珠孔之后，钙含量迅速减少，表明钙是花粉管定向珠孔生长的重要因素。但钙的这种作用在其他科的植物中未能证实，有人认为可能与生长素的梯度分布有关，另有研究发现烟草的引导组织特异糖蛋白（TTS）和雌蕊类伸展蛋白（PELP）与花粉管的定向生长有关。由此可见，花粉管的向化性生长可能是几种物质共同作用的结果。

（3）受精后雌蕊的代谢变化

在受精过程中，胚珠与子房发生了剧烈的变化，影响整个植物体的代谢。一个显著变化为呼吸速率提高，如棉花受精时的呼吸速率比开花当天高 2 倍；一些植物受精的子房出现呼吸作用高峰，同时呼吸熵也有上升的趋势。另外，雌蕊组织吸收水分、矿质元素的能力也增强，糖类和蛋白质代谢加快。

受精后，雌蕊组织的一个显著变化是生长素含量急剧增加，一方面花粉带入了大量生长素；另一方面，花粉管萌发，促进了雌蕊组织生长素的合成，而且细胞分裂素含量也明显增加，进而刺激细胞分裂和生长，使子房成为竞争力很强的代谢库，整个植物的生长中心转移到种子和果实，大量营养物质运入，子房迅速膨大。

3 植物的成熟

植物完成受精过程后，胚珠不断发育形成种子，子房发育形成果实。在种子和果实发育过程中，在形态上发生很大变化的同时，还进行着一系列复杂的生理生化变化。果实和种子的发育质量，会直接影响其下一代的生长发育。对于一年生和二年生的草本植物来说，种子和果实形成后，植株便趋向衰老，进而发生器官脱落。了解植物生殖器官的发育特点和生殖、衰老机制，对于调控生殖衰老进程具有重要的理论和实践意义。

3.1 种子成熟生理

多数种子的发育过程可分为以下 3 个时期：

（1）胚胎发生期

从受精开始到胚形态初步建成为止，此期以细胞分裂为主，同时进行胚、胚乳或子叶的分化。这期间胚不具有发芽能力，离体种子不具活力。

（2）种子形成期

此期间以细胞扩大生长为主，淀粉、蛋白质和脂肪等贮藏物质在胚、胚乳或子叶细胞中大量积累，引起胚、胚乳或子叶的迅速生长。此期间有些植物种子的胚已具备发芽能力，在适宜的条件下能萌发，即所谓的早熟发芽或胚胎发芽，简称胎萌。这种现象在红树科和禾本科植物中最为常见，发生在禾本科植物上则称为穗发芽或穗萌。种子胎萌可能与胚缺乏 ABA 有关。处于形成期的种子一般不耐脱水，若脱水，种子易丧失活力。

（3）成熟休止期

此期间贮藏物质的积累逐渐停止，种子含水量降低，原生质由溶胶状态转变为凝胶状态，呼吸速率逐渐降低到最低水平，胚进入休眠期。完熟状态的种子耐脱水、耐贮藏，并具有很强的潜在生活力。经过休眠期的完熟种子，在条件适宜时就能吸水萌发。

3.2　果实成熟生理

果实是由子房或连同花的其他部分发育而成的。果实的发育应从雌蕊形成开始，包括雌蕊的生长、受精后子房等部分的膨大、果实形成和成熟等过程。果实的成熟是果实充分成长以后到衰老之间的一个发育阶段。而果实的完熟则指成熟的果实经过一系列的质变，达到最佳食用状态的阶段。通常所说的成熟也往往包含了完熟过程。肉质果实发育的好坏和成熟情况影响着果实的产量和食用品质。

（1）果实的生长

果实的生长和营养器官的生长一样，也表现出"慢—快—慢"的生长大周期特性，呈典型的 S 形生长曲线，如苹果、梨、香蕉、板栗、核桃、石榴、柑橘、枇杷、菠萝、草莓、番茄等植物的果实。但有些植物如桃、李、杏、梅、樱桃、柿、山楂和无花果等的果实在生长中期出现一个缓慢生长期，表现出"慢—快—慢—快—慢"的生长节奏，呈双 S 形生长曲线（图 1-3）。这个缓慢生长期是果肉暂时停止生长，而内果皮木质化、果核变硬和胚迅速发育的时期。果实第二次迅速增长的时期，主要是中果皮细胞的膨大和营养物质的大量积累。

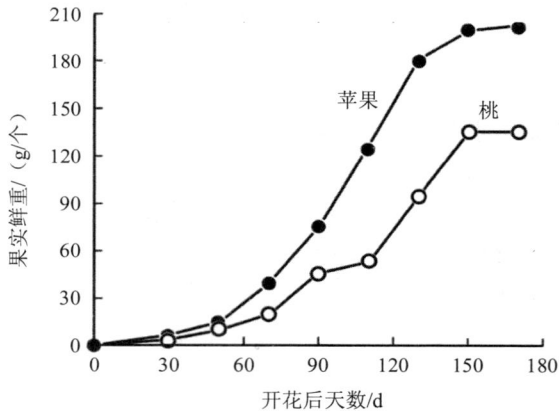

苹果为 S 形曲线，桃为双 S 形曲线。

图 1-3　果实的生长曲线模式

资料来源：苍晶，李唯. 植物生理学[M]. 北京：高等教育出版社，2017。

（2）单性结实

果实的生长与受精后子房内 IAA、GA 等激素含量的增高有关。一般情况下，植物通过受精作用才能结实。但是有些植物不经受精子房仍能膨大形成没有种子的果实，这种现象称为单性结实。根据引起单性结实的原因，可将其分为 3 种类型。

1）天然单性结实

天然单性结实指不经受精作用或无其他刺激就结实的现象。如葡萄、柑橘、香蕉、菠萝、无花果、柿子、黄瓜等的某些品种。这些植物的祖先都是靠种子传种的，由于种种原因，个别植株或枝条发生突变，形成了无籽果实。人们用营养繁殖方法把突变枝条保存下来，形成了无籽品种。同一种植物，通常天然无籽果实的子房在开花前就积累 IAA 和 GA，因而子房可不经受精作用膨大形成无籽果实。

2）刺激性单性结实

刺激性单性结实也称诱导性单性结实，是指在某种刺激下诱导产生的单性结实。如夜间低温和短日照可诱导黄瓜单性结实；给柱头授以不亲和的花粉或亲和但无活力的花粉，可形成单性结实；环剥可提高某些柿子和葡萄品种的单性结实能力，其原因是环剥阻碍了 IAA 向基部的运输，因此切口上方的 IAA 增多，从而刺激单性结实。

生长调节剂可以代替植物内源激素，刺激子房等组织膨大，形成无籽果实。如番茄、茄子用 2,4-D、防落素（对氯苯氧乙酸）、GA，辣椒用萘乙酸（NAA）等处理，均能诱导单性结实。

3）假单性结实

有些植物的雌蕊虽已完成了受精作用，但由于种种原因，胚的发育终止，而子房或花的其他部分继续发育，形成没有种子的果实，这种现象称为假单性结实。如有些无核柿子和葡萄。杏果实硬核前两周喷施 MH[①]可形成种子败育型的无籽果实。

（3）果实成熟过程中物质的转化

1）糖含量增加

果实发育过程中，由叶片运来的光合产物主要以淀粉形式贮存于果肉细胞中，因此，未成熟果实生硬而无甜味。果实成熟时，淀粉等贮藏物质水解成蔗糖、葡萄糖和果糖等可溶性糖，使果实变甜。各种果实的糖转化速度和程度不尽相同。香蕉中的淀粉水解很快，由青变黄时，淀粉从占鲜重的 20%～30% 下降到 1% 以下，而同时可溶性糖的含量则从 1% 上升到 15%～20%；柑橘中糖转化很慢，有时要几个月；苹果则介于两者之间。葡萄是果实中糖分积累最高的，可达到鲜重的 25% 或干重的 80% 左右，但如在成熟前就采摘下来，则果实不能变甜。杏、桃、李、无花果、樱桃、猕猴桃等也是这样。

果实糖含量的变化会受温度和光照等条件影响。通常，成熟期日照充足、昼夜温差大、降水量小，果实中含糖量高。这也是新疆吐鲁番的哈密瓜和葡萄特别甜的原因。氮素过多时，要有较多的糖参与氮素代谢，从而使果实含糖量减少。通过疏花疏果，减少果实数量，常可增加果实的含糖量。给果实套袋，可显著改善综合品质，但会降低糖的含量。

2）酸味减少

果实的酸味源于有机酸的积累。一般苹果含酸 0.2%～0.6%，杏 1%～2%，柠檬 7%。有机酸的产生可来自碳代谢、三羧酸循环、氨基酸脱氨等代谢途径，贮存的主要部位是液泡。柑橘、菠萝含柠檬酸多，仁果类（如苹果、梨）和核果类（如桃、李、杏、梅）含苹果酸多，葡萄中含有大量酒石酸，番茄中柠檬酸和苹果酸都较多。生果中含酸量高，随着果实的成熟，含酸量下降。有机酸减少的原因主要有：合成被抑制；部分转变成糖；部分被用于呼吸消耗；部分与 K^+、Ca^{2+} 等阳离子结合生成盐。

与营养价值有关的维生素 C（抗坏血酸）含量的变化在不同的果实中表现不同。苹果幼果中的维生素 C 较低，成熟后含量提高，可达鲜重的 0.04%；而甜樱桃及枣的某些品种

---

① 马来酰肼，一种植物生长调节剂。

的果实，幼果中的维生素 C 含量很高，之后却逐渐下降。

糖酸比是决定果实品质的一个重要因素。糖酸比越高，果实越甜。但一定的酸味往往体现一种果实的风味。

3）果实软化

果实软化是成熟的一个重要特征。引起果实软化的主要原因是细胞壁物质的降解。果实成熟期间多种与细胞壁有关的水解酶活性上升，细胞壁结构成分及聚合物分子大小发生显著变化，如纤维素长链变短，半纤维素聚合分子变小，其中变化最显著的是果胶物质的降解。不溶性的原果胶分解成可溶性的果胶或果胶酸，果胶酸甲基化程度降低，果胶酸钙分解。多聚半乳糖醛酸酶（polygalacturonase，PG）可催化多聚半乳糖醛酸 α-1,4 糖键的水解，是果实成熟期间变化最显著的酶，对果实软化起重要的作用。水蜜桃是典型的溶质桃，成熟时柔软多汁；而黄甘桃是不溶质桃，肉质致密而有韧性。溶质桃成熟期间 PG 活性上升，而不溶质桃中 PG 活性较弱。此外，果肉细胞中的淀粉降解为可溶性糖，也是果实变软的一个原因。

乙烯在细胞质内诱导细胞壁水解酶的合成，水解酶进入细胞壁，酶促细胞壁水解软化。因此，用乙烯处理果实，可促进成熟，使果实软化。

4）香味产生

成熟果实发出其特有的香气，是由于果实内含有微量的挥发性物质，其化学成分相当复杂，有 200 多种，主要是酯、醇、酸、醛和萜烯类等一些低分子化合物。苹果中含有乙酸丁酯、乙酸己酯、辛醇等挥发性物质；香蕉的特色香味是乙酸戊酯；橘子的香味主要来自柠檬醛。成熟度与挥发性物质的产生有关，未熟果实中没有或很少有这些香气挥发物，所以收获过早，香味差。低温影响挥发性物质的形成，如香蕉采收后长期放在 10℃ 温度下，会显著抑制挥发性物质的产生。乙烯可促进果实正常成熟的代谢过程，因而也促进香味的产生。

5）涩味消失

有些果实未成熟时有涩味，如柿子、香蕉、李子等，这是由于细胞液中含有单宁等物质。单宁是一种不溶性酚类物质，可以保护果实免于脱水及病虫侵染。单宁与人口腔黏膜上的蛋白质作用，使人产生强烈的麻木感和苦涩感。随着果实的成熟，单宁被过氧化物酶氧化成无涩味的过氧化物，或凝结成不溶性的单宁盐，或被水解转化成葡萄糖，因而涩味消失。

6）色泽变艳

随着果实的成熟，多数果色由绿色渐变为黄、橙、红、紫或褐色，因此，常作为果实成熟度的直观标准。与果实色泽有关的色素有叶绿素、类胡萝卜素、花色素和类黄酮等。

任务操作

植物的有性生殖实验

实验目的：通过实验，了解植物的有性生殖过程、花器官的结构和功能，并探究花粉与卵细胞的结合过程。

实验材料：植物花朵样本如百合、康乃馨、玫瑰等；显微镜、载玻片和盖玻片；杂交花朵如玫瑰和康乃馨的杂交花朵；实验记录表。

实验方法：

（1）观察植物花朵的结构

随机取样本，观察花萼、花瓣、雄蕊、雌蕊的位置和形态特征，并记录在实验记录表中。

利用显微镜观察花药的详细结构。

（2）花粉的观察

选取花药发育完全的花朵，用剪刀将其剪下，将花药放在载玻片上取适量花粉涂于载玻片上覆盖盖玻片，将载玻片放在显微镜下，调整显微镜镜头，观察花粉的形状和结构。

记录不同花朵的花粉结构特点。

（3）花粉的萌发

取杂交花朵，用剪刀将其剪下，观察柱头的位置。

将花粉涂于柱头上，盖上盖玻片，放置一段时间后，用显微镜观察花粉管的伸长情况。

任务 3　环境因子与植物生长

任务介绍

植物生长受到多个环境因子的影响，包括温度、光照、水分、土壤质量等，这些环境因子直接影响植物的生理过程和生长发育。在有机农业生产中需要采用各种栽培耕作措施，调节植物与环境的关系，满足植物高产、优质的要求。

任务解析

了解温度、光照、水分、土壤质量等环境因素对植物生长的直接影响，并理解这些因素如何相互作用，共同影响植物的生长发育，能够在有机农业种植实践中通过合理的管理和保护措施促进植物的健康生长。

知识储备

环境是针对某一特定主体而言的，与某一特定主体有关的周围一切事物的总和就是这个主体的环境。在生物科学中，环境是指某一特定生物体或生物群体以外的空间及直接或间接影响该生物或生物群体生存的一切事物的总和。对植物而言，其生存地点周围空间的一切因素，如气候、土壤、生物等就是植物的环境。

构成环境的各个因素称为环境因子。环境因子不一定对植物都有作用。对植物的生长、发育和分布产生直接或间接作用的环境因子通常称为生态因子。对植物起直接作用的生态因子有光照、温度、水、土壤、大气、生物六大因子。在自然界中，生态因子不是孤立地对植物起作用，而是综合在一起影响着植物的生长发育。

1　植物环境

（1）自然环境

植物生长离不开所处的自然环境，根据其范围由大到小可分为宇宙环境、地球环境、区域环境、生境、小环境和体内环境。

（2）半自然环境

半自然环境是指通过人工调控管理自然环境，使其更好地发挥作用的环境，包括人工草地环境、人工林地环境、农田环境、人为开发管理的自然风景区、人工建造的园林生态环境等。

（3）人工环境

人工环境是指由人类创建并受人类强烈干预的环境，如温室、大棚及各种无土栽培液、人工照射条件、温控条件、湿控条件等。

植物的生长除取决于遗传潜势外，还受环境条件的影响，其中对植物生长影响较大的主要是光、温度、水、土壤和大气等。

2　温度与植物生长

温度是植物生命活动最基本的生态因子。植物只有在一定的温度条件下才能生长发育，达到一定的产量和品质。与植物生长发育关系最密切的温度有土壤温度（简称土温）、空气温度（简称气温）和体温。土温对播种、根系发育以及越冬都有很大影响，从而影响地上部的生长发育。气温与植物地上部生长发育有直接关系，它能间接影响土壤温度和植物根系生长发育，是影响植物生理活动、生化反应的基本因子。土壤热量状况和邻近气层的热状况存在着直接的依赖关系，但由于土壤、土壤覆盖层以及植物茎叶层的影响，土温和气温仍有不同，而且随土层的加深两者差别加大。植物属于变温类型，所以植物地上部体温通常接近气温；根温接近土温，并随环境温度的变化而变化。

维持植物生命的温度有一个范围，保证植物生长的温度在维持植物生命的温度范围内，保证植物发育的温度在保证植物生长的温度范围之内。对大多数植物来说，维持植物生命的温度范围一般为 $-10 \sim 50℃$，保证植物生长的温度范围在 $5 \sim 40℃$，而保证植物发育的温度在 $10 \sim 35℃$。一般寒带、温带植物在此范围内偏低一些，而热带植物则偏高一些。

温度对植物生长发育的全过程均有影响，各生长发育过程产生的结果无一不与温度有关。每一时期的最佳温度及温度效应模式各不相同，品种内及品种间也不相同。同一植物种（品种）在不同生育期对温度的要求也会有差异，例如幼苗生长的最适宜温度常不同于成株；不同器官间也有差异，生长在土壤中的根系，其生长最适温度常比地上部的低；又如作为生殖器官的果实，其需热量不但比营养器官高而且反应敏感，温度的高低、热量的满足程度，直接影响果实生长发育进程的快慢。

2.1　土壤温度

土壤温度是植物生长的重要环境因素，其变化情况对植物的生长影响较大。土壤的温度在太阳辐射、自身组成及特性、近地气层等因素影响下有其特有的变化规律。

土壤温度的高低，主要取决于土壤接受的热量和损失的热量数量，而土壤热量损失数量的大小主要受热容量、导热率和导温率等土壤热性质的影响。

（1）影响植物对水分、养分的吸收

在植物生长发育过程中，随着土壤温度的增加，根系吸水量也逐渐增加。通常对植物吸水的影响又间接影响了气孔阻力，从而限制了光合作用。

低温减少了植物对多数养分的吸收。以 30℃ 和 10℃ 下 48 h 短期处理作比较，低温影响水稻对矿物质吸收从大到小的顺序是磷、氮、硫、钾、镁、钙；但长期冷水灌溉降低土壤温度 3~5℃，则影响顺序从大到小为镁、锰、钙、氮、磷。

（2）影响植物块茎、块根的形成

土壤温度高低直接影响植物地下贮藏器官的形成，如马铃薯苗期土壤温度高，生长旺盛，但并不增产，中期如高于 29℃ 不能形成块茎，以 15.6~22.9℃ 最适于块茎形成。土壤温度低，块茎个数多而小。

（3）影响植物生长发育

土壤温度对植物整个生育期都有一定影响，而且前期影响大于气温。如种子发芽对土壤温度有一定要求，小麦、油菜种子发芽所要求的最低温度为 12℃，玉米、大豆为 8~10℃，水稻则为 10~12℃。土壤温度变化还直接影响植物的营养生长和生殖生长，间接影响微生物活性、土壤有机质转化等，最终影响植物的生长发育和产量形成。

（4）影响地下微生物和昆虫的活动

土壤温度的高低影响土壤微生物的活动、土壤气体的交换、水分的蒸发、各种矿物质的溶解及有机质的分解等。同时土壤温度对昆虫特别是地下害虫的发生发展有很大影响。如金针虫，当 10 cm 土壤温度达到 6℃ 左右时，开始活动，当达到 17℃ 左右时活动旺盛，并危害种子和幼苗。

2.2　空气温度

植物生长发育不仅需要提供适宜的土壤温度，也需要适宜的气温给予保证。一般所说气温是指距地面 1.5 m 高的空气温度。

气温除具有周期性日、年变化规律外，在空气大规模冷暖平流影响下，还会产生非周期性变化。在中高纬度地区，由于冷暖空气交替频繁，气温非周期性变化比较明显。气温非周期性变化对植物生产危害较大，如我国江南地区 3 月出现的"倒春寒"天气，秋季出现的"秋老虎"天气便是气温非周期性变化的结果。气温非周期性变化能够加强或减弱甚至还会破坏原有的气温日、年变化的周期性规律，这在农业上极其重要，也是农业气象上很难掌握的温度变化，应加以注意，并采取适当措施，以减轻受害程度。如经过一段时间的阴雨天气之后，突然转晴，容易使一些农作物蒸腾急剧增强，而根毛活力又低，往往造成脱水而萎蔫，如在农作物成熟期则会使成熟度加快。因此，一旦天气转晴时，要注意成熟作物的采收。

气温的非周期性变化在农业生产上有一定意义。在两次冷空气侵入的间隙期间，则有几天的气温会回升，抓住冷空气将过的冷尾暖头进行播种，就能使种子在气温稳定回升这段时间内顺利出苗，避免烂秧、烂种等损失。

3　植物生长的温度环境调控

合理调控环境的温度，有利于植物生长发育，也是农业生产提高产量的重要措施。常用的调控方法主要有如下几种方式。

3.1 合理耕作

农业生产常采用耕翻松土、镇压和垄作等耕作措施，耕作改变了土表状态，影响了对太阳辐射的收支，但影响更大的是对土壤特性和水分状况的改变。

（1）耕翻松土

耕翻松土的作用主要有疏松土壤、通气增温、调节水汽、保肥保墒等。

松土的增温效应表现在：松土使土壤表层粗糙，反射率降低，吸收太阳辐射增加。白天或暖季，热量积累表层，松土表层温度比未耕地高，而其下层则比较低；夜间或冷季，松土表层温度比未耕地低，下层则较高。松土还影响层内和其以下土壤，低温时，表层是降温效应，深层是增温效应；高温时，表层是增温效应，深层是降温效应。

耕翻松土可切断土壤毛细管联系，使下层土壤水分向土表的提供减少，土壤蒸发减弱，因而表层温度高，土壤水分降低，而下层温度降低，湿度增大，有保墒效应。

（2）镇压

镇压是松土的相反过程，目的在于压紧土壤，破碎土块。镇压以后土壤孔隙度减少，土壤热容量、导热率随之增大；因而清晨和夜间，土表增温，中午前后降温，土表日变幅小。据测定，5～10 cm 土壤温度日变幅，镇压比未镇压的低 2.2℃。特别是在降温季节，镇压过的土壤比未镇压的温度高。此外，镇压可以使土壤的土块破碎，弥合土壤裂缝，在寒流袭击时可有效防止冷风渗入土壤危害植物。

（3）垄作

垄作的目的在于：增大受光面积，提高土壤温度，排除水渍，松土通气。在温暖季节，垄作可以提高表土层温度，有利于种子发芽和出苗。

垄作的增温效应受季节和纬度影响。暖季增温，冷季降温；高纬度地区增温效应明显，低纬度地区不明显；晴天增温明显，阴天增温不明显；干土增温明显，潮土反而降温；南北走向的垄比东西走向的垄背上东西两侧土壤温度分布均匀，日变化小；表土增温比深层土壤明显。在植物生长初期，垄作可减少反射率，因而增大了短波辐射收支；同时，由于垄作的辐射面大，地面有效辐射比平作高，且辐射增热和冷却方面也较平作急剧。垄作具有排涝通气效应，多雨季节有利于排水抗涝。此外，垄作增强了田间的光照强度，改善了通风状况，有利于喜温、喜光作物的生长，减轻病害。

3.2 地面覆盖

地面覆盖对土壤温度的调控作用非常重要，也是常用的措施。在农业生产中常用的覆盖方式有地膜覆盖、秸秆覆盖、有机肥覆盖、铺沙覆盖。

（1）地膜覆盖

一般地膜覆盖地温比外界地温高 5～10℃，最低温度比露地温度高 2～4℃。地膜覆盖具有增温、保墒、增强近地层光强和 CO_2 浓度的功能。增温效应以透明膜最好，绿色膜次之，黑色膜最小。目前，地膜覆盖是常用的保温措施，既适用于蔬菜、农作物，也适用于果树及花卉等。

（2）秸秆覆盖

利用秸秆或杂草覆盖，也是调节温度的主要方式之一。在秋冬季节利用作物秸秆或从田间剔除的杂草覆盖，可以抵御冷风袭击，减少土壤水分蒸发，防止土壤热容量降低，利于保温和深层土壤热量向上传输。

（3）有机肥覆盖

有机肥覆盖一般在北方冬天，起到提高地温的作用。如草木灰覆盖，其在土壤表面，由于加深了土壤颜色，可增强土壤对太阳辐射的吸收，减少反射。

（4）铺沙覆盖

我国西北地区甘肃省在农田上铺一层约 10 cm 厚的卵石和粗沙，铺沙前土壤耕翻施肥，铺后数年乃至十几年不再耕翻；山西省则铺细沙，厚度较薄，一般使用一年。据山西省研究，铺一层厚度＜0.2 cm 的细沙，在 3—4 月地表可增温 1～3℃，铺沙 5 cm 地温可提高 1.9～2.8℃；铺沙 10 cm 地温可提高 1.2～2.2℃，另外铺沙覆盖具有保水效应，可防止土壤盐碱化，温度、湿度条件得到改善，有利于植物光合作用的加强，植株根系发达，叶面积大，促进其生育期提前。

其他覆盖，如无纺布浮面覆盖技术、遮阳网覆盖技术已普遍推广，其主要作用是调温、保墒、抑制杂草等。

3.3　以水调温

（1）灌溉

灌溉地由于地面反射率降低，太阳辐射收入增加且有效辐射减少，吸收热量较多。土壤含水量的增加，改变了土壤的热容量，使土壤热容量明显增大。

灌溉地因热容量和导热率都比较大，土壤温度变幅比未灌溉小。在寒冷的季节灌溉可以提高地温，防止冻害的袭击。在华北地区，一般在元旦前后要对越冬植物进行灌溉，是防止冻害发生的有效措施。

灌溉对近地层的大气温度也有相应的影响。由于灌溉使地面蒸发耗热显著增加，乱流热交换减少，削弱空气的增温作用。因而高温阶段，灌溉地气温比未灌溉地的低；反之，在低温阶段，则灌溉地的温度比未灌溉地的高。即在高温季节，灌溉可以降低田间气温，防止高温灼伤。

（2）排水

在含水量过大的土壤中，土壤温度不易提高，特别是在北方的春季不利于作物返青。采用排水，降低含水量，可以减小土壤热容量和导热率。白天接收的太阳辐射能量，向下传导的速度降低，且热容量又小，土壤表层的温度升高较快。夜晚深层土壤热量以辐射形式向大气散失的也较少，为春季作物返青提供了热量保证。适当降低含水量不仅可以提高地温，还可以使土壤养分转化和分解，创造良好的土壤结构性和通气性，促进肥力的协调和发展。

4　光照与植物生长

光照对植物生育的影响表现为两个方面：一是通过光合成和物质生产从量的方面影响生育；二是以日照长度为媒介从质的方面影响生育。大多数植物喜光，当光照充足时，芽枝向上生长受阻，侧枝生长点生长增强，植物易形成密集短枝，株体表现张开；而当光照不足时，枝条明显加长和加粗生长，表现出体积增加而重量并不增加的徒长现象。

4.1 光量与植物生长发育

光量是等于光通量乘以时间所得之积的光能。光是光合作用的能源，又是叶绿素合成的必需条件，它是影响植物光合作用的重要因素，对植物生长、发育和形态建成有重要作用。第一，光能促进细胞的增大和分化，影响细胞的分裂和伸长，以及植物体积的增长和质量的增加；第二，光能促进组织和器官的分化，制约着器官的生长和发育速度；第三，植物体各器官和组织保持发育上的正常比例，也与一定的光量直接有关；第四，光量影响植物发育与果实的品质。例如，遮光处理会造成落花落果，影响植物营养体和籽实产量，且对地下部分的影响比地上部分大，禾本科植物受的影响比豆科植物大。光照越强，幼小植株的干物质生产量越高。

4.2 光质与植物生长发育

光质是指太阳辐射光谱成分及其各波段所含能量。可见光中的蓝、紫、青光是支配细胞分化的最重要光谱成分，能抑制茎的伸长，使形态矮小有利于控制营养生长，促进植物的花芽分化与形成。因此，在蓝紫光多的高山地区栽种的植物，常表现植体矮小，侧枝增多，枝芽健壮。相反，远红光等长波光能促进植体伸长和营养生长。

光质又称光的组成，是指具有不同波长的太阳光谱成分。光质主要由紫外线、可见光和红外线组成，不同波长的光具有不同的性质，对植物的生长发育具有不同的影响。

（1）光质对光合作用的影响

影响植物光合作用的主要因素是太阳辐射光谱中的可见光，植物光合作用对光能的利用是从叶绿素对光的吸收开始的，而叶绿素对光能的吸收有两个高峰：一个在波长为 430～450 nm，以蓝紫光为主；一个波长在 640～660 nm，以红、橙光为主，是植物光合作用效率最高的波长，具有最大的光合活性。其中蓝紫光能被类胡萝卜素所吸收，红橙光和黄绿光则能被藻胆色素吸收，而绿光为生理无效光。

（2）光质对植物生长的影响

一般长波光能促进植物伸长生长。如红橙光有利于叶绿素的形成，促进种子萌发，加速长日照植物的发育；波长 660 nm 的红光和波长 730 nm 的远红光能影响长日照植物和短日照植物的开花。短波光能抑制植物的伸长生长，如短波的蓝紫光和紫外线能抑制茎节间伸长，促进多发侧枝和芽的分化，并且引起植物的向光敏感性，有助于促进花青素等植物色素的合成。因此，高山及高海拔地区因紫外线较多，植株矮小且生长缓慢，形成矮粗的形态，花卉色彩更加浓艳，果色更加艳丽，品质更佳。

在农业上，通过改变光质可影响植物生长，如有色薄膜育苗，红色薄膜有利于提高叶菜类产量，紫色薄膜对茄子有增产作用。红光下甜瓜植株加速发育，果实提前 20 d 成熟，果肉的糖分和维生素含量也有增加。

（3）光质对植物产品品质的影响

光的不同波长对植物的光合作用产物产生影响，红光有利于碳水化合物的合成，蓝紫光有利于蛋白质和有机酸的合成。

短波光能促进花青素的合成，使植物茎叶花果颜色鲜艳；但短波光能抑制植物生长，阻止植物的黄化现象。

在农业生产上，通过影响光质而控制光合作用的产物，可以改善农作物的品质。高山茶经常处于短波光成分较多的环境，纤维素含量少，茶素和蛋白质含量高，易生产名茶。

4.3 光照度与植物生长发育

光照度依地理位置、地势高低、云量等的不同呈规律性的变化。即随纬度的增加而减弱，随海拔的升高而增强。一年之中以夏季光照最强，冬季光照最弱；一天之中以中午光照最强，早晚光照最弱。

（1）光照度影响植物光合作用

光照度是影响植物光合作用的重要因素。绿色植物的光合作用是在光照条件下进行的，在一定的光照度范围内，随着光照度的增强，光合速率也随之增加。当光照度达到某一数值后，光合速率不再随光照度的增强而增加，而是达到最大值，此时的光照度称为光饱和点。这时如果光照度继续增加，光合速率将保持不变。若光照度还继续增加，反而会使光合速率下降，这是太阳辐射的热效应使叶面过热的缘故。叶片只有处于光饱和点的光照下，才能发挥其最大的制造与积累干物质的能力；在光饱和点以上的光强不再对光合作用起作用。

植物有光合积累，同时也有呼吸消耗，当光照度降低时，光合速率也随之下降。当光照度降低到一定程度时，植物光合作用制造的有机物质与呼吸作用消耗的有机物质相等，即植物的光合强度与呼吸强度达到平衡，这时的光照度称为光补偿点。在光补偿点以上，植物的光合作用超过呼吸作用，可以积累有机物质；在光补偿点以下，植物的呼吸作用超过光合作用，消耗植物体内贮存的有机物质。如长时间在光补偿点以下，植株会逐渐枯黄致死。不同植物的光补偿点不同，一般来说，阴生植物的光补偿点比较低，如茶树、生姜、韭菜、白菜等，作物群体的光补偿点也较单株、单叶高。

对于植物的光合作用来说，光照度在光补偿点与光饱和点之间光合作用能正常进行，低于光补偿点或高于光饱和点对植物的生长都是不利的。

（2）光照度与植物生长发育

第一，光照度对种子发芽有一定影响。植物种子的发芽对光照条件的要求各不相同，有的植物种子需要在光照条件下才能发芽，受影响的通常是小种子，也有少数几种大种子的园艺植物，如紫苏、胡萝卜等；有的植物种子需要在遮阳的条件下才能发芽，如葱、蒜、黄花、百合、郁金香、万年青、麦冬等；而多数植物的种子，只要温度、水分、氧气条件适宜，有无光照均可发芽，如小麦、水稻、棉花、大豆等。

第二，光照度影响植物的周期性生长。光照度有规律性的日变化和年变化，这种变化影响植物叶片气孔的开闭、蒸腾强度、光合速率及产物的转化运输等生理过程。它与温度等因子共同影响植物生长，从而使植物生长表现出昼夜周期性和季节周期性。

第三，光照度影响植物的抗寒能力。秋季天气晴朗，光照充足，植物光合能力强，积累糖分多，使植物的抗寒能力较强。若秋季阴天时间较多，光照不足，积累糖分少，则植物抗寒能力差。

第四，光照度影响植物的营养生长。光能促进植物的组织和器官的分化，制约着各器官的生长速度和发育比例。强光对植物茎的生长有抑制作用，但能促进组织分化，有利于树木木质部的发育。如在全光照下生长的树木，一般树干粗壮，树冠庞大。在高强光中生长的树木较矮，但是干重增加，根茎比提高，叶子较厚，栅栏组织层数较多。但强光往往导致高温，易造成水分亏缺、气孔关闭和二氧化碳供应不足，引起光合作用下降，影响植物的生长；而光照不足，枝长且直立生长势强表现为徒长和黄化。另外，光能促进细胞的增大和分化，控制细胞的分裂和伸长，植物体积的增大、重量的增加等。

第五，光照度影响植物的生殖生长。适当强光有利于植物生殖器官的发育，若光照减弱，营养物质积累减少，花芽的形成也减少，已经形成的花芽，也会由于体内养分供应不足而发育不良或早期死亡。例如，在强光下，小麦可分化更多的小花，黄瓜雌花增加；在弱光下，小麦小花分化减少；黄瓜雌花减少，棉花营养体徒长，落铃严重；果树已形成的花芽可能退化，开花期和幼果期遇到长期光照不足会导致果实发育停滞甚至落果。

（3）光照度与植物产品品质

首先，光照度影响植物花的颜色及果实着色。在强光照射下，有利于花青素的形成，这样会使植物花朵、果实的颜色鲜艳。光照对植物花蕾的开放时间也有很大影响。如半枝莲、浆草的花朵只在晴天的中午盛开，月见草、紫茉莉、晚香玉只在傍晚开花，昙花在夜间开花，牵牛、亚麻只盛开在每日清晨日出时刻。其次，光照度影响植物叶的颜色。光照充足，叶绿素含量多，植物叶片呈现正常绿色。如果缺乏足够的光照，叶片中叶绿素含量少，呈现浅绿、黄绿甚至黄白色。最后，光照度还影响植物产品的营养成分。光照充足、气温较高及昼夜温差较大条件下，果实含糖量高，品质优良。

5 水分与植物生长

5.1 水分对植物生长的影响

（1）水分是植物新陈代谢过程的重要物质

细胞原生质含水量在 70%～80%，才能保持新陈代谢活动正常进行，随着细胞内水分减少，植物的生命活动就会大大减弱。如风干种子的含水量低，使其处于静止状态，不能萌发。如细胞失水过多，会引起其结构破坏，导致植物死亡。水是植物光合作用、合成有机物的重要原料，植物有机物质的合成及分解过程必须有水分参与。还有其他生物化学反应，如呼吸作用中的许多反应，脂肪、蛋白质等物质的合成和分解反应，也需要水参与。没有水，这些重要的生化过程都不能正常进行。

（2）水是植物进行代谢作用的介质

细胞内外物质运输、植物体内的各种生理生化过程、矿质元素的吸收与运输、气体交换、光合产物的合成、转化和运输以及信号物质的传导等都需要以水分作为介质。

土壤中的无机物和有机物，要溶解在水中才能被植物吸收。许多生化反应，也要在水介质中才能进行。植物体内物质的运输，是与水分在植物体内不断流动同时进行的。

（3）能使植物体保持固有的姿态

植物细胞含有的大量水分，可产生静水压，以维持细胞的紧张度，保持膨胀状态，使植物枝叶挺立，花朵开放，根系得以伸展，从而有利于植物体获取光照、交换气体，吸收养分等。如水分供应不足，植物便萎蔫，不能正常生活。

（4）水分具有重要的生态作用

水所具有的特殊理化性质，为植物的生命活动提供了许多便利。因此，可作为生态因子，在维持适合植物生活的环境方面起到特别重要的作用。例如，水的汽化热（2.26 kJ/g）、比热容（4.19 J/g）较高，导热性好，植物可通过蒸腾作用散热，从而调节体温，以减少烈日的伤害；水温变化幅度小，在寒冷的环境中也可保持体温不下降得太快。在水稻育秧遇到低温时，可以浅水护秧；如遇干旱时，也可通过灌水来调节植物周围的空气湿度，改善田间小气候。水有很大的表面张力和附着力，对于物质和水分的运输有重要作用。水是透明的，可见光和紫外光可透过，这对于植物叶片吸收太阳光进行光合作用很重要。此外，可以通过水分，促进肥料的释放，从而调节养分的供应速度。

俗话说"有收无收在于水"，可见水对植物的生命具有决定性作用，水是农业的命脉。因此，降水（或灌溉）适时、适量是确保稳产、高产、优质的重要条件。

5.2 土壤水分调控措施

土壤水分调控措施的目的是保持土壤水分平衡。土壤水分平衡是指在一定时间和一定容积内，土壤水分的收入和支出情况。土壤水分的收入以降雨和灌溉水为主，此外还有地下水的补给和其他来源的水（如水汽凝结、外来径流等）。土壤水分的支出主要有土表蒸发、植物蒸腾、向下渗漏及地表径流损失等。若土壤水分的收入大于支出，则土壤水分含量增加；反之，土壤水分的支出大于收入，则土壤水分含量降低。土壤水分调控就是要尽可能地减少土壤水分的损失，尽量地增加作物对降雨、灌溉水及土壤中原有贮水的有效利用，有时还包括多余水的排除等。通常可采取以下措施。

（1）控制地表径流，增加土壤水分入渗

合理耕翻。合理耕翻的目的是创造疏松深厚的耕作层，保持土壤适当的透水性以吸收更多的天然降雨和减少地表径流损失。

等高种植，建立水平梯田。在地面坡度陡、地表径流量大、水土流失严重的地区可采取改造地形、平整土地、等高种植或建立水平梯田等方法，以便减少水土流失。当表土有薄蓄水层时可增加入渗能力，使梯田层层蓄水，田埂节节拦蓄，从而做到小雨不出地，中雨不出沟，大雨不成灾。

改良表土质地和结构。表土质地黏重、结构不良又缺乏孔隙的土壤，其蓄水能力强但往往透水性差，若降雨强度超过渗透速率，则水分会产生地表径流损失。对于此类土壤应采用掺砂与增施有机肥料相结合的方法，大力提倡秸秆还田或留高茬等，以改善土壤结构，增加土壤大孔隙的数量和总孔隙度，加强土壤水分的入渗。

（2）减少土壤水分蒸发

中耕除草。通过中耕既可消灭杂草，减少其蒸腾对水分的散失；又可切断上下土层之间的毛细管联系，降低土表蒸发，减少土壤水分损失。

地面覆盖。在干旱和半干旱地区，可使用地膜、作物秸秆等进行土表覆盖，以减少水分蒸发损失。

免耕覆盖技术与保水剂的施用。大力推广少耕、免耕技术，降低土壤水分的非生产性消耗；必要时，使用高分子树脂保水剂也可减少水分的蒸发。

（3）合理灌溉

当土壤水分供应不能满足作物需要时，根据作物需水量的多少及土壤水分含量状况，确定合理的灌溉定额，是土壤水分调节的重要环节。

灌溉的目的是在自然条件下，对整个根层补充水分，使土壤水分含量达到植物生长发育的要求。生产中灌溉的方法依土壤和植物种类选择适宜的灌溉方法。地面平整、质地偏黏的土壤、大田作物和果园可采用畦灌；土壤质地偏砂，土层透水过强或丘陵旱地、菜园地等可选喷灌；设施栽培的蔬菜也可滴灌；水分渗漏过快、深层漏水严重的土壤不宜采用沟灌。

（4）提高土壤水分对作物的有效性

深耕结合施用有机肥料，不仅可降低凋萎系数，提高田间持水量，增加土壤有效水的范围，而且还能加厚耕层，促进作物根系生长，扩大根系吸水范围，增加土壤水分对作物的有效性，土壤的贮水能力也增大。

（5）多余水的排除

对于旱生植物而言，土壤水分过多就会产生涝害、渍害。因此，必须排除土壤多余的水分，主要包括排除地表积水、降低过高的地下水和除去土壤上层滞水。

6　土壤与植物生长

植物生长发育所需要的水分和养分，大多通过根系从土壤中吸收。土壤质地土层厚度、通气性、水分和营养状况皆对植物的生长发育有极大的影响。土壤营养状况显著影响植物的生长发育。植物生长所需五个基本要素：光、热量、空气、水分和养分，除光外，水分和养分主要来自土壤，空气和热量一部分也通过土壤获得。

6.1　土壤生物的类型及其功能

土壤生物包括土壤动物、土壤微生物和土壤植物。土壤动物种类繁多，包括众多的脊椎动物、软体动物、节肢动物、蛾类、线虫和原生动物等，如蚯蚓、线虫、蚂蚁、蜗牛、蛾类等。土壤动物的生物量一般为土壤生物量的10%～20%。土壤微生物占土壤生物绝大多数，种类多，数量大，是土壤生物中最活跃的部分。土壤微生物包括细菌、真菌、放线菌、藻类等类群，其中细菌数量最多，放线菌、真菌次之。土壤植物是土壤的重要组成部分，就高等植物而言，主要是指高等植物的地下部分，包括植物根系、地下块茎（如甘薯、马铃薯等）。

土壤生物影响土壤结构的形成与土壤养分的循环，如微生物的分泌物可促进土壤团粒结构的形成，也可分解植物残体释放碳、氮、磷、硫等养分；影响土壤无机物质的转化，如微生物及其生物分泌物可将土壤中难溶性磷、铁、钾等养分转化为有效养分；能固持土壤有机质，提高土壤有机质含量；通过生物固氮，改善植物氮素营养；可以分解转化农药、激素等在土壤中的残留物质，降解毒性，净化土壤。

6.2　土壤有机质

土壤有机质是存在于土壤中所有含碳有机化合物的总称，包括土壤中各种动植物、微生物残体，土壤生物的分泌物与排泄物，以及这些有机物质分解和转化后的物质。

自然土壤中有机质主要来源于生长在土壤上的高等绿色植物，农业土壤中有机质的重要来源是每年施用的有机肥料、作物残留和根系及分泌物、工农业副产品的下脚料、城市垃圾、污水等。

土壤有机质组成的主要元素是碳、氧、氢和氮等，分别占 45%～58%、34%～40%、3.3%～4.1%和 3.7%～4.1%，还含有一定比例的磷和硫。从化合物组成来看，土壤有机质含有木质素、蛋白质、纤维素、半纤维素、脂肪等高分子物质。从生物物质的转化程度看，85%～90%的土壤有机质是一种称为腐殖质的物质。

土壤有机质转化有矿质化和腐殖化两种类型。土壤有机质的矿质化过程是指有机质在土壤生物，特别是在土壤微生物的作用下所发生的分解作用。土壤有机质的腐殖化过程是指土壤有机质在土壤微生物的作用下转化为土壤腐殖质的过程。

土壤有机质不仅能提供植物所需的养分，而且在其转化过程中产生的有机酸、腐殖酸等物质也能促进土壤其他矿质养分的转化，特别是提高溶解度较低的微量营养元素的有效性，改善植物的营养状况；土壤有机质是一种两性胶体，可提高土壤的保肥和供肥能力；同时有机质在土壤溶液中可以形成一种缓冲体系，增强土壤的缓冲性；有机质通过促进大小适中、紧实度适合的良好土壤结构的形成，改善土壤孔隙状况，协调土壤通气透水性与保水性之间的矛盾；由于降低了黏粒之间的团聚力，降低了土壤耕作阻力，改善了土壤的耕性；部分小分子量的腐殖酸具有一定的生理活性，能够促进种子发芽、增强根系活力，促进作物生长。

6.3　土壤空气

土壤空气来自大气，但在土壤内，根系和微生物等的活动，以及土壤空气与大气的交换受到土壤孔隙性质的影响，使得土壤空气的成分与大气有一定的差别。

与大气相比，土壤空气中的二氧化碳的含量高于大气；土壤空气中的氧气含量低于大气；土壤空气的相对湿度比大气高；当土壤通气严重不良时，土壤有机质在嫌气微生物作用下分解不彻底，产生还原性气体，这时土壤空气中甲烷、硫化氢等还原性气体的含量会高于大气；土壤空气各成分的浓度在不同季节和不同土壤深度内变化很大。

土壤空气状况是影响土壤肥力的重要因素之一。对于一般作物种子，土壤空气中的氧气含量大于 10%则可满足种子萌发需要；如果小于 5%，种子萌发将受到抑制。土壤空气影响根系生长和吸收功能。所有植物根系均为有氧呼吸，氧气含量低于 12%便会明显抑制根系的生长。土壤空气影响土壤微生物活动。土壤空气的组成状况明显改变微生物的活动过程。在水分含量较高的土壤中，微生物以嫌气活动为主；反之，微生物以好气呼吸为主。植物通气良好时，土壤呈氧化状态，有利于有机质矿化和土壤养分释放；通气不良时，土壤还原性加强，有机质分解不彻底，可能产生还原性有毒气体。

调节土壤空气的主要措施是：深耕结合施用有机肥料培育和创造良好的土壤结构和耕层构造，改善通气性；客土掺沙、掺黏，改良过黏过沙质地；雨后及时中耕，消除土壤板结；灌溉结合排水，排水可以增加土壤空气的含量，灌水可以降低土壤空气的含量，以此促进土壤空气的更新。大规模农业生产一般不会对土壤采取强制通气的方法。

6.4　土壤孔隙性调节

生产实践表明，适宜于植物生长发育的耕作层土壤孔隙状况为：总孔隙度为 50%～56%，通气孔隙度在 10%以上，如能达到 15%～20%更好，毛细管孔隙度与非毛细管孔隙度之比为 2∶1 为宜，无效孔隙度要求尽量低。而在同一土体内孔隙的垂直分布应为"上虚下实"："上虚"即要求耕作层土壤疏松些，有利于通气透水和种子发芽、破土、出苗，"下实"即要求下层土壤稍紧实一些，有利于保水和扎稳根系。此外，在潮湿多雨地区，土体下部有适量的大孔隙可增强排水性能。

土壤孔隙度的适当调节，有利于创造松紧适宜的土壤环境，对于种子出苗、扎根都有非常重要的作用。

（1）防止土壤压实

土壤压实是指在播种田间管理和收获等作业过程中，因农机具的碾压和人畜践踏而造成的土壤由松变紧的现象。因此，首先应在宜耕的水分条件下进行田间作业；其次应尽量实行农机具联合作业，降低作业成本；最后应尽量采用免耕或少耕，减少农机具压实。

（2）合理轮作和增施有机肥

实行粮肥轮作、水旱轮作，增施有机肥料，可以改善土壤孔隙状况，提高土壤通气透水性能。

（3）合理耕作

深耕结合施用有机肥料，再配合耙糖、中耕、镇压等措施可使过紧或过松土壤达到适宜的松紧度。

（4）工程措施

采用工程措施改造或改良铁盘、砂姜、漏沙、黏土等障碍土层，创造一个深厚疏松的根系发育土层，对果树、园林树木等深根植物尤其重要。

案例：不同植物和同种植物不同生育期对土壤孔隙度的要求不同，如乔木、灌木的根系穿透力强，适应的土壤松紧度范围广；而草本植物根系穿透力较弱，一般适宜在较疏松的土壤中生长。

任务操作

1 地温的测定

实验用具：地面温度表、地面最高温度表、地面最低温度表、曲管温度表、计时表、铁锹、记录纸和笔。

操作规程：

（1）温度表的安装

地面温度表的安装：在观测前 30 min，将温度表感应部分和表身的一半水平地埋入土中；另一半露出地面，以便观测。

曲管温度表的安装：安装前选挖一条与东西方向呈 30°角、宽 25~40 cm、长 40 cm 的直角三角形沟，北壁垂直，东西壁向斜边倾斜。在斜边上垂直量出要测地温的深度即可安装曲管温度表。安装时，从东至西深度依次为 5 cm、10 cm、15 cm、20 cm、40 cm，按一条直线放置，相距 10 cm。

地面最高温度表的安装：安装方法与地面温度表相同。

地面最低温度表的安装：安装方法与地面温度表相同。

（2）地温的观测

观测的时间和顺序。按照先地面后地中，由浅而深的顺序进行观测。其中 0 cm、5 cm、

10 cm、15 cm、20 cm、40 cm 地面温度表于每天北京时间 2：00、8：00、14：00、20：00 进行 4 次或 8：00、14：00、20：00 进行 3 次观测。地面最高、最低温度表只在 8：00、20：00 各观测 1 次。夏季最低温度可在 8：00 观测。

地面最高温度表调整。用手握住表身中部，球部向下，手臂向体外伸出约 30°角，用大臂将表前后甩动使毛细管内的水银落到球部，使示度接近于当时的干球温度。调整时动作应迅速，调整后放回原处时，先放球部，后放表身。

地面最低温度表调整。将球部抬高，表身倾斜，使游标滑动到酒精柱的顶端为止，放回时应先放表身，后放球部，以免游标滑向球部一端。

读数和记录。先读小数，后读整数，并应复读。

2 光照强度的测定

实验用具：照度计。

操作规程：

检查照度计情况，电池是否充电、装好，电线连接是否完好。选择测定场所，打开光感应器护盖，将照度计的光感应面水平放在待测位置，打开电源开关"ON"，此时显示窗口显示数字，该数字与量程因子的乘积即为光照强度数值，数值跳动稳定后，可按下"hold"键，读完数后，按下"off"键，到下一个场所重复上述步骤，即可测定不同场所的光照强度。读数填入表 1-2 中。

表 1-2 原始数据记录

场所	室内	走廊	阳光下	大棚	温室
光照强度/lx					

注意：不要让光电池长时间暴露在光线下（尤其是强光），测量时，一般在强光下暴露时间不超过 30 s，弱光下不超过 60 s，不测量时应盖上护罩，以防止光电池老化。另外，照度计不使用时，应把开关拨到"off"键。

3 土壤含水量的测定

（1）目标

能熟练准确地测定土壤水分含量，为土壤耕作、播种、土壤墒情分析和合理排灌等提供依据。

（2）材料和用具

烘箱、天平（感量为 0.01 g 和 0.001 g）、干燥器、称样皿、铝盒、量筒（10 mL）、无水酒精、滴管、小刀、土壤样品等。

（3）原理

测定土壤含水量的方法很多，常用的有烘干法和酒精燃烧法。烘干法是目前测定水分的标准方法，其测定结果比较准确，适合于大批量样品的测定，但这种方法需要时间长。酒精燃烧法测定土壤水分快，但精确度较低，只适合田间速测。

烘干法测定水分的原理：在（105±2）℃下，水分从土壤中全部蒸发，而结构水不被破坏，土壤有机质也不致分解。因此，将土壤样品置于（105±2）℃下烘至恒重，根据烘干前后质量之差，可计算出土壤水分含量的百分数。

酒精燃烧法测定水分的原理：利用酒精在土壤中燃烧放出的热量，使土壤水分蒸发干燥，通过燃烧前后质量之差，计算土壤含水量的百分数。酒精燃烧在火焰熄灭的前几秒钟，即火焰下降时，土温才迅速上升到 180～200℃。然后温度很快降至 85～90℃，再缓慢冷却。由于高温阶段时间短，样品中有机质及盐类损失很少，故此法测定的土壤水分含量有一定的参考价值。

（4）操作规程和质量要求

酒精燃烧法：选择种植农作物、蔬菜、果树、花卉、园林树木、草坪、牧草、林木等田块，进行表 1-3 中全部内容。

表 1-3　酒精燃烧法测含水量的操作规程和质量要求

工作环节	操作规程	质量要求
新鲜样品采集	用小铲子在田间挖取表层土壤 1 kg 左右装入塑料袋中，带回实验室以便测定	最好采取多点、随机采取，增加土样的代表性
称空重	用感量为 0.01 g 的天平对洗净烘干的铝盒称重，记为铝盒重（W_1），并记下铝盒的盒盖和盒帮的号码	应注意铝盒的盒盖和盒帮相对应，避免出错
加湿土并称重	将塑料袋中的土样倒出约 200 g，在实验台上用小铲子将土样稍研碎混合。取 10 g 左右的土样放入已称重的铝盒中，称重，记为铝盒加新鲜土样重（W_2）	应将土样内的石砾、虫壳、根系等物质仔细剔除，以免影响测定结果
酒精燃烧	将铝盒盖开口朝下扣在实验台上，铝盒放在铝盒盖上。用滴管向铝盒内加入工业酒精，直至将全部土样覆盖。用火柴点燃铝盒内酒精，任其燃烧至火焰熄灭，稍冷却；小心用滴管重新加入酒精至全部土样湿润，再点火任其燃烧；重复燃烧 3 次	酒精燃烧法不适用于含有机质高的土壤样品的测定。燃烧过程中严控温度，注意防止土样损失，以免出现误差
冷却称重	燃烧结束后，待铝盒冷却至不烫手时，将铝盒盖盖在铝盒上，待其冷却至室温，称重，记为铝盒加干土重（W_3）	冷却后应及时称重，避免土样重新吸水
结果计算	平行测定结果用算术平均值表示，保留小数点后 1 位。 土壤含水量（%）$= \dfrac{W_2 - W_3}{W_3 - W_1} \times 100\%$	平行测定结果的允许绝对误差：水分含量 <5%，允许绝对误差 ≤0.2%；水分含量 5%～15%，允许绝对误差 ≤0.3%；水分含量 >15%，允许绝对误差 ≤0.7%

烘干法：适用于新鲜土样和风干土样，这里选用风干土样。根据要求进行表 1-4 中全部或部分内容。

表 1-4　烘干法测含水量的操作规程和质量要求

工作环节	操作规程	质量要求
称空重	用感量为 0.001 g 的天平对洗净烘干的铝盒称重，记为铝盒重（W_1），并记下铝盒的盒盖和盒帮的号码	应注意铝盒的盒盖和盒帮相对应，避免出错
加风干土并称重	取 10 g 左右的土样放入已称重的铝盒中，称重，记为铝盒加新鲜土样重（W_2）	应将土样内的石砾、虫壳、根系等物质仔细剔除，以免影响测定结果
烘干	将铝盒放入预先温度升至（105±2）℃的电热烘箱内烘 6～8 h。稍冷却后，将铝盒盖盖上，并放入干燥器中进一步冷却至室温	燃烧过程中严控温度，注意防止土样损失，以免出现误差

工作环节	操作规程	质量要求
冷却称重	待铝盒冷却至不烫手时，将铝盒盖盖在铝盒上，待其冷却至室温，称重，记为铝盒加干土重（W_3）	冷却后应及时称重，避免土样重新吸水
结果计算	平行测定结果用算术平均值表示，保留小数点后1位。 土壤含水量（%）$=\dfrac{W_2-W_3}{W_3-W_1}\times100\%$	平行测定结果的允许绝对误差：水分含量<5%，允许绝对误差≤0.2%；水分含量5%～15%，允许绝对误差≤0.3%；水分含量>15%，允许绝对误差≤0.7%

4　土壤容重及孔隙度的测定

（1）材料与用具

环刀（容积100 cm³）、天平（感量0.01 g，称量500.00 g和感量0.1 g，称量1 000.0 g）、恒温干燥箱、削土刀、小铁铲或铁锹、铝盒、酒精、草纸、剪刀、滤纸等。

（2）原理

土壤容重是土壤松紧度的指标，与土壤质地、结构、有机质含量和土壤紧实度等有关，可用以计算单位面积一定深度的土壤重量，为计算土壤水分、养分、有机质和盐分含量提供基础数据；而且也是计算土壤孔隙度和空气含量的必要数据。土壤孔隙度与土壤肥力有密切的关系，是土壤的重要物理性质，土壤孔隙度一般不直接测定，而是由土壤密度和容重计算得出。采用重量法原理先称出已知容积的环刀重，然后带环刀到田间取原状土，立即称重并测定其自然含水量，通过前后差值换算出环刀内的烘干土重，求得容重值，再利用公式计算出土壤孔隙度。

（3）操作规程及质量要求（表1-5）

表1-5　重量法测容重与孔隙度的操作规程和质量要求

工作环节	操作规程	质量要求
称空重	检查每组环刀与上下盖和环刀托是否配套，用草纸擦净环刀，加盖称重，记下编号；同称重干净的铝盒，编号记录，然后带上环刀、铝盒、削土刀、小铁铲或铁锹到田间取样	样品称量精确到0.1 g；要注意环刀与上下盖、铝盒及盖在操作中要保持对应
选点	测耕作层土壤容重，则在待测田间选择代表性地点，除去地表杂物，用铁锹铲平地表，去掉约1 cm的表层土壤，然后取土，重复3次。若测土壤剖面不同层次的容重，则需先在田间选择挖掘土壤剖面的位置，然后挖掘土壤剖面，按剖面层次，自下而上分层采样，每层重复3次	选择待测田间代表性地点，使取样有代表性
取土	将环刀托放在已知重量的环刀上，套在环刀无刃口一端，将环刀刃口向下垂直压入土中，至环刀筒中充满土样为止。环刀压入时要平稳，用力要一致	要用力均匀使环刀入土；在用小刀削平土面时，应注意防止切割过分或切割不足；多点取土时取土深度应保持一致
称重	用小铁铲或铁锹挖去环刀周围的土壤，在环刀下方切断，取出已装满土的环刀，使环刀两端均留有多余的土壤。用小刀削去环刀两端多余的土壤，使两端的土面恰与刃口平齐，并擦净环刀外面的土，立即称重。若带回室内称重，则应在田间立即将环刀两端加盖，以免水分蒸发影响称重	若不能立即称重，带回室内称重，则应立即将环刀两端加盖，以免水分蒸发影响称重

工作环节	操作规程	质量要求
测定土壤含水量	在田间环刀取样的同时，在同层采样处，用铝盒采样（20 g 左右），用酒精燃烧法测定土壤自然含水量。或者直接从称重后的环刀筒中取土（约 20 g）测定土壤含水量	酒精燃烧法测定土壤自然含水量
土壤容重计算	按下式计算土壤容重： 土壤容重（g/cm³）$= \dfrac{(M-G)\times 100}{V(100+W)}$ 式中：M 为环刀+湿土重（g）；G 为环刀重（g）；V 为环刀容积（cm³）；W 为土壤含水量（%）	此法重复测定不少于 3 次，允许平行绝对误差＜0.03 g/cm³，取算术平均值
土壤孔隙度计算	计算方法如下： 土壤孔隙度（P_1）$=(1-\dfrac{土壤容重}{土壤密度})\times100\%$ 式中：土壤密度采用密度值 2.65 g/cm³。 土壤毛细管孔隙度（P_2）＝土壤田间持水量×土壤容重×100% 土壤非毛细管孔隙度（P_3）＝P_1-P_2	

项目考核

1. 影响种子萌发的内外因素有哪些？如何创造有利于种子萌发的环境条件？

2. 植物的生长为何表现出生长大周期的特性？了解植物生长大周期对农业生产有何指导意义？

3. 解释"根深叶茂""本固枝荣""旱长根、水长苗"等现象的生理原因。

4. 试述植物生长的相关性及其在农业、林业生产上的应用。

5. 植物生长的最适温度和协调最适温度有何不同？温度"三基点"对生产实践有何指导意义？

6. 种子发育可分为哪几个时期？各时期在生理上有哪些特点？

7. 肉质果实成熟期间在生理生化上有哪些变化？

8. 土壤有机质对植物生长有何作用？如何提高土壤有机质的含量？

9. 土壤通气性对植物生长有何影响？如何改善土壤通气性？

10. 土壤酸性、碱性产生的原因是什么？对土壤肥力和植物生长有何影响？

11. 土壤中的生物类型有哪些？简述其对植物生长的作用。

12. 温度对植物生长有哪些方面的影响？

13. 农业上调节温度的耕作措施有哪些？

14. 请以地膜覆盖为例，说明保温的原理。

15. 结合生产实际，阐述如何合理进行植物生长的水分环境调控。

16. 简述水分缺乏会对植物生长产生哪些影响？

参考文献

[1] 苍晶，李唯. 植物生理学[M]. 北京：高等教育出版社，2017.

[2] 宋志伟，姚文秋. 植物生长环境[M]. 2版. 北京：中国农业大学出版社，2011.

[3] 邹良栋. 植物生长与环境[M]. 北京：高等教育出版社，2010.

[4] 李振陆. 植物生产环境[M]. 北京：中国农业出版社，2006.

[5] 宋志伟. 土壤肥料[M]. 北京：高等教育出版社，2009.

[6] 刘克锋. 土壤、植物营养与施肥[M]. 北京：气象出版社，2006.

[7] 陈忠辉. 植物与植物生理[M]. 北京：中国农业出版社，2001.

[8] 董艳，董坤，鲁耀，等. 设施栽培对土壤化学性质及微生物区系的影响[J]. 云南农业大学学报，2009，24（3）：418-424.

[9] 顾卫兵. 环境生态学[M]. 北京：中国环境科学出版社，2007.

[10] 孙洪助，孙文华，刘士辉，等. 不同光质对作物形态建成和生长发育的影响[J]. 安徽农业科学，2015（27）：4.

[11] 赵静，石卫华. 光质和光强对植物生长的影响[J]. 现代园艺，2024，47（1）：32-34.

扫码查看
- AI农业专家
- 课件辅读
- 答案速查
- 案例促学

项目二 有机农业种植的主要管理技术

有机农业种植是遵循自然规律和生态学原理，保持生态体系持续稳定的一种农业生产方式。要选择合适的有机农业种植生产基地，按照有机标准，结合作物特性、地域特点等，选择环境良好的地方进行有机生产，同时要注重种子、种苗的选择。有机标准规定，有机农业种植中要采用有机种子和种苗。此外，有机农业种植基地作为一个人工生态系统，通过轮作、间作和套种等耕作与生态处理，改善生态环境，提高土壤肥力。本项目主要介绍了有机农业种植的基本原理，并对有机农业种植的生产基地要求和栽培管理要求做了介绍。通过本项目的学习，让学生了解有机农业种植的基本原理，有机农业种植基地的选择和建设，掌握有机农业种植过程中主要的栽培管理要求。

任务 1 有机农业种植的生产基地要求

任务介绍

土地是有机产品生产和认证的基本单元。基地是有机农业种植生产的基础，选择并建立一个良好的生产基地是保证有机产品品质的关键。有机农业种植生产基地是有机产品的初级产品、加工产品、牲畜饲料的生长地，且有机农业种植生产是一种不施用化肥和农药的生产方式，产地的生态环境条件直接影响有机产品的质量，因此，开发有机食品必须合理选择有机食品产地，建设好有机农业种植生产基地。通过本任务的学习，让学生了解有机农业种植的基本原理，有机农业种植转换期的必要性，掌握有机农业种植基地的选择和建设。

任务解析

有机产品生产以生产基地为核心，因此在进行有机农业种植基地建设时，首先应满足有机农业种植的环境要求，根据有机产品的相关标准与要求进行有机农业种植基地的建设。随后，在有机农业种植时，要通过转换来恢复农业生态系统的活力，降低土壤的农残含量。所以，只有经过转换期之后的作物才能称为有机农业种植作物。

知识储备

1　有机农业种植的基本原理

1.1　生态原理

有机农业是基于生态学原理完成的农业体系。其理论基础包括整体、物质循环转化与再生、动态平衡等生态学原理。

（1）整体的原理——既相生相克，又相互补充

相生相克是指自然界（生态系统中）各个要素之间的相互依赖、相互促进或相互制约。即体系中各种生物个体建立在一定数量的基础上，它们的大小和数量都存在一定的比例关系。生物体间的这种相生相克作用，使生物保持数量上的相对稳定，这是生态平衡的一个重要方面。

相互补充是指自然界（生态系统中）各个要素之间助其不足、善其不善，使系统的组成成分及其数量比例趋于合理、优化、完善。系统中不仅同种生物相互依存、相互制约，异种生物（系统内各部分）间也存在相互依存与制约的关系，不同群落或系统之间同样存在依存与制约关系。

有机农业生态系统由于禁止使用化学农药，能为多个物种的生存提供良好的栖息环境，因此保护了生物多样性。充分利用物种间相生相克的原理，人们可以利用生物种群之间的关系，对生物种群进行人为调节。在制订有机耕作计划或转换计划时，充分考虑不同作物品种的间作和套种以及在田块周围种植花草以增加有机生产系统生物多样性，增强系统自然生物防治的能力。多样化种植拥有更多的害虫捕食者和寄生者，与单作相比，有机农业提倡的多样化种植能为有害生物的天敌种群提供丰富的可供选择的食物及繁衍与栖息场所，抑制天敌数量增加，可以减轻有害生物的危害。

有机农业生态系统本身也是一个整体，它包括种植业、畜牧业及加工业，它们相互配合、相互协调，按一定的次序组成一个整体，即形成一个复杂的生产体系，而每一个单项则是这个生产体系的一部分。这个生态系统有助于土壤肥沃，增强植物的生命力，并且也适合于家畜类的畜牧业，生产出健康食品；同时，植物残余物质和畜禽养殖产生的废弃物经科学处理返回于土壤，还有利于促进土地生产力的发展和再生。

（2）物质循环转化与再生的原理

生态系统中，植物、动物、微生物和非生物成分，借助能量的不停流动，一方面不断地从自然界摄取物质并合成新的物质；另一方面又随时分解为简单的物质，即所谓"再生"，这些简单的物质重新被植物吸收，由此形成不停顿的物质循环。至于流经自然生态系统中的能量，通常只能流经系统一次，它沿食物链转移时，每经过一个营养级，就有大部分能量转化为热散失掉，无法加以回收利用。因此，为了充分利用能量，必须设计出能量利用率高的系统。

物质的正常代谢是维持农业系统稳定的基础。农业生产中经济效益和生态效益的大小，物质、能量转化效率的高低是决定因素，只有熟悉和掌握了种植、放养、施肥等时间因素，并科学地安排农业生产结构和多层利用，使物质循环和能量流动正常进行，才能实现生物资源再生和生态环境的良性循环。

有机农业的主要目标是形成一个良性循环的农业生态系统。在这个农业生态系统中物质循环与再生是相辅相成、相得益彰的。物质在循环中再生，在再生中循环。系统各要素按照组织原理自发形成、自由组合在一起，形成高效体系。系统的结构合理、功能健全、物质流和信息流正常流动、运转，这样的系统最稳定，净生产量最大，并能够永久维持，周而复始。

遵循这一原理，可以合理地设计食物链，使生态系统中的物质和能量被分层次地多级利用，使生产一种产品时产生的有机废弃物，成为生产另一种产品的投入，也就是使废物资源化，以便提高能量转化效率，减少环境污染。因此，有机农业提倡在体系范围内进行最大限度的物质和资源的再循环。

有机农业强调重视和充分利用农业生态系统内部的能源和资源，尽量减少对外来投入的依赖。提倡多使用有机肥和注重农业病虫害的生物防治，以减轻农用化学物质对生态环境的污染和破坏。有机农业生产要求人们在开展农事活动的同时，要重新认识和处理人与自然的关系，重新定义杂草和害虫，在田间管理中强化生态平衡，注重物种多样性的保护。有机农业生产是通过不减少基因和物种多样性，不毁坏重要的生境和生态系统的方式，来保护和利用生物资源，实现农业的可持续发展。在农业生态系统中，一些所谓的有害生物如杂草也非百害而无一益，若将其数量控制在一定范围内，对于促进农田养分循环、改善农田小气候等有着重要作用。此外，在农业生产中，如果能采取合理的措施（如作物合理的间作、套种、轮作种植方式，减少耕作和采用适合的机械，有选择地施用农药和适度放牧，合理引种等），建立有机农业或生态农业生产体系，将能在发展农业生产的同时，有效地避免或减少农业活动对生物多样性的影响。

保证养分的封闭性循环。有机农业经常通过保持养分、能量、水分和废弃物等物质在系统内部的闭合循环来维持土壤肥力。通过从农业生态系统的有机畜牧养殖中收集有机肥来培肥土壤，或者通过适当的土壤耕作和农艺活动（如土地休闲、轮作）来维持土壤肥力，从而减少对外在环境的依赖。土壤营养从体系内部的营养源获取，如果生产过程中不能满足，也可以从周边的群落获取。鼓励物质的输入和生产在运输、加工和处理过程中最大限度地保存能量。

（3）物质输入与输出动态平衡的原理

生态平衡是指在一定的时间和相对稳定的条件下，生态系统内各部分（生物、环境、人）的结构和功能处于相互适应与协调的动态平衡状态。农业生态系统的平衡包括系统内部生物与其生存环境之间的平衡关系，组成要素之间的制约关系，系统之间的反馈关系，还包括人类社会经济、技术与系统的生产力之间的协调关系。

这种平衡关系可通过生态系统的自动调节进行恢复，更重要的是需要人类有目标地控制、补偿。

生物体一方面从周围环境摄取物质，另一方面又向环境排放物质，以补偿环境的损失。也就是说，对于一个稳定的生态系统，无论对生物、环境，还是对整个生态系统，物质的输入与输出总是相平衡的。

在农业生态系统中，太阳能及水、气、氮、磷、钾等各种营养物质的转化、循环，依照不同的方式和途径（食物链）而形成了不同种类的农业生产，农、林、畜产品的数量与质量水平取决于农业生态系统中的生物量与其所需能量、物质量之间是否能保持动态平衡。这种平衡称为农业生态平衡，它是实现农业经济再生产的基本条件，若被破坏可使农业受到较大影响和危害。农业生态系统是一种人工生态系统，比自然生态系统结构简单，因而是不稳定的，只有在人类的精心管理下，才能保证其平衡。

生物的生长发育与繁殖需要不断地从周围环境中吸取所必需的物质，同时也不停地影响着环境。而受生物影响的环境，特别是土地环境，又反过来作用于生物。当生物体的输入不足时，例如农田肥料不足，或虽然肥料（养分）足够但未能分解而不可利用，或施肥的时间不当而不能很好地利用，导致作物生长不良，产量下降。如果营养物质输入过多，环境自身吸收不了，打破了原来的输入与输出平衡，就会出现富营养化现象，这种情况如果继续下去，势必会毁掉原来的生态系统。因此只有保持系统输入与输出的动态平衡，才能维持正常代谢的进行。所以，要使生物的生活环境经常满足生物的生活要求，必须适时补充环境所失去的物质，维持整个系统的活力。有机农业的目的就是始终用这样一种方法来从事农业生产活动，把农场建成一个综合的有机组织，形成完整的产业链，生产所需的投入来自农场自身。

生态平衡是生态系统的一种良好状态，是有机农业生产追求的目标。有机农业种植、有机养殖、野生采集体系与自然界的循环要和生态平衡相适应。这些循环虽然是常见的，但其情况却因地而异。有机管理通常与当地的条件、生态、文化和规模相适应，通过再利用、循环利用和对物质及能源的有效管理来减少投入物质的使用，从而维持和改善环境质量、保护资源。

1.2 环保原理

有机农业对维持长期环境的持续能力具有积极作用。有机农场的农作有利于改善土壤的质量和减少水与空气的污染，同时从畜禽粪肥到作物和包装的废弃物，在每一件事情上都致力于资源的节约和循环使用。

（1）降低对环境的污染

有机农业生产要求人们在开展农事活动的同时，要重新认识和处理人与自然的关系，重新定义杂草和害虫，在田间管理中强化生态平衡，注重物种多样性的保护。有机农业生产是通过不减少基因和物种多样性，不破坏重要的环境和生态系统的方式来保护和利用生物资源，实现农业的可持续发展。

有机农业是一种完全或基本不用人工合成的化肥、农药、除草剂、生长调节剂的农业生产体系。它要求在最大范围内制订可行的轮作计划，尽可能使用套作或间作，创造不利于病虫草滋生和有利于天敌繁衍的生态环境，同时提倡栽培抗病品种，使用植物源药剂和天敌取代农药以及利用物理方法如套袋、稻壳醋液、杀虫灯、黄板以及性诱剂等方式来防治害虫，从而减少各类病虫草害所造成的损失，减少环境的负担，避免河流、湖泊、水库以及地下水中有害物质的累积或富营养化，保护生态环境并带动常规农业中减少施用化肥和农药。

有机农业通过减少对农业化学品的需求，降低了非再生能源的使用（农业化学品的生产需要大量矿物燃料）。有机农业能够把碳截留在土壤中，减轻温室效应对全球变暖的影响。有机农业使用的许多管理方法（如少耕制、秸秆还田、种植覆盖作物、轮作）使更多的碳返回土壤，提高生产率和有助于碳贮存。

（2）农业废弃物资源化利用

有机农场通过循环使用废弃物从而减少废弃物的数量。家禽畜排泄物、农作物残渣、草、秸秆和其他的一些在常规农场通常被当作废弃物的东西，经妥当处理后，在有机农场被当作是土壤养分和有机质的来源，它们可改良土壤性质，提供氮、磷、钾并提高作物的产量和品质而使其变得有价值。在种养结合的农场，用秸秆充当饲料，使其过腹还田，既发展了养殖业，又综合利用了农田废弃物。而塑料和不可生物降解的材料被避免使用或尽可能地循环使用。

（3）保护生物多样性

维持有机体系内部及周边的生物多样性，保护和提升自然植被和野生生物的生物多样性。

在农场的景观下，有机农场是生物多样性的区域。有机农场不仅避免使用合成的杀虫剂，而且还为野生生物和微生物提供栖息场所。轮作、间作和保护性耕作等操作方法都通过提供鸟、昆虫和其他生物的栖息场所而使得生物多样性提高。

生物多样性是农业生态系统稳定和可持续发展的基础。在标准允许的条件下，在投入和实践方法中通过对有关的作物种类、家畜饲料、循环体系、有害生物管理策略各个方面来选择、提升和改善生物多样性。

由于关注环境、健康和社会等问题，为了不给更多物种甚至物种的遗传性带来风险，认证标准禁止有机农场使用任何的基因工程或者基因改造生物进行生产。

（4）改善土壤质量

培肥土壤是有机农业种植的核心。土壤结构和土壤生物的保存是有机体系最基本的方面。有机农业致力于将水土流失最小化，提高土壤有机质水平、维持丰富的和多样性的土壤生物。有机农场不施用合成的肥料来提高土壤肥力。在有机农业生产体系中，改善土壤的方法包括：精心设计作物的轮作、间作和套作；施用有机肥，通过施用堆肥提高土壤微生物的数量；将耕作对土壤生物的损害减到最低限度；尽可能保持土壤覆盖（通过现有的作物、绿肥和断茬）；避免牲畜过牧；禁止施用对多种土壤微生物有毒性的和长期使用会造成土壤结构破坏的高溶解性的化肥和合成的除草剂。这些方法不仅可以促进土壤动植物生长，改善土壤质量和结构，建立更加稳定的耕作制度，而且有利于增加养分和能量循环，提高土壤保持养分和水分的能力，弥补了矿物肥料的空缺，缩短土壤暴露与侵蚀力的时间、增加土壤生物多样性、减少养分损失、帮助保持和提高土壤生产率。

（5）改进空气质量

有机农业尽力将其对全球气候变化的影响最小化，温室气体的释放常常比常规农业要少。有机农业不使用人工合成的氮肥，因此没有从这些化肥中释放出来的氮氧化物。化石燃料的使用量很少，因此由于化石燃料的使用而释放的碳氧化物也很少。更重要的是，有机农业可以通过提高土壤有机质水平和地表种植绿肥以及覆盖作物从而提高土壤固氮能力。有机农业还可以通过保护性耕作和多年生牧草作物的利用来降低温室气体的水平。

（6）防止土壤侵蚀

有机农业提倡轮作、间作、套作、土壤覆盖，表面有覆盖的土壤可以避免雨水直接冲刷，减少水土流失。有机栽培通过有机肥的使用增加土壤渗透力及保水力，有效地防止土壤侵蚀。

1.3 经济原理

合理的农业生态体系能够带来较好的经济效益，设计合理的有机农业生态体系经济是整体协调、相互匹配，系统组成完整、复杂，系统结构组合与市场需求相一致的。农业生态系统的生态经济结构是人类为满足自身需要，在长期生产实践中通过改造原有的自然生态系统而逐步形成的一种农业生态结构和农业经济结构的复合体。有机农业提倡产业化、商品化、专业化、规模化、社会化、现代化，谋求经济效益、生态效益和社会效益的统一。经济效益是有机生产极为重要的目标，一方面要通过种养结合、循环再生、多层利用的农业生态方式来降低生产成本、提高基地的整体生产力；另一方面通过较高的价格回报来实现高的经济效益，高价格是有机农业高经济效益的重要保障。

（1）产量

很多用于实验的有机农场与常规农场有着一样的甚至要高的产量，但是平均来看，有机农场的产量低于常规农场。最具有挑战性的时期是农场由常规向有机转换的时期，这个时期，价格不高而产量较低。有时候农场可以从转换产品中获得一定附加的价值，这个价格比常规产品的价格稍高，但低于获得认证的有机产品的价格。在转换初期，一些农场产量下降30%以上。随后，随着农场管理经验的丰富和土壤改善，在多年的有机管理之下产量逐渐提升，在短短几年之内就可以看到产量回升。

（2）投资

有机农业强调农业在生态上能自我维持，多级循环利用，经济上又有高效益，它要求对农业土、水、种、肥、药、电、粮等各种生产要素进行统筹谋划和系统开发，遵循"减量化、再利用、再循环"原则，以产生显著的经济效益，增加农民收入。

由于较少购买投入物料，有机农场与常规农场相比有着较少的资本投入。人工合成的化肥和杀虫剂是不允许使用的，购买饲料的费用、兽医的费用均是较低的。此外，有机农场中诸如机械和仪器方面的折旧和利息方面的资本投入较低。

控制杂草是有机农场的主要挑战之一。杂草对有机农场的生产常常是限制因素，有机农场在控制杂草方面比常规农场花费更多的费用和时间。有机农场利用机械的耕作和其他的管理方法进行杂草的控制从而替代除草剂。在植物出现以后用人工割草的方法来控制杂草对土壤的影响相对较小，而利用割草控制杂草也往往比常规农场的方法能降低一些成本。

（3）纯收入

有机农场的纯收入通常略高于常规农场。通过同时种植几种作物，农场的收入将会在某种作物价格波动或者歉收时得到一定的缓冲。

（4）市场

近年来，国际有机产品市场得到了快速的发展。由于有机农产品使用安全、有利于环保、口味良好，近年在全球消费中大幅增长。在国际市场上，有机农产品的价格是最高的，超出常规农产品的30%以上，且一直处于供不应求的状态。经济利益用杠杆原理以300%的递增速度推动着国际有机农业的发展。全球有机食品市场年增加率为20%～30%。2022年，全球有机市场的零售额达到1 348亿欧元，中国有机市场的零售额为124亿欧元，排名全球有机市场第三。前两名分别为美国和德国，零售额分别为586亿欧元和153亿欧元。[①]

有机产品有利于打破贸易壁垒。随着对食品安全的日益重视，各国纷纷加强了对农产

---

① 数据来源于《2024年世界有机农业概况与趋势预测》。

品的检测力度，重点对农药残留、重金属、转基因等项目进行检测，设置了农产品进出口的"绿色壁垒"。由于有机农产品执行国际通行检测标准，在国际市场上有较大的竞争力，对打破"绿色壁垒"具有十分重要的意义。

2 有机农业种植的基本条件

有机农业种植的基本条件包括：

1）生产基地在最近的 3 年内未施用过农药、化肥等违禁物质；

2）种子和种苗来自自然界，未经基因工程改造过；

3）生产基地应建立长期的土地培肥、植物保护、作物轮作计划；

4）生产基础无水土流失、风蚀及其他环境问题；

5）作物在收获、清洁、干燥、贮存和运输过程中应避免污染；

6）从常规生产系统向有机生产转换期通常需要 2 年以上；新开荒地、撂荒地需要经过 12 个月的转换期才有可能获得有机认证；

7）在生产过程和流通过程中必须有完善的质量控制和跟踪审查体系，并有完整的生产和销售记录档案。

3 有机农业种植基地建设的原则

有机农业是按照生态学和生态经济学的观点和基本原理，把人类社会和自然看成一个完整的生态系统，使这个系统中的各部分协调持续发展。因此，在基地建设中，应遵循以下原则：

（1）生物与环境的协同发展

生物与环境之间存在着复杂的物质交换和能量流动的关系。环境影响生物，不同的环境孕育了不同的生物群体（包括有益的和有害的）；生物也影响环境，二者不断相互作用，协同进化。生物既是环境的占有者，也是环境的组成部分；既有独立的成分，又密切相融。生物不断地利用环境资源（生存物质），又不断地对环境进行补偿（分解动植物废弃物和残体，使之重新回到环境中），使生态系统保持一定的平衡，以保证生物的再生。有机农业遵循生物与环境协调发展的原理，从基地选择或开始建设时起，强调全面规划，整体协调，因地制宜，合理布局，优化产业结构。

（2）营养物质封闭式持续循环

有机农业将人、土地、动植物和农场作为整体，建立生态系统内营养物质循环。在这个循环中，所有营养物质均依赖农场本身。这就要求全面规划农场土地面积种植结构、饲料种类和数量、饲养动物的数量、有机肥的数量和利用方式，从而保证营养物质的均衡供应和持续发展；充分利用生态系统中各元素之间的关系，设计多级物质传递、转化链，多层次分级利用，使有机废物资源化，减少污染，肥沃土壤。

（3）生态系统的自我调节机制

自然生态系统本身具有很强的抗干扰和自我修复的能力。有机农业生态系统是介于农田生态系统和自然生态系统的中间类型，在人为的干预下，既具有农田生态系统的生产量，又具有自然生态系统的自我调节机制。合理安排作物的轮作，种植有利于天敌增殖的作物或诱集植物、害虫的驱避植物，协调天敌与害虫的比例，通过生态系统中的食物链（食物网）的量化关系，形成生态组合最优，内部功能最协调的生态系统。

（4）标准化和科学化原则

有机生产标准化是指在有机农业基地建设过程中，严格遵守有机认证标准和认证要求。有机农业还有详细的标准规定哪些行为与方式或物质是允许的，什么是限制的，什么又是禁止的，并且有专门的认证机构按照有机生产标准对基地进行检查认证，如果违背了标准，基地就不能通过认证机构的有机认证，它生产的产品也不能以有机产品出售。而科学化是指在遵守标准的基础上，应更深层次地应用现代科学技术和经营管理方法，如生态农业技术、农业产业化经营方式等对基地进行规划与设计，以提高基地的科技含量和综合实力、开拓市场的能力，直至实现良好的经济效益。

有机基地的标准化原则有利于规范有机食品的生产，提高有机食品的诚信度；有机生产基地建设的科学化是从提高系统综合生产力和经济效益的角度加以提倡的。标准化和科学化原则的实施可大大提高基地的科技含量，同时也可提高其生产力与经济效益。

有机食品的发展离不开有机食品基地的建设，必须不断地解决有机作物生产过程中的技术问题，积累管理方面的经验，更好地规划和指导有机食品基地的建设工作，保证有机食品生产向规范化、标准化、科学化方向发展。

（5）产业化与市场化原则

有机产品作为安全、优质、健康的环保产品，越来越受到人们的青睐，有机产品的价格普遍高于常规产品30%～50%，甚至翻几倍，但高价格的实现要以市场接受为前提。因此，在基地建设过程中要同时考虑市场开拓问题，这正是很多生产基地面临的难题。目前，有机生产通常有两种情况：一是一些贸易公司、加工龙头企业持有有机食品的出口订单，再组织农户或农场进行生产；二是政府鼓励农民或农场先进行有机生产转换，再寻找市场。前者是很多生产基地所期待的生产组织方式，而后者则经常具有盲目性。因此，有机生产基地建设者必须具备很强的市场意识，要充分考虑产品的市场前景，做好产品的营销策划（如选择出口、主供国内大都市市场或基地周边的当地市场、直销或家庭配送等方式）。

（6）环境、经济、社会三大效益相结合

实现环境、经济、社会三大效益是各种可持续农业方式的共同目标。在有机农业基地建设过程中，生产、管理人员要有实现三大效益的主观意识。

环境效益包括对基地的绿化美化、建造丰富多彩的田园景观、保护野生生物和生物多样性、保护土地和水资源，尽量减少裸地、避免水土流失、减少面源污染等。保护好农业生态环境，是消费者愿意花高价购买有机食品、以激励农民从事有机生产的原因之一。

经济效益是有机生产极为重要的目标。一方面，通过种养结合、循环再生、多层利用的农业生态工程方式来降低生产成本，提高基地的整体生产力；另一方面，通过较高的价格回报来实现高的经济效益，高价格是有机农业高经济效益的重要保障。

社会效益包括为广大消费者提供优质、安全、健康的产品，为劳动者提供更多的就业机会，提高整个社会的环境保护意识，强调社会的公正性等。

在三大效益中，经济效益是实现环境效益与社会效益的动力因素，但环境效益、社会效益又是经济效益的基础，三者是相辅相成的关系。在有机生产基地建设过程中，要加强基地的宣传，有意识地实现三大效益的有机结合。

4 有机农业种植基地的环境要求

有机产品生产基地环境的优化选择技术是有机食品生产质量控制的基础条件，生产基地的良好生态环境是有机食品生产的前提。有机食品基地环境技术条件包括土壤环境质量、水环境质量和大气环境质量。

（1）土壤环境要求

有机农业种植除了强调生产安全优质的农产品外，更注重土壤的可持续生产能力。根据我国有机产品标准 GB/T 19630—2019 的规定，在风险评估的基础上选择适宜的土壤，并符合《土壤环境质量　农用地土壤污染风险管控标准（试行）》（GB 15618—2018）的要求。表 2-1 为 GB 15618—2018 中农用地土壤污染风险筛选值。

表 2-1　有机产品生产基地环境土壤质量标准　　　单位：mg/kg

污染物项目 [a, b]		风险筛选值			
		pH≤5.5	5.5<pH≤6.5	6.5<pH≤7.5	pH＞7.5
必测基本指标					
镉（Cd）	水田	0.3	0.4	0.6	0.8
	其他	0.3	0.3	0.3	0.6
汞（Hg）	水田	0.5	0.5	0.6	1.0
	其他	1.3	1.8	2.4	3.4
砷（As）	水田	30	30	25	20
	其他	40	40	30	25
铅（Pd）	水田	80	100	140	240
	其他	70	90	120	170
铬（Cr）	水田	250	250	300	350
	其他	150	150	200	250
铜（Cu）	果园	150	150	200	200
	其他	50	50	100	100
镍（Ni）		60	70	100	190
锌（Zn）		200	200	250	300
选测其他指标					
六六六总量 [c]		0.10			
滴滴涕总量 [d]		0.10			
苯并[a]芘		0.55			

注：a. 重金属和类金属砷均按元素总量计。

b. 对于水旱轮作地，采用其中较严格的含量限值。

c. 六六六总量为 α-六六六、β-六六六、γ-六六六、δ-六六六 4 种异构体的含量总和。

d. 滴滴涕总量为 p,p'-滴滴伊、p,p'-滴滴滴、o,p'-滴滴涕、p,p'-滴滴涕 4 种衍生物的含量总和。

（2）水环境要求

水是农业生产的基础，特别是在有机农业种植生产中，农田灌溉需要大量的水。由于水的特殊性质，它不仅能溶解和输送各种各样的物质，也会将这些物质带入土壤，进而进入植物、动物和人的体内。所以，水的质量会直接影响农产品的品质和农产品的质量安全。

根据我国有机产品标准 GB/T 19630—2019 的规定，农田灌溉用水水质应符合 GB 5084—2021 的规定。表 2-2 为 GB 5084—2021 中农田灌溉水质标准。

表 2-2 有机产品生产基地农田灌溉水质量标准

项目类别	作物种类		
	水田作物	旱地作物	蔬菜
必测基本指标			
pH	5.5～8.5		
水温/℃	≤35		
悬浮物/（mg/L）	≤80	≤100	≤60 [a]，≤15 [b]
五日生化需氧量（BOD_5）/（mg/L）	≤60	≤100	≤40 [a]，≤15 [b]
化学需氧量（COD_{Cr}）/（mg/L）	≤150	≤200	≤100 [a]，≤60 [b]
阴离子表面活性剂/（mg/L）	≤5	≤8	≤5
氯化物（以 Cl^- 计）/（mg/L）	≤350		
硫化物（以 S^{2-} 计）/（mg/L）	≤1		
全盐量/（mg/L）	≤1 000（非盐碱土地区），≤2 000（盐碱土地区）		
总铅/（mg/L）	≤0.2		
总镉/（mg/L）	≤0.01		
铬（六价）/（mg/L）	≤0.1		
总汞/（mg/L）	≤0.001		
总砷/（mg/L）	≤0.05	≤0.1	≤0.05
粪大肠菌群数/（MPN/L）	≤40 000	≤40 000	≤20 000 [a]，≤10 000 [b]
蛔虫卵数/（个/10 L）	≤20		≤20 [a]，≤10 [b]
选测其他指标			
氰化物（以 CN^- 计）/（mg/L）	≤0.5		
氟化物（以 F^- 计）/（mg/L）	≤2（一般地区），≤3（高氟区）		
石油类/（mg/L）	≤5	≤10	≤1
挥发酚/（mg/L）	≤1		
总铜/（mg/L）	≤0.5	≤1	
总锌/（mg/L）	≤2		
总镍/（mg/L）	≤0.2		
硒/（mg/L）	≤0.02		
硼/（mg/L）	≤1 [c]，≤2 [d]，≤3 [e]		
苯/（mg/L）	≤2.5		
甲苯（mg/L）	≤0.7		
二甲苯（mg/L）	≤0.5		
异丙苯/（mg/L）	≤0.25		
苯胺/（mg/L）	≤0.5		
三氯乙醛/（mg/L）	≤1	≤0.5	
丙烯醛/（mg/L）	≤0.5		
氯苯/（mg/L）	≤0.3		
1,2-二氯苯/（mg/L）	≤1.0		
1,4-二氯苯/（mg/L）	≤0.4		
硝基苯/（mg/L）	≤2.0		

注：a. 加工、烹调及去皮蔬菜。
　　b. 生食类蔬菜、瓜类和草本水果。
　　c. 对硼敏感作物，如黄瓜、豆类、马铃薯、笋瓜、韭菜、洋葱、柑橘等。
　　d. 对硼耐受性较强的作物，如小麦、玉米、青椒、小白菜、葱等。
　　e. 对硼耐受性强的作物，如水稻、萝卜、油菜、甘蓝等。

（3）大气环境要求

和水一样，空气具有很强的流动性，各种污染物质或有风险的物质都可能随之移动一定的距离。因此，从空气传播风险的控制考虑，不同国家和地区的有机农业标准都提出了缓冲带的要求。根据我国有机产品标准 GB/T 19630—2019 的规定，有机产地环境空气质量应符合 GB 3095—2012 的规定。表 2-3 为 GB 3095—2012 中环境空气质量标准。

表 2-3　有机产品生产基地环境空气质量标准

污染物项目	平均时间	浓度限值	单位
必测基本指标			
二氧化硫（SO_2）	年平均	60	$\mu g/m^3$
	24 小时平均	150	
	1 小时平均	500	
二氧化氮（NO_2）	年平均	40	
	24 小时平均	80	
	1 小时平均	200	
一氧化碳（CO）	24 小时平均	4	mg/m^3
	1 小时平均	10	
臭氧（O_3）	日最大 8 小时平均	160	$\mu g/m^3$
	1 小时平均	200	
颗粒物 PM_{10}（粒径≤10 μm）	年平均	70	
	24 小时平均	150	
颗粒物 $PM_{2.5}$（粒径≤2.5 μm）	年平均	35	
	24 小时平均	75	
选测其他指标			
总悬浮颗粒物（TSP）	年平均	200	$\mu g/m^3$
	24 小时平均	300	
氮氧化物（NO_x）	年平均	50	
	24 小时平均	100	
	1 小时平均	250	
铅（Pb）	年平均	0.5	
	季平均	1.0	
苯并[a]芘（BaP）	年平均	0.001	
	24 小时平均	0.002 5	

5　有机农业种植基地的选择

按有机认证标准，从事种植生产的地块一旦通过有机认证，该地块中生产的所有作物都可被视为有机作物。有机农业作为一种农业生产方式，原则上所有能进行常规农业生产的地方都能进行有机农业生产，因为有机农业强调转换期，强调通过生产管理方式转换来恢复农业生态系统的活力，降低土壤中农药等有害物质的含量，而不是强求首先要有一个非常清洁的生产环境。但作为有机农业种植生产基地必须满足如下基本要求：

1）从事有机生产的主体应是边界清晰、所有权和经营权明确的农业生产单位。

2）生产基地在作物收获前 3 年内未施用过农药、化肥等违禁物质，土壤的背景状况要好。

3）有机农业种植生产基地的土地应是完整的地块，其间不能夹有进行常规生产的地块，但允许存在有机转换地块。

4）生产基地无明显水土流失、风蚀及其他环境问题。

5）基地周边最好具备设置天敌栖息地的条件，以提供天敌活动、产卵和寄居的场所，提高生物多样性和自然控制能力。

6）用于有机农业种植生产的土壤耕性良好、土质肥沃、疏松透气、保水和保肥能力强；基地周围或基地内要有较丰富的有机肥源；基地要有清洁的灌溉水源；基地的经营者有较好的生产技术基础，有良好的土壤管理及水土保持措施。

7）安全无污染是有机生产的首要条件。基地要远离污染源，并采取措施切断有毒有害物进入有机生产体系。有机生产基地应建立在空气清新、水质纯净、土壤未受污染、没有粉尘污染和酸雨、具有良好农业生态环境的地区，生产基地不应有污染或污染威胁，河流或地下水的上游不能有排放有毒有害物质的工矿企业，灌溉水源应是深井水或水库等清洁水源，避免使用污水或塘水等地表水；基地土壤本身不含天然有害物质，未长期施用含有毒有害物质的工业废渣改良过土壤；基地要距主干道路 50 m 以上；远离城市，附近没有污染源对基地环境构成威胁，尤其是上游或上风口不得有排放有毒有害物质的工矿企业。最好选择海拔较高或生态绿化好、小气候好的地区。

严禁将受到工业废水、废渣、城市生活垃圾和污水等废弃物污染的地块作为有机农业生产用地，避免在废水和固体废物污染源（如废水排放口、污水处理池、排污渠、重金属含量高的污灌区和被污染的河流、湖泊、水库以及冶炼废渣、化工废渣、废化学药品、废溶剂、尾矿粉、煤矸石、炉渣、粉煤炭、污泥、废油及其他工业废料、生活垃圾等）周围进行有机农业生产。

基地周围有防止污染的隔离与缓冲带等措施，以避免作物受到污染；基地周围不存在有污染的工厂，距废水、废气、固体废物排放点 5 km 以上且在污染源的上风地带。

要采取严格措施防止可能来自系统外的污染。如果存在污染危险或怀疑有污染的危险，要对相关产品和可能的污染源（土壤、水、大气和投入物质）进行检测，污染的水平不得超过认证标准规定的重金属和其他污染物质的最大限量：大气质量符合 GB 3095—2012；灌溉用水质量符合 GB 5084—2021，土壤质量符合 GB 15618—2018。化学合成物质在人们生活和生产中的长期应用，使自然环境不同程度地受到影响，所以在开始进行有机生产时，应当对生产基地的环境进行严格检测。

8）从事有机农业种植生产的基地，如果既有有机生产又有常规生产，则生产经营者必须指定专人管理和经营用于有机生产的土地。有机和非有机地块要使用各自独立的生产、贮存设施和运输系统并有健全的跟踪记录等，生产者必须能够有效区分非有机（包括常规和转换）地块上的和有机地块上的植物；同时，要制订在 5 年内将原有的常规生产土地逐步转换成有机生产的计划。

9）有机生产基地要与进行常规生产的果园、菜园、棉田、粮田等设置缓冲带，有机农业种植地块与常规种植地块要保持百米以上的距离，或在两者之间设立物理屏障，或利用地表水或山岭分割或其他方法。两者交界处必须有明显可识别的界标，目的是防止常规管理的农田病虫害以及农药、化肥等可能带来污染的物质传播到有机生产基地，这包括通过大气、灌溉水、土壤渗透或其他媒介的传播。有机生产基地与常规生产农田间也需建立有机生产缓冲隔离带，可在有机作物边缘 5～10 m 处种植固氮灌木和树木作为双重灌木篱墙，隔离带宽度 8～10 m，在有机生产隔离带之处种植缓冲作物。缓冲带上种植的植物不能认证为有机产品。

10）选址建园应当尽量避开重茬地。重茬地土壤有害物质（包括前茬作物的分泌物、病菌害虫残余、农药及其他农用化学物质残留等）比较多，营养物质匮乏且严重不均衡，微生物群落发生改变，有害生物如线虫、病原菌等泛滥，严重抑制后茬植物的生长发育。如桃、苹果、核桃重茬现象比较突出，尤其桃树，最忌连作，对后茬苹果、樱桃、李、葡萄等植株生长量的抑制可达到 50%。苹果茬地不宜再种苹果，也不宜栽培梨，但如改种桃或樱桃，植株生长不会受到明显抑制。梨茬地一般不宜栽苹果，但可以改种桃、李和葡萄。杏、李重茬现象比较轻，可以连作，对后茬桃、苹果、梨等影响不大，但若改种樱桃，樱桃生长会受到明显抑制。樱桃茬地不宜再栽樱桃、杏、苹果、葡萄、桃；葡萄茬地可以改种桃、李，但不能改种杏、苹果和樱桃。桃、苹果等的重茬地如不严格改良，不能用于有机生产。

11）有机农业种植基地选择还要做到"因地制宜、适地适种"，只有在最适宜的地方栽种最合适的种或品种，作物生长才会最好（包括病虫害最轻），管理才最容易，不至于因栽培管理的问题造成产品污染。"适地适种"有两重含义，一是选择最适宜的生态条件作为基地地址，二是为既定的种植基地选择最适宜的种或品种。两者都需要首先明确当地的气候条件和土壤特点。

6 有机农业种植转换期

6.1 概念

有机农业转换是指在一定的时间范围内，通过实施各种有机农业生产技术，使土地全部达到有机农业生产的标准要求。

《有机产品 生产、加工、标识与管理体系要求》（GB/T 19630—2019）中对转换期的定义：从开始实施有机生产至生产单元和产品获得有机产品认证之间的时段。

6.2 目的和意义

1）土地残留物质的分解和土壤肥力的培养。目前，实施有机农业生产的土地除了极少数为新开垦或多年的撂荒地之外，大部分均已开发多年，并有多年常规农业的种植历史。在常规农业生产中，已经向土地投入了大量的人工合成的化肥、农药和对土壤有害的物质（如除草剂和硝酸盐等），这些物质不可能在短期内全部消解，需要一段时间的土壤改良，使土壤达到有机农业生产的标准。

2）生产技术的改进和完善。有机农业的最大特点是禁止使用各种人工合成的化学物质，这与现代常规农业生产方式是不同的；常规农业的生产技术以提高产量为目的，而有机农业则要求在保证一定产量的前提下，追求有机农产品的品质。因此，生产者在决定实施有机农业生产的时候，首先面临的是生产技术问题，生产者不但要彻底转变思想，而且要在具体操作上初步掌握有机农业生产技术，才能保证有机农业转化的顺利进行，这也需要一定时间的学习和实践经验的积累。

3）环境建设。常规农业以化学防治为主要手段，与生态系统内及其周边的环境没有太大的关系，有机农业是以农业防治和生物防治为基础，保护和利用自然天敌是有机农业生态系统良性循环的核心，也是实现低投入、高产出的主要技术和措施，因此必须经过一段时间的建设，才能逐步完善生态环境，建立生态平衡。

4）质量管理体系的建立与完善。目前，我国农业生产的管理水平和从业者的文化素质较低，因此质量控制与跟踪体系（如相应文件与记录）的建立与完善均需要一段时间的努力才能实现。

🖌 任务操作

1 有机农业种植基地的建设及流程

有机农业种植基地的建设步骤主要包括：基地的选择→基地的规划→制定质量管理手册和生产技术规程→人员培训→管理手册和技术规程的实施→有机认证的申请和检查认证→有机产品的销售。

做好基地的选择后，就要进行基地建设的规划。有机基地的规划遵循因地制宜和生态学原则。对选择好的基地或决定转换的基地，非常重要的工作是对其进行因地制宜的规划，建立良性循环和生态保护的有机生产体系。

（1）基本情况调查

要做好基地的规划工作，需详细调查基地的农业生产气候条件、土地情况、周边环境、资源状况及社会经济条件、地区行政管理方式，有机食品生产及常规生产向有机生产转换遇到的问题，基地采取的运作形式（如公司+农户、公司反租倒包农民土地、公司租赁经营、政府经营、农民以协会或合作社的形式组织生产等），基地建设的保障措施（如组织领导、资金投入等）。

在掌握了基地基本状况的基础上，在总体设计上要以农业生态学的原则为指导，建立多层利用、多种种植、种养结合、循环再生的模式。即实现有机农业环保、健康、安全的宗旨：健康的土壤、健康的植物、健康的牲畜与健康的食品、健康的人类。在具体细节上要按有机农业的原理和有机食品生产标准的要求制订详细的生产技术和生产管理计划，制定有机生产的土壤培肥、病虫草害防治、轮作等方案，建立起从土地到餐桌的全过程质量控制模式。

（2）基地建设及管理规划

有机农业种植生产基地是有机农业发展的基础，应将其放在核心的地位。制定有机农业发展规划是一项技术性很强的工作，要保证规划具有指导性、适应性、先进性和科学性。良好的有机农业发展规划应具备以下特征：

整体性：根据生态经济发展原理，将自然生态、经济和社会综合考虑，注重协调发展。

系统性：利用系统学的原理，将经济、生物、技术和人口素质等进行系统的有机结合，建立自然、社会、物质、技术等多元多层次的保障体系。

配套性：有机农业既要生产足够高品质的有机产品，又要保护生态环境，必须建立长、中、短期相结合的阶段性发展目标和与之相适应的综合配套技术方案。

利用原有的农业生产技术推广体系，结合有机农业生产技术的要求，以及当地的实际情况，做好以下工作：

1）制定行之有效的有机管理手册，建立有机基地的管理机制，保证基地完全按照有机农业标准进行生产。防止有机产品与常规产品相混淆，保证有机产品在加工、贮存、运输和销售中不受污染。

2）制订基地有机生产实施计划，并对生产技术进行指导与咨询，监督生产计划的实施。

3）基地必须建立起专职部门负责实施规划与生产技术方案，以保证各项措施能够及时落实。根据实际情况，可以以公司+农户/农场的形式组织基地生产，也可以通过地方政府建立专门机构组织农户/农场进行生产，或通过农民专业协会的形式，形成以政府/公司+农户/农场+农民/技术员的实施与监督基地规划与生产技术方案的三级结构，确保有机生产的顺利进行。

4）设专人管理有机食品基地，并对有机食品生产基地的全过程建立严格的文档记录。

5）组织选拔技术骨干充当内部的检查员和咨询员，从而保证有机生产顺利进行。

（3）人员培训计划

有机农业种植的生产管理包括对物的管理和对人的管理，生产者的业务水平、文化素质和对有机农业的认知程度将决定有机农业发展的进程。所以，在基地管理方案中，人的管理比物的管理更重要。

让基地的管理人员和直接从事有机食品生产人员了解和掌握有机农业的管理、技术与方法及有机食品的生产标准，以便按照有机生产的要求进行操作。应通过培训使基地的管理人员和农户都能掌握有机农业、有机食品生产的基本知识和技能，更好地指导、管理有机食品的生产。有必要请有机农业专业人员和生态工程专业人员以及相应种植领域的专家对基地管理、技术人员、生产人员进行以下几个方面的培训：

1）有机农业与有机产品的基础知识；

2）有机农产品生产、加工标准；

3）有机农业的基本原理和一般模式；

4）有机农业生产的相关技术；

5）国内外有机农业发展状况；

6）有机农产品检查认证的要求与申请有机认证的程序；

7）填写有机食品基地的档案资料；

8）有机农产品的营销策略。

所谓的三级培训制度，首先由有机农业专家或专门从事有机农业研究的人员对基地的管理干部进行有机农业原理、标准、市场和发展概况的一般性培训，使之从宏观上了解和认识有机农业，这是第一层次的培训；第二层次对基地技术人员进行专业技术培训，使之掌握有机农业生产技术的基本原理和方法，培训工作可根据种植作物的种类和地域分不同的专业；第三层次是对有机农业生产的直接从事者进行实际操作技能的培训，培训以实用技术和解决问题为主，可以只教方法，不求理论，关键在于提高实际操作能力。

（4）管理和生产技术规划

在掌握了基地基本情况的基础上，制订具体的发展规划及生产技术方案。规划内容应包括：

1）建立合理的轮作体系。在有机农业生产中，实行禾本科作物与豆科作物、夏收作物与秋收作物、根系深的作物与根系浅的作物进行轮作，不仅能调节农时，更重要的是能减少土壤养分的连续单一消耗，抑制病菌、虫卵的滋生和蔓延，降低病虫草害的发生，为有机生产的地力培肥和病虫草害的防治奠定了良好的基础。

2）选用优良品种。有机农业要求选用没有应用基因工程繁育的品种，同时要注意选用通过抗病育种的品种，以防止大豆灰斑病、根腐病、恶苗病、孢囊线虫病、小麦赤霉病、玉米大斑病、茎枯病、水稻瘟病的发生。

3）有机生产土壤培肥方案。制订科学的轮作计划，尽可能多地轮作豆科绿肥以增强土壤肥力；系统内尽可能建立牧场、家畜养殖场，多积累一些有机肥返田；制作基地堆肥，利用草木灰或煤灰土、人畜禽粪便、厩肥堆肥等；忌烧毁秸秆，应将秸秆粉碎、返田；按土壤检测指标，为补充土壤所缺元素，可购买一些获得认证的有机肥料。

4）生产方法。包括免耕法、垄耕法、穴耕法等耕作方法及相应的管理方法。

5）病虫草害防治方案。有机农业本着尊重自然的原则，提出了与常规农业不同的病虫害的控制观，即在农业生产过程中达到人与自然协调相处，利用生物间的相生相克原理，可以有效预防和抵抗病虫害的侵袭，从而保证作物的健康生长。

有机农业生产中禁止使用化学除草剂控制杂草，倡导采用耕作措施、生物防治、机械除草的方式来控制杂草的生长。

6）农场生态保护计划。包括种植树木和草皮，控制水土流失，建立天敌的栖息地和保护带，保护生物多样性等。

7）废弃物资源的综合利用。有机农业强调在有机生产区域内建立封闭的物质循环体系，通过对生产基地的作物秸秆、藤蔓、枝叶、皮壳、畜禽粪便以及饼粕、酒糟、产品工业和畜禽制品的下脚料等的综合利用和减量化、无害化、资源化、能源化处理，将废弃物变成一种资源，使处理与利用统一起来。废弃物处理和利用的途径包括沼气发酵、有机肥堆制、作物残体的微生物处理等。

8）全过程质量管理计划。有机生产基地执行全过程质量控制系统，是保障产品质量的重要手段。全过程质量控制系统包括外部质量控制、内部质量控制和内部跟踪审查三方面内容。

外部质量控制是通过有机农产品认证机构，派遣检查员对有机生产企业进行实地检查，审核企业的生产过程是否符合有机农产品生产标准。检查员一方面通过实地考察、同生产者直接交流，了解生产者是否了解有机农业的基本知识，同时检查生产者是否采用有机农业生产方式，是否使用违禁物等内容；另一方面，通过对企业内部质量控制系统的考察，了解生产者质量控制体系是否健全有效。

内部质量控制是指企业在生产、加工等流程中采取的保证有机农产品质量的措施。首先，需要建立从上层领导至管理人员，再至生产人员代表的质量管理小组，制定生产管理政策和内部质量管理章程，督促生产，加工过程严格遵守有机生产标准；其次，必须建立完整的文档记录体系，记录生产、加工过程中的各项物质的投入、产出，包括产品的生产、包装、运输、贮藏、销售等各个环节都要有详细的文档记录，相互之间要能够互相衔接，保证能从终端产品追踪到作物的生产地块，从而保证有机产品质量的完整性。

内部跟踪审查系统是保存完整的记录体系，有机农产品记录要根据认证机构标准进行存档。内部跟踪审查有助于检查员审查生产者有机生产系统的有机管理，帮助生产者采取科学的决策。

9）基地申请有机认证。基地开始有机生产后，应及早向有机认证机构申请有机农产品的检查与认证，做好接受检查的各项工作，使基地能够顺利地通过检查并获得有机生产转换证书（证明）或有机生产证书。

10）销售有机产品。有机农产品获得认证后，其证书就是进入国内外有机农产品市场的通行证。但有了证书并不意味着产品销售就没问题，就能以高于常规农产品的价格出售。为了顺利地出售有机产品，需要在生产的同时制定一个切实可行的销售方案，不要等产品收获后再找市场。

2 有机农业种植的转换

从事种植生产的单位（包括农户）可以把常规农业生产系统一次或分阶段地按照有机食品生产技术规定转变成有机农业生产系统，转换应在一定时间内完成，分阶段逐步进行转换。从常规生产向有机生产转换时需注意：

1）在进行常规生产的土地上新建立的果园、菜园、茶园等，必须经过一定的转换期；对于在天然林地发展的园艺生产不需要转换期，但必须有相关的证明材料予以支持。在转换期间进行的生产必须满足有机标准的所有要求。

2）在转换期间严格按有机标准的要求进行有机农业种植，不能使用任何禁止使用的物质。同时，生产者必须有一个明确的、完善的、可操作的转化方案和计划，这一计划应根据需要进行更新，主要包括生产的历史和现状、转化过程的安排、在转换期需要改变的方面。转变计划的主要内容包括：①制定增加土壤肥力的轮作制度；②建立能持续供应系统肥料的计划；③制定合理的肥料管理办法，以及与有机（天然）食品生产配套的管理措施；④创造良好的生产环境以减少病虫草害的发生，制定开展生物和物理防治病虫草害的措施。

3）转化期长短应考虑土地过去的使用情况和生态条件，由常规生产系统向有机生产转换通常需要2年时间，一年生作物的转换期一般不少于24个月，第24个月后播种收获的作物，才可视为有机产品；多年生作物在收获之前一般需要经过不少于36个月的转换时间。新开垦的、撂荒36个月以上的或有充分证据证明36个月以上未使用有机标准禁用物质的地块，也需要经过至少12个月的转换期。对于芽苗菜可免除转换期。

4）在生产基地内同时生产常规、转换期、有机的作物必须明显分开，已转换的土地不能在有机农业和常规农业之间来回改变。正在进行有机生产的基地一旦回到常规生产方式，则需要重新经过有机转换后才有可能回归有机生产。在有机生产基地进行果树或茶树建园，可以应用来自非有机生产体系的苗木，但必须重新转换，在此基地生产的作物，于苗木栽种3年以后才能被重新视为有机生产。生产者在转换期间必须完全按有机生产要求操作，转换期的开始时间可以从生产者实际开始有机生产的日期算起。

5）经1年有机转换后的田块中生长的作物，可以视为有机转换作物，经有机认证机构认证后，可以颁发"转换期有机产品"证书。在转换计划执行期间，认证机构会对生产情况进行检查，若发现土壤中有害物质的残留物没有达到规定的最低标准，则需延长转换时间。如果生产基地有多块园地，在第 1 块园地获得有机认证后，其余的园地原则上应在 3 年内全部转换成有机园地。

从常规农业生产向有机农业生产转换过程中，不存在任何普遍的概念和固定的模式，关键是要遵守有机农业的基本原则。有机农业的转换并不是仅仅放弃使用化肥、化学合成农药和停止从外界购买饲料，更重要的是把整个生态系统调理成一个尽可能封闭的、系统内各个部分平衡发展的稳定的循环运动系统。

任务 2　有机农业种植的栽培管理要求

任务介绍

有机种子是有机农业生产系统的重要源头，是维持整个有机生产系统完整性的重要环节。选用优良品种是有机产品生产的基础。种子的质量好，品种的抗病性、抗逆性强，不但可以获得高产，提高质量，而且可以减少药物使用量。有机农业种植要改进传统的耕作制度，推行地面覆盖和少耕或免耕制，实行保护性耕作，合理轮作和间作混栽，减少土壤侵蚀，维持和提高土壤肥力，减少病虫草害发生。

种子种苗是有机农业种植的基础，《有机产品　生产、加工、标识与管理体系要求》（GB/T 19630—2019）中规定，应选择有机种子或植物繁殖材料。当从市场上无法获得有机种子或植物繁殖材料时，可选用未经禁止使用物质处理过的常规种子或植物繁殖材料，并制订和实施获得有机种子或植物繁殖材料的计划。关于有机农业种植耕作制度，标准中也提到，对于一年生植物应进行 3 种以上作物轮作，一年种植多季水稻的地区可以采取两种作物轮作，冬季休耕的地区可不进行轮作。轮作植物包括但不限于豆科植物、绿肥、覆盖植物等。除了轮作外，有机农业种植宜通过间套作等方式增加生物多样性、提高土壤肥力、增强植物的抗病能力。所以，对于有机农业种植的栽培技术，多采用轮作、间作和套种的方式进行。

通过本任务的学习，使学生掌握有机农业种植对于种子和种苗的要求，能够进行育种；掌握有机农业种植过程中常用的耕作制度，能够根据作物的生长，选择合适的耕作方式。

任务解析

首先，在进行有机农业种植前，应尽量选择有机种子与种苗，满足有机农业种植对种子和种苗的要求。其次，在进行有机农业种植的过程中，多采用轮作、间作和套种的耕作制度，满足各种作物的顺利生长。

知识储备

1　有机农业种植种子、种苗选择的基本要求

（1）不含有基因工程生成的转基因成分
种子和种苗应尽可能选择来自有机认证的有机农业生产系统，当从市场上无法获得有

机的种子和种苗时，可以选择未经禁用物质处理过的常规种子。随着生物技术的发展，转基因产品不断涌现，但在国际有机农业运动联盟（IFOAM）基本标准中明确规定"在有机生产和加工过程中不能存在基因工程措施"，要求"种子和种苗来自自然蔬菜生产，禁止引用或使用转基因生物及其衍生物，包括植物、动物、种子、繁殖材料及肥料、土壤改良物质、植物保护产品等农业投入物质；存在平行生产的农场，常规生产部分也不得引入或使用转基因生物"。有机农业的目标是保护环境和食品安全，有机农业种植产品也是为了适应人们对安全的高要求而产生的，而转基因最大的特点就是打破物种之间的遗传界限，直接或间接影响对其特定物种专一依赖的生物的生存，可能导致一些共生类生物和寄生类生物的不适应和消亡，这显然违背自然界生态规律，违背有机农业"遵循自然规律和生态学原理"的基本原则。

（2）不能采用禁用的物质进行处理

有机农业种植产品明确规定在植物生产过程中严格按照有机生产规程，禁止使用任何化学合成的农药、化肥以及基因工程生物及其产物，而是遵循自然规律和生态学原理，因此禁止使用化学合成物质和来自于基因工程的微生物等禁用物质和方法处理的种子和种苗。如果必须进行种苗处理，可使用有机生产允许使用的物质或材料，如农用链霉素、苦参碱、印楝素、苏云金杆菌、乙蒜素、氨基寡糖素、硫黄等。

（3）具有较强的抗病虫性

抗病虫品种的选用是建立综合防治体系的重要基础，可抑制菌源数量和虫口密度、降低病虫危害、提高防治效果，减少环境污染和人、畜中毒，保持生态平衡，投资少，收效大，符合有机生产的要求，而且选择无病毒的种苗是控制植物病毒病的唯一途径。因此，所选择的种植作物种类及品种应适应当地的土壤和气候特点，对病虫害有抗性。

2 有机农业种植关于土壤的要求

有机农业建立的是尽可能封闭的养分循环利用体系，来自外界的养分有限，作物要依靠生产系统自身的力量获得养分。在农业生产系统内营养物质循环的基础是土壤：健康的土壤→健康的植物→健康的动物→人类的健康，因此土壤是有机农业的中心。有机农业的所有生产方法都应立足于土壤健康和肥力的保持与提高，只有肥沃的土壤才能维持整个系统的正常运转。

2.1 健康土壤的理化评价指标

（1）土层深厚

土层深厚才能为作物生长和发育提供充足的水分和养分。

（2）土壤固、液、气三相比例适当

一般土壤中，固相为 40%、液相为 20%~40%、气相为 40%~20%。

（3）土壤质地疏松

土壤质地关系到土壤的温度、通气性、透气性、透水性、保水性和保肥性。质地过于砂，通透性好，而保水保肥性差，土壤升温快，土壤温度高；相反，质地过黏，通气透水性差，而保水保肥性好，土壤升温慢，土壤温度低。因此，质地疏松的土壤，最适合作物根系的生长和正常发育。

（4）土壤温度适宜

土壤温度直接影响植物根系的生长、活动和土壤生物的生存。

（5）土壤酸碱度适中

多数作物适应的土壤酸碱度 pH 为 6.5～7.5。

（6）土壤有机质含量高

土壤有机质代表土壤供肥的潜力及稳产性，是评价土壤肥力的重要指标。有机质含量用百分比"%"表示，有机质含量高的土壤供肥潜力大，抗逆性强。土壤有机质大于 2% 为肥沃土壤，1% 为中等肥力土壤，小于 0.5% 为贫土壤。

（7）土壤生物丰富

土壤生物指标包括土壤动物（如蚯蚓）、植物（如杂草、植物残茬）和微生物种群丰富度、微生物群落结构、微生物量、碳氮比、土壤生物多样性、土壤呼吸、土壤酶等。利用生物指标可以监测土壤质量和健康状况，反映土地种植制度和土壤管理水平。

2.2　土壤污染防治技术

土壤保护应以预防为主。预防的重点应放在：

1）对周边地区各种潜在污染源排放进行实时监测；

2）对农业用水进行经常性监测、监督，使之符合农田灌溉水质标准；

3）合理施用有机肥，防止重金属污染，慎重使用下水污泥、河泥、塘泥；

4）严禁利用城市污水灌溉，包括净化处理后的污水；

5）推广病虫草害的生物防治和综合防治，适量使用可允许使用的杀虫剂。

2.3　土壤耕作

平整土地、精耕细作、蓄水保墒、通气调温是获取持续产量的必要条件。土地平整是高产土壤的重要条件，可以防止水土流失，提高土壤蓄水保墒能力，协调土壤水、气的矛盾，充分发挥水、肥、气作用，保证作物正常生长。土壤耕作则是指对土壤进行耕地、耙地等农事操作，耕作可以改善土壤耕层和地面状况，为作物播种到出苗和健壮生长创造良好的土壤环境。同时，耕层的疏松还有利于根系发育以及保墒、保温、通气和有机质与养料的转化。

耕作改土。采取以深耕为中心的耕、耙、磨、压等耕作措施，或采用旱改水田的方法，加速生土熟化，加厚土壤耕作层，改善土壤结构，提高地力。

深翻改土。创造深厚绵软的活土层：深耕可以改善土壤孔隙状况，加深活土层，提高保墒能力，增强通气性，促进微生物活动，提高土壤有效养分，促进作物根系伸展，减少病虫害。深耕一般可增产 10% 以上，有的达到 1 倍以上。

客土改土。黏重土壤土质硬，保水保肥好，但土性凉，通气差，耕作不便；砂质土，土质疏松，耕性好，通气性强，但保水、保肥性差。针对这些特点，采取客土办法，黏砂相掺取长补短，把原来过砂或过黏的土壤调剂成黏砂适宜的壤质土，能有效地协调耕层土壤的水、肥、气、热状况。地里增施塘泥、沟渠泥、垃圾泥、表土等，进行改土，可改善土壤结构，提高土壤肥力。

3 有机农业种植耕作制度与仿生栽培

3.1 地面覆盖

地面覆盖是种植过程中常用的一种技术，地面覆盖具有保水、保肥、增温、减少病菌虫卵、除草、减少人工、提早上市、增加产量等多种综合作用，产出远大于地膜的投入成本。地面覆盖的作用有：

1）调节温度。秋冬和春季覆盖地膜，能更有效地利用太阳光能，提高地温，还可减轻大风吹袭，防止冻害，减轻干旱；夏季用秸秆、稻草等覆盖，可阻挡日晒，降低地表温度。地面覆盖牲畜粪便，如牛粪、鸡粪等，冬春可以提高地温，夏季能够起到土壤消毒的作用。北方越冬菜覆盖麦秸、稻草、牛粪、马粪，能够防冻保苗；南方夏季萝卜等蔬菜育苗在播后覆盖稻草，可防止表土温度过高。

2）抑制地表蒸发，保持土壤水分，减少灌溉水量。地面覆盖能有效地阻止土壤水分蒸发，使土壤含水量变化趋于平缓，减轻干旱。西北干旱地区常用石砾覆盖耕地以减少株间蒸发，当地称为砂田，不过多年多次覆盖后土壤中石块太多不利耕作，但覆盖果树树盘没有这类问题。

3）改善土壤物理性状。地膜覆盖避免了雨水直接冲刷土壤表面，减轻土壤板结和肥水流失。

4）促进土壤养分分解，增强地力，促进养分吸收。地面覆盖因能够保持土壤孔隙度，提高地温，而改善土壤水、热、气状况，有益于微生物的活动，能够加速有机质的分解和氮素消化，使土壤养分增加。同时由于土壤环境的改善，会使根系活力增强，促进植物养分吸收。

5）增强光照。白色地膜覆盖的反射光可增加作物的光照强度，提高光利用率。

6）抑制杂草、防治病害。利用黑色膜覆盖，透光率减少，可有效地抑制杂草生长；利用银灰色膜可避免蚜虫直接危害及蚜虫传播的病毒病。此外，地面覆盖后可避免下雨或灌溉时水滴掉落所产生的土沙弹跳，不致造成作物叶片或果实污浊的情况，有减少病害发生的效果。

7）增加土壤有机质，补充 CO_2。地面覆盖谷糠、稻壳、稻草、麦秸、锯木屑、棉子壳等，除抑制土壤水分蒸发、弱化地表冲刷、缓冲温湿度、阻止杂草繁殖，还因有机物料的分解而补充 CO_2 气源，同时谷草腐烂后可增加土壤中的有机质。

3.2 休耕和保护性耕作

休耕是可耕地在某一时期不种植农作物，以恢复地力。休耕同时还可以降解有害化学物质残留，减少有害化学物质富集。有机农业种植必须经过休耕来进行有机农业种植转换。一般在土地被严重开垦，地力过度下降，才进行休耕恢复地力。保护性耕作是对农田实行免耕、少耕，尽可能减少土壤耕作（只要能保证种子发芽即可），并用作物秸秆、残茬覆盖地表，从而减少土壤风蚀、水蚀，提高土壤肥力和抗旱能力的一项先进农业耕作技术。土壤保护性耕作的基本原则是尽量少搅动或者不搅动土壤。一茬收获之后用微耕机松土，保护种苗移栽成活即可，减少动土范围。大量研究说明，与常规耕作方式相比，保护性耕作有以下几个方面的明显优势：

1）减少土壤淋溶，减少养分流失。

2）改善土壤结构，增加土壤中的团粒结构。

3）增加土壤有机质。

4）稳定土壤微生物群落环境。

5）减少农机耕作投入，降低种植成本。

6）争取农时，提高光热资源的利用效率。

保护性耕作是一个长期过程，需年年积累，主要方式有：①保护根系形成的孔道不被耕作破坏，充分利用根系松土；②保护和繁衍土壤生物，如蚯蚓，进行生物松土；③利用土壤冬冻春融，干湿交替，使土壤趋向疏松、孔隙度增加的方式进行胀缩松土；④增加土壤团粒结构、活跃微生物，形成稳定疏松的耕层，使之不容易在降雨、灌水等影响下回实来进行结构松土。

保护性耕作技术要点是禁止翻耕，尽量不要旋耕，注意多种除草措施结合以及农机与农艺相结合。保护性耕作关键是"保护"——保水、保土、保肥、保产。"免耕法"是保护性耕作的一项具体技术。

3.3 轮作

在种植过程中，每种作物都有一些专门危害的病虫杂草。连作时，这些病虫草害会周而复始地循环感染。另外，不同作物的根系分泌物不同，有的分泌物有毒害作用。不同作物对养分的需求也不同，根系深浅与吸收水肥的能力迥异，因而对土壤营养元素的种类、数量及比例的要求及吸收各不相同。长期种植一种作物，因其根系总是停留在同一水平上，该作物大量吸收某种特需营养元素后，就会造成土壤养分的偏耗，使土壤营养元素失去平衡。连作由于耕作、施肥、灌溉等方式固定不变，还会导致土壤理化性质恶化，肥力降低，有毒物质积累，有机质分解缓慢，有益微生物和数量减少。

因此，长期种植单种作物，不仅消耗土壤中大量的相同养分、破坏营养平衡、降低土壤肥力、影响作物的正常生长，而且还会加重疫病、灰霉病、霜霉病、菌核病等土传病害和根结线虫等有害生物的蔓延危害，致使植物病害防治成本加大，农药残留增加，土壤污染加重，直接影响作物的质量安全。

轮作是指在同一块田地上，有顺序地在季节间或年间轮换种植不同的作物或复种组合的一种种植方式，又称为"换茬""倒茬"。依实施方法可分为两种：一是将整个农田视为一体，做一周期的轮作；二是把农田分为若干个小区，轮流种植不同的作物。轮作是合理利用土壤肥力、减轻病虫害的有效措施，也是提高劳动生产效率和设备利用率的重要措施。在向有机农业转化过程中，首先要解决轮作问题，只有解决好轮作问题，才能摆脱现代农业严重依赖的农业化学品，轮作是有机栽培的最基本要求和特征。

（1）轮作的意义

1）作物轮作有利于病虫害防治。适当的作物轮作可以打破虫和病的发作周期，阻止杂草的滋生，免除和减少某些连作所特有的病虫草的危害。利用前茬作物根系分泌的灭菌素，可以抑制后茬作物上病害的发生，如甜菜、胡萝卜、洋葱、大蒜等根系分泌物可抑制马铃薯晚疫病发生，小麦根系的分泌物可以抑制茅草的生长。改变作物种类也意味着改变管理实践的方式和作业时间,合理轮作换茬,因食物条件恶化和寄主的减少而使那些寄生性强、寄主植物种类单一及迁移能力小的病虫大量死亡。腐生性不强的病原物如马铃薯晚疫病菌等,由于没有寄主植物而不能继续繁殖,轮作可以促进土壤中对病原物有拮抗作用的微生物的活动,从而抑制病原物的滋生,因此阻止某些作物病害的发生。如由大豆改为玉米后,大豆田中的线虫病害就不会在玉米田里发生。为获取最大利益,在东北黑土区应该对玉米和大豆进行轮作,而不适宜在小麦茬后种植玉米。因为麦茬覆盖造成的冷凉条件不利于玉米发芽出苗,且小麦秸秆分解释放的植物毒素会阻碍幼苗生长。

2)作物轮作有利于土壤和土壤肥力的保持。轮作可均衡利用土壤中的营养元素,把用地和养地结合起来;可以改变农田生态条件,改善土壤理化特性,增加生物多样性。不同作物具有不同的根系,而且对营养、水和空气需求也不同。例如,轮作中的豆类可以用来增加土壤氮素供应量,减少来年对氮肥的需求。共生固氮细菌在豆类植物的根部形成根瘤,将大气氮转化为无机氮。当气根部和残余物在土壤中腐烂时,土壤中在作物生长期间未被吸收的固定氮可以被释放出来,供后面轮作的植物利用。在播种某一豆类作物时,特别是首次在某一地区播种时,应当对种子采取正确的接种物,以确保能固定大气氮的适宜细菌种类,可以用来形成豆类-细菌共生系统。轮作中包含的覆盖作物能够增加土壤中的碳含量,改善土壤结构,并提高植物覆盖层,从而减少土壤侵蚀。使用覆盖作物可提高土壤中有机物含量和改善土壤结构,并能减少耕作所需的能量。作物轮作给土壤重建和保护其肥力提供了机会。在轮作中豆科饲草既有助于保护土壤和防止水土流失,还可以改善耕层土壤的结构,增加土壤有机物质和土壤含氮量。因不同作物残留的茎叶、根系以及根系分泌物对土壤中物质的积累和分解的影响不同,不同作物的根际微生物对土壤养分、水分的要求不同,其根系深度、利用养分、水分的层次也有差异,实行轮作能起到相辅相成、协调土壤养分的效果。例如,大豆的残留物有助于耕层土壤温度提高,豆科作物绿肥则可形成稠密的地表覆盖面并可增加土壤氮素。正确的轮作可使土壤中的养分、水分得到合理利用,充分发挥生物养地培肥增产的良好作用。特别是粮肥、棉肥轮作、间作、套种,在用地的同时又培养了地力,对土壤肥力培育更有重要的作用。

(2)轮作的基本原则

作物轮作是有机生产的基本要求,在有机生产系统中应采用包括豆科作物或固氮绿肥在内的至少3种作物进行轮作,并尽可能包括深根作物和有积累矿物质特性的植物,限制仅有两种作物的轮作,但在一年只能生长一茬作物的地区,允许采用包括豆科作物在内的两种作物的轮作。禁止连续多年种植同一种作物,但牧草、多年生作物(如果树、茶树)以及在特殊地理和气候条件下种植的水稻例外。园艺作物轮作应遵循以下原则:

1)互不传染病虫害,利于植物保护。首先要考虑病原物的寄主范围,如黄枯萎病的轮枝菌的寄主范围较广,棉花和茄科植物如马铃薯、茄子轮作,病害将越来越重,因为它们都是轮枝菌的寄主。其次要考虑作物轮作的年限,不同病虫害在作物土壤中存活的时间不同,轮作的年限也不同。同科植物有同样的病虫害发生,不同科蔬菜轮作,可使病菌失去寄主或改变其生活环境,达到减轻或消灭病虫害的目的,所以要以不同科的蔬菜进行轮作,如大蒜、葱后种植大白菜,可以减轻白菜软腐病。分类学上属于同一个科的蔬菜不宜轮作,如番茄、茄子、辣椒和甜椒;白菜、菜心、花椰菜、西兰花、白萝卜、樱桃萝卜和荠菜不宜轮作;洋葱、大葱、韭菜、蒜、胡萝卜、西芹不宜轮作;各种豆类之间和各种瓜类之间不宜轮作等。实行粮菜轮作、水旱轮作，对控制土壤传染性病害效果显著。

利用当地气候条件或季节差异选择病虫害发生少的蔬菜进行轮作，如豆科的豌豆、蚕豆、小豆、花生、大豆、菜豆、豇豆、扁豆、刀豆；十字花科的白菜、甘蓝、萝卜、芜菁、芥菜、油菜。这些蔬菜病虫害较少，正常生长地区或季节，只需少量农药即可解决，但若选择冷凉地区、高海拔地区或春冬冷凉季节生产，不用农药即可生产出优质的有机蔬菜。

选择病虫害少，可以不用或少用农药的蔬菜进行轮作也很重要，不需要农药的蔬菜有薯蓣科的山药、日本薯蓣、芋头；藜科的菠菜、甜菜、碱蓬；伞形科的胡萝卜，水芹、香芹、芹菜、茴香、香菜等；菊科的牛蒡、莴苣、茼蒿等；唇形科的紫苏、薄荷、时萝；姜科的姜；旋花科的甘薯；百合科的韭菜、大蒜、大葱、洋葱、石刁柏、百合等。

2）依据需要肥料种类和根系深浅不同。根据植物吸收土壤养分的程度和根系深浅不同进行轮作，可充分利用土壤养分。如菠菜等叶菜类需要氮肥较多，瓜类、番茄、辣椒等果菜类需要磷肥较多，马铃薯、山药等根茎菜类需要钾肥较多，将它们轮流栽培，可以充分利用土壤中的各种养分。安排深根性的根菜类、茄果类、豆类、瓜类（除黄瓜外）与浅根性的叶菜类、葱蒜类进行轮作，土壤中不同层次的肥料都能得到利用。如果长期栽培一些需氮肥较多的速生蔬菜，会导致土壤中营养元素失去平衡，土壤肥力下降，导致一些蔬菜发生营养贫乏症。宜选择需肥大与需肥小的蔬菜交替种植，如西兰花与四季豆。

3）注意不同植物对土壤酸碱度的要求。甘蓝、马铃薯等种植后，能增加土壤酸度，而南瓜、甜玉米种植后，会降低土壤酸度，故对土壤酸度敏感的洋葱作为南瓜后作可增产，作为甘蓝后作则减产。豆类根瘤菌给土壤遗留较多的有机酸，连作常导致减产，而安排部分豆科、禾本科蔬菜或作物可改善土壤结构，提高土壤肥力。如果长期栽培一些需氮肥较多的速生蔬菜，会导致土壤中营养元素失去平衡，土壤肥力下降，导致一些蔬菜发生营养贫乏症。

4）注意作物茬口特性及对土壤肥力和结构的影响。茬口是指在作物轮作或连作中，影响后茬作物生长的前茬作物及其迹地的泛称。茬口特性是指作物生产的茬口安排中，不同前后作的反应特点，是作物生物学特性与其耕作技术措施对土壤和作物共同作用的结果。茬口特性有季节特性和肥力特性两方面。季节特性即前作收获和后作栽种的季节早迟，收获期早的称早茬口，收获期迟的称晚茬口。肥力特性即前作对后作土壤理化性状、病虫杂草感染的影响特点。一年一熟地区主要受肥力特性的影响。多熟制地区前茬的季节特性影响远大于肥力特性。前作收获期与后作栽种期相近的情况下，则不同茬口的肥力特性影响有着很大的差异。例如，前茬为油菜、大麦或冬闲的早稻以油菜茬的肥力特性最好，而冬闲的季节特性相近。

茬口特性不同，在不同程度上直接或间接影响后茬作物的生长发育和产量形成。豆类作物根茬和脱落物较多，土质疏松，土壤含氮量高，是叶菜类和果菜类的好前茬。豆科绿肥鲜草含氮量在0.5%左右，含磷量为0.07%～0.15%，含钾量为0.15%～0.98%，既可作蔬菜（幼植物的芽）又可作饲料，还可直接还田当肥料，是培肥地力的先锋作物，可与其他需肥量较多的蔬菜间种或倒茬。块根、块茎类作物最忌连作，连作后病虫害较多，但这类作物多为垄作，喜疏松土壤，收获后能使土壤疏松熟化，是许多蔬菜的好前茬。豆类植物的根瘤菌有固氮能力，其根茬和脱落物较多，土质疏松，土壤含氮量高是需氮较多的叶菜类和果菜类的好前茬，如白菜、茄子等；其后茬，宜种植需氮较少的根菜类和葱蒜类。根系发达的瓜类和韭菜，能遗留给土壤较多的有机质。禾本科蔬菜或作物也可改善土壤结构，提高土壤肥力。

5）考虑前作对杂草的抑制作用。某些生长迅速或栽植密度过大、生育期长、叶面积系数对土壤面积覆盖度较高的蔬菜，如南瓜、冬瓜、甘蓝、毛豆、马铃薯等对杂草生长有抑制作用；而胡萝卜、芹菜、洋葱等，由于苗期生长缓慢或叶小，容易滋生杂草，所以在栽培时，应安排前者与后者进行轮作。

总之，有机农业的轮作制度要针对不同地区的生态因子来设计，须考虑如何维持土壤肥力、增加土壤有机质、改进土壤的结构性、减少病虫害及杂草滋生等因素，从而设计出有效、适用的轮作制度。还须根据各地的土壤情况、气候、作物的种类、畜牧生产等情形来作适当的调整。注意深根作物应在浅根作物之后栽培，根部生物量大者与小者交替种植，固氮作物与需氮作物交替种植，以叶为主的作物（如蔬菜）应与有秆的作物（如稻、玉米、高粱）交替种植，有土壤性病害的作物不可连作，有必要时可以实行间作或混作，将绿肥作物列入轮作制度中。为减少杂草滋生，用绿肥作物来覆盖地面。还要注意土地覆盖率高与覆盖率低的蔬菜轮作，这样可以保护泥土结构。

根据以上原则，各种蔬菜的轮作间隔年限也各不相同。栽培西瓜需隔 5~6 年，或更长时间；栽培番茄、茄子、芋头、冬瓜、香瓜、甜瓜、黄瓜等需隔 3~4 年；栽培菜豆、豇豆、蚕豆、辣椒、马铃薯、山药、生姜、大白菜、根芥菜、莴苣、甘蓝、芜菁、薯蓣、食用菌等需隔 2~3 年；南瓜、毛豆、白菜、结球甘蓝、萝卜、胡萝卜、菠菜、芹菜、大葱、大蒜、洋葱、角瓜、花椰菜等需要间隔 1~2 年。

3.4 间作、套种

间作、套种与混作是指在人为调节下，充分利用不同植物间的某些互利互补关系、减少竞争的因素下，组成合理的复合群体结构，使之既有较大的总叶面积，延长利用光能时间，又有良好的通风透光条件和多种抗逆性，趋利避害，保证作物持续稳产增收。

间作、套种具体指在一块地上按照一定的行、株距和占地的宽窄比例种植两种或两种以上的作物。一般把几种作物同时期播种的叫间作，不同时期播种的叫套种。间作又称伴作法。间作、套种可以充分利用生长季节，变一收为两收，变两收为三收；通过合理配置作物群体，使作物高矮成层，相间成行，有利于改善作物的通风透光条件，提高光能利用率，充分发挥边行优势的增产作用，与绿肥或豆科作物间套能够以地养地，既增产又培肥地力，有利持续增产。通常间作的结果会使作物生长良好，害虫危害减少，产品风味佳且营养丰富。例如，我国南方将一期作水稻与甘薯、瓜类、毛豆、甘蔗、茭白、葡萄等间作，而二期作水稻与豌豆、大豆、番茄、马铃薯、叶菜类等间作，小麦与玉米、甘薯、绿肥等套种。

在同一块地，不规则地混合种植两种以上不同科、种的作物，称为混作。不同作物分区栽植在一起，不但不影响彼此的生长且能促进彼此营养成分的吸收。在自然环境中的森林群生植物或旱地异种作物混杂生长就是最好的例子。因为单作栽植时，集约种植同一种作物，往往易发散出强烈的化学物质，让昆虫知道它的存在，反而易引起病虫危害；但是混作时，因每区种植数量少或位置分散，所发出的诱虫物质较单作弱，所以就不易发生病虫危害；有时则是因主作物周围的副作物会产生抗虫物质，使昆虫繁殖受抑制或不喜靠近，而达到防病虫的效果。混作明显的特点是能够降低同种作物栽植密度，有效减少病虫害发生的概率，如同一地块，同时种植多种不同科的高丽菜、青椒、番茄、丝瓜、空心菜等作物，可降低各种作物的发病率。

（1）间作、套种的基本原理

1）作物生长特性的差异。每种作物的形态、生长周期、所利用的营养空间皆不同，将不同的作物有机地组合在一起，不仅节约环境资源，还有利于作物生长和产量与品质的提高。

2）驱避和诱引昆虫。在自然界中，有些植物本身会发散出强烈的香辛气味，使得昆虫或线虫不敢靠近，有驱避效果，如大蒜、韭菜、洋葱、除虫菊、薄荷、雏菊、万寿菊、香草、艾菊等。将这类植物与其他作物间作或混作时，可以驱避病虫害。

当两种或两种以上植物一起生长时，可利用副作物来诱引主作物的害虫寄生，使之分散主作物的昆虫危害，或者以害虫天敌的食源植物作为副作物，来增加天敌族群数量，以降低害虫的危害程度。

3）植物相生相克。植物相生相克指某些植物的根、茎、叶、花、果等能产生某些生物化学物质，并释放到环境中去，从而对周围其他生物的生长发育产生抑制或某些有益作用，在生态学上也称异株克生。异株克生现象在自然界中普遍存在，某些植物通过根分泌的有机化合物对其他植物产生影响。

（2）间作、套种的基本原则

合理轮作、间作、套种是有机蔬菜生产中一项重要的技术措施。有机蔬菜间、套作的基本原则是：

1）利用生长"时间差"：选择作物生长前期、后期或利于蔬菜生长但不利于病虫害发生的季节套作；

2）利用生长"空间差"：选用不同高矮、株型、根系深浅的作物间作、套种；

3）利用引起病虫害的"病虫差"：在确定间作、套种方式时，为避免病虫害的发生和蔓延，不宜将同科的蔬菜搭配在一起或将具相同病虫害的作物进行间作、套种；

4）利用病虫发生条件的"生态差"：综合"土壤-植物-微生物"三者关系，运用植物健康管理技术原理，选择适宜作物间作、套种。一方面利用不同科属作物对土壤中养分种类的吸收不完全一致的特点，有利于保持地力和防止早衰；另一方面也使病原菌和害虫失去寄主或改变生态环境，减轻、消灭相互间交叉感染和病虫基数积累，使病虫害发生危害轻；此外也可利用不同作物喜阴、喜光等特性，达到阴阳互利。

3.5 仿生栽培

（1）仿生栽培的概念

仿生栽培是模仿生物自然规律和法则栽培植物的方法，在果树、食用菌、中药材等作物的栽培生产上应用比较广泛。例如，根据果树发育阶段多、周期长、对生态要求高等特点进行集约栽培；模拟野生果林和中草药原生境的结构和组成，进行密植、综合经营、加厚耕作层、覆盖、免耕、综合防治病虫害；模拟生态系统物质循环，合理增施肥料和生理活性物质及二氧化碳肥；根据植物异株克生进行合理间作、轮作、套种等。仿生栽培尊重自然和生命，在农业生产中采取"模仿自然，顺其自然，适当调整"的策略。

有机生产重视生产基地的生态性，强调回归自然、胜似自然，要求为提高生态、经济和社会三者的整体效益，必须按照自然规律、遵照自然法则进行生产管理。仿生栽培有利于保护生物多样性，尊重自然生命与自然规律，与有机农业的理念一致，也是有机农业生产的一种栽培方式。

（2）仿生栽培的类型

在仿生的类型上，仿生栽培又分为生理仿生和生态仿生两种。

1）生理仿生。生理仿生指模拟果树个体生理特性和生长发育规律而进行的栽培。例如，根据幼树离心生长的特性，采取轻剪长放的措施加速树冠形成；根据老树向心生长，采取重剪回缩，促进更新复壮；根据树冠的分层性和中心主干的有无，采用开心或分层性树形等；根据根系和树冠的相关性，通过促控根系调节树冠大小和长势；根据树体内所含和土壤所缺少的营养元素实行配方施肥；根据体内激素的结构和类型，提取开发具有激素活性的物质，根据体内激素变化规律，外施生长物质，调节植物发育等。

一个稳定的物种，其代谢类型、生理过程和生物学性状是相互协调和相对稳定的，防止条件剧变，稳定作物生理状态，也是一种生理仿生。果树嫁接时，突然中断输导系统，使水分供应不上，改变了上下组成（砧木与接穗不同）和器官间的平衡，造成生理剧变，因此需要尽可能稳定其生理条件加速过渡。例如，采取靠接方法，待砧木与接穗愈合后再剪断接穗根系，以逐步中断输导系统；接后绑缚、培土、灌水、覆盖等以保证水分供应。作物移栽会大量断根使供水减少，破坏地上地下的平衡，而采取营养钵育苗、移植前断根、带土移植或木箱移植、用生根剂诱导处理等，可以保证多带根系减轻树体剧烈变化。根系沾泥浆、应用保湿剂、选阴雨天移植或雨季移栽、休眠期移栽、栽后及时灌水等可以保证水分平衡。再如，果实一次性采收，会引起生理功能剧变，可以分批采收，逐步改变果树的生理状态。

2）生态仿生。生态仿生指模拟作物与外界环境的相互关系进行栽培。每一种作物都有其最适宜的生长发育环境，适地适作、土壤改良和设施栽培等即是一种生态仿生栽培。如作物实行生产区划；山地熟化培肥土壤，涝洼地深沟高畦；模拟降水进行喷灌；模拟果树下层自然发育更新，进行荫棚育苗；模拟种子越冬进行低温处理或沙藏；利用大棚、温室、人工气候室创造较合适的气候条件进行葡萄、草莓、樱桃、桃、杏、香蕉等的保护地栽培；模拟土壤团粒结构和功能施用土壤团粒结构促进剂，或进行沙土掺黏或黏土掺沙；模拟土壤胶体成分和功能，增施有机质或土壤吸水剂等。

苗木移植时会改变原来的生长环境，造成生态不适应，按照仿生栽培的原则，移植时要尽可能保持环境相似，如就地育苗、带土移植，注意栽植深浅适度，不扰乱土层等，"植树无期，勿使树知"，即体现了仿生的原理。灌水往往造成土壤水分、通气、温度等生态条件剧变，灌水时应当注意减少水、气、热的变化。如清晨灌水可以减少土壤温度的变化。漫灌时水、气、热变化最大，沟灌、穴灌、喷灌、滴灌居中，自动灌溉和渗灌最稳定。

模拟和利用生态系统中生物间相生相克的关系进行栽培也属仿生栽培，如花期放蜂、人工辅助授粉、土壤施用活体微生物肥料、接种根瘤菌或菌根菌、果园释放害虫天敌或采用仿生农药控制病虫害、梨、柿园播种冬巢菜可抑制杂草。

（ℹ️图标）**任务操作**

1 种子、种苗处理技术

1.1 种子播种前处理技术

（1）浸种

用水浸种时要注意掌握水温、时间（表 2-4）和水量。一般用水量为种子量的 4～5 倍。浸泡时间以种子充分膨胀为度。水温须根据种子的特性和技术要求进行调整。根据浸种水温不同，可将浸种分为两种：

1）常规浸种（冷水浸种）。将种子浸泡在冷水中的一种浸种方法。适用于种皮薄、吸水快、易发芽的蔬菜种子。如白菜、甘蓝等的种子。这种方法仅有加速吸水膨胀的作用，不具消毒作用。

2）温烫浸种。先用 50～55℃ 的温水恒温浸种 10～15 min，以杀死一些附着于种皮的病菌。然后使水温自然下降至 30℃ 左右，再按常规方法浸种。这种方法多用于瓜类、茄果类等喜温蔬菜种子的处理，是生产上最常用的浸种方法。

表 2-4 主要果菜类种子浸种催芽适宜时间和温度

蔬菜种类	适宜浸种时间/h	适宜催芽温度/℃	催芽天数/d
黄瓜	4～6	25～30	1.5～2
西葫芦	6	25～30	2～3
番茄	6～8	25～27	3～4
辣椒	12～24	25～30	4～5
茄子	24～36	30 左右	6～7

（2）催芽

将吸水膨胀的种子，放在适宜的温度、湿度和通气条件下，促其迅速发芽的措施。先把种子从浸泡的水中捞出，并用清水淘洗干净，用透气性好的湿布包好，控去多余水分，然后放在无油污的非金属容器内，置于适宜的温度和良好的通气条件下催芽。催芽过程中，每天须检查 1～2 次，并翻动容器内的种子，以利空气流动，并使受热均匀。一般须每天用温清水淘洗一次种子，以清洗种皮的黏液，防止霉变，并可起到换气、补充水分等作用。每次淘洗后，须控干水分，保证种子呼吸无阻。当大部分种子露白时，停止催芽，准备播种。常见蔬菜的催芽天数如表 2-4 所示。

（3）种子消毒

在播种前进行种子消毒，以消除附在种子上的病原菌。有机生产过程中，常用的种子消毒法有浸渍法、温烫法。

1）浸渍法。使用有机生产中允许使用的可湿性粉剂，稀释 1 000 倍溶液消毒种子，浸渍液应为种子量的 20 倍以上，以达到良好的杀菌效果。根据蔬菜品种、种皮厚薄及韧度的不同，浸渍时间以 30 min 到 2 h 效果最理想，此法同时兼具浸种效果。

使用有机生产中允许使用的粉剂与种子充分拌和，药剂的用量为种子重量的 0.3%，通常在种子采收和采购筛选之后就可进行处理,在不经过浸渍和渗调处理就播种的情形下使用,其效果除了杀死种子表面所附病菌外,还能防止经由土壤传播的病原菌危害幼苗。

2)温烫法。以 55℃温汤消毒种子 20 min,可以杀死一些附着在种子上的病菌及真菌孢子。但须注意温烫的温度不可过高且需维持温度的稳定,以免对种子造成伤害。同时不适合用于种皮薄弱及易脱落的种子。

1.2 育苗技术

(1)传统育苗法(苗床育苗法)

1)育苗时期种子播种期的确定

蔬菜育苗的适宜播种期应根据当地的气候条件、育苗设施类型、蔬菜种类品种特性、栽培方式与定植期、苗龄等条件来确定。根据定植期和育苗所需天数可推算出播种期。

2)播种方法和播种深度

播种要在天气晴稳时进行,以保证播后能有几个晴天,有利于幼苗出土。在整平的床面上浇足底水,这一次浇水量要保证分苗前幼苗的需要,这是促进幼苗正常出土和生长的关键。用温室育苗的,水量要大于阳畦育苗。具体的底水量依苗床种类、播种作物和播种季节而不同,一般早春冷床播种时,底水的渗水层深度为 8～10 cm。底水下渗后,在畦面撒一薄层过筛的培养土,防止播种时泥浆粘住种子,影响出芽,并使播后的覆土不直接与湿土接触,防止土面干裂。

播种时小粒种子一般用撒播法,大粒种子则常用点播法,过于细小的种子为保证出苗均匀可混拌细沙播。播后覆土厚度一般为种子厚度的 3～5 倍,番茄、辣椒、茄子的覆土厚度为 0.7～1 cm,黄瓜为 1～1.5 cm,西葫芦为 2 cm。覆土要及时、均匀,防止晒芽或冻芽。覆土后,立即封床保温,使床温迅速升高,夜间加盖覆盖物防寒。

播种深度也即是覆土的厚度,主要依据种子大小、土壤质地及气候条件而定。种子小,贮藏物质少,发芽后出土能力弱,宜浅播;反之,大粒种子贮藏物质多,发芽时的顶土力强,可深播。疏松的土壤透气好,土温也较高,但易干燥,宜深播;反之,黏重的土壤,地下水位高的地方播种宜浅。高温干燥时,播种宜深;天气阴湿时宜浅。此外,还应注意种子的发芽性质,如菜豆种子发芽时子叶出土,为避免腐烂,则宜较其他同样大小的种子浅播。瓜类种子发芽时种皮不易脱落,常会妨碍子叶的展开和幼苗的生长,播种时除注意将种子平放外,还要保持一定的深度。

3)苗床管理

苗床管理是指播种到分苗时期的管理,可分为 3 个时期进行。

①出苗期。从播种到子叶微展,一般需经 3～5 d,管理上主要维持较高的温度和湿度。播种后一般不通风,温度保持在 25～30℃为宜,空气相对湿度在 80%以上,以减少床土蒸发。如发现底水不足,应及时补水。播种第 3 天后,幼苗开始拱土,如发现幼苗"带帽",可采取补救措施;若覆土过薄,应补加盖土;若表土过干,应喷水帮助脱壳。当发现小部分幼苗拱土时,不要马上揭掉地膜,否则会造成出苗不整齐,应等大部分幼苗子叶出土,方可揭掉地膜,但也不能揭膜过迟,以免形成"高脚苗"。

②破心期。从子叶微展到心叶长出,一般需经一个星期左右或更长时间。其生长特点是幼苗转入绿化阶段,生长速度减慢,子叶开始光合作用,有适量干物质积累。此期间管

理上主要保证秧苗的稳健生长。主要措施有以下 4 个方面：

a. 降低床温。辣椒和茄子床温白天控制在 18～20℃，夜间控制在 14～16℃；黄瓜和番茄床温控制应比辣椒、茄子低 2℃左右。在降温的同时，要严防秧苗受冻，因破心期的秧苗一旦受冻就很难恢复，甚至形成"秃顶苗"。

b. 降低湿度。若床土过湿，幼苗须根少，幼苗下胚轴伸长过快，造成徒长同时易诱发猝倒、灰霉等病害。床土湿度一般控制在田间持水量的 60%～80% 为宜。在湿度过大的情况下，可采取通气、控制浇水、撒干细土等措施来降低湿度，使床土表面"露白"，做到不"露白"不喷水，这样既可以控制下胚轴的伸长，又可促进根系向下深扎。空气湿度也不能过高，一般相对湿度以 60%～70% 为宜。降低空气湿度的主要方法是通风，通风时注意通气口一定要背风向。

c. 加强光照。光照充足是提高绿化期秧苗素质的重要保证，因此，在保证绿化的适宜温度条件下，应尽可能使幼苗多见阳光。在温度不太低的情况下，上午尽量早揭棚内薄膜，下午尽可能延迟盖膜。

d. 及时间苗。以防幼苗拥挤和下胚轴伸长过快而形成"高脚苗"。

③基本营养生长期。此时期内幼苗主要进行营养生长，相对生长率较高，尤其是根重增加迅速，这一时期的长短，除瓜类外，辣椒、番茄一般需经 20～30 d。其管理的基本原则是在经历了破心期的"控"管理后，又要转入"促"的管理，主要采取如下"促"的措施。

a. 适当提高床温。即将床温较破心期提高 2～3℃，并采取变温管理，白天温度偏高（20～23℃），夜间温度稍低（13～16℃）。

b. 加强光合作用。在这一生长期中，要大量积累养分。因此必须增加光照以加强光合作用。一般在无人工补光的情况下，遇晴朗天气尽可能通风见光，阴雨天也要选中午前后适当通风见光。

c. 水分管理。要保证床土表面呈半干半湿状态。这就要求在床土表面尚未露白时必须马上浇水。一般在正常的晴朗天气，每隔 2～3 d 应浇水一次，每次每平方米浇水量为 0.5 kg 左右。这样能保证床土表面湿中有干、干湿交替，对预防猝倒病与灰霉病能起到较好的作用。

d. 适当追肥。如果床土养分不够，秧苗生长细弱，应结合浇水进行追肥，追肥可选用有机液态肥。

e. 提高秧苗抗性。要适应分苗后的环境条件，一般在分苗前 2～3 d 应逐渐通风降温，以便对秧苗进行适应性锻炼。

4）分苗

分苗又称假植或排苗，可以防止幼苗拥挤徒长、扩大苗间距离、增加营养面积、满足秧苗生长发育所需的光照和营养条件，促使秧苗进一步生长发育，使幼苗茎粗壮、节间短、叶色浓绿、根系发达，是培育壮苗的根本措施。

a. 苗床准备。分苗床应早作准备，只能床等苗，不能苗等床。一般应于分苗期半个月前做好准备，整好地，施足底肥，用塑料薄膜覆盖保持床土干燥。

b. 分苗时期。分苗时期应根据气候状况和秧苗的形态指标来确定。开春后，气候转暖，气温不出现大的起伏，就可开始分苗；从秧苗的形态指标来看，黄瓜以二子叶一心、茄果类以 3～4 片真叶为分苗适期。

c. 分苗密度。分苗密度依种类不同而异。据试验，分苗密度与作物的前期产量关系极大，一般苗距加大，前期产量提高明显，能获得较高的产量。因此，在分苗床充足的情况下，适当稀分苗，有利于培育健壮秧苗。具体的分苗密度为：黄瓜、番茄 10 cm×10 cm、茄子 8 cm×8 cm、辣椒 6.5 cm×6.5 cm。

d. 分苗方法。分苗应看准天气，选准"冷尾暖头"、晴朗无风的日子，抓紧在中午前后完成，分苗前半天应浇水于苗床，以便掘苗，多带土，少伤根。分苗时最好将大小苗分开栽，便于管理。分苗宜浅，一般以子叶出土面 1～2 cm 为准。分苗后要把根部土壤培紧，并及时浇定根水。除采用苗床分苗外，近年来，营养钵分苗在茄果类、瓜类、蔬菜育苗中广泛采用。营养钵育苗可以缩短秧苗定植到大田的缓苗期，定植后马上成活，加快植株的生长发育，是果菜类早熟丰产的重要措施，常见的营养钵有塑料钵、纸钵、草钵等，其上口径为 9 cm，下底直径为 7 cm，高为 9 cm。无论是苗床分苗还是营养钵分苗，分苗后均必须用塑料小拱棚覆盖防寒。

5）分苗床的管理

秧苗在分苗床的生长时间较长，一般可分为以下 3 个时期进行管理。

①缓苗期。分苗后，幼苗根系受到一定程度的损伤，需要 4～7 d 才能恢复，称缓苗期。这段时期在管理上要维持较高床温，力求地温在 18～22℃，气温白天 25～30℃，夜间 20℃。同时要闷棚，基本不通风，以保持较高的空气湿度，减少植株蒸腾防止幼苗失水过多而严重萎蔫，从而促进伤口的愈合和新根的发生。

②旺盛生长期。此时期幼苗的生长量大、生长速度快、叶面积增长迅速，营养生长与生殖生长同时进行。在管理上要提供适宜的温度、充足的光照、充足的水分和养分，并体现促中有控，促之稳健生长。幼苗恢复生长后，控温指标应比缓苗期略低，一般气温降低 4～5℃，地温降低 2℃左右。并要多通风见光，提高幼苗的光合效率，还要保证水分和养分的供应。在正常的晴朗天气，2～3 d 浇水一次，阴雨天气 4～5 d 浇水一次，严防床土"露白"。浇水要结合追有机肥。

③炼苗期。为提高幼苗对定植后环境的适应能力、缩短定植后的缓苗时间，在定植前的一个星期左右应进行秧苗锻炼。具体措施有：a. 降低床温，白天气温可降至 18～20℃，夜间 13～15℃。b. 控制水分，炼苗期一般不再浇水，促使床土"露白"。c. 揭膜通风，开始炼苗时，先揭去部分薄膜；随着炼苗时间延长，应逐步揭开，至最后全部揭开薄膜，使之完全适应露地环境。d. 带药下大田，定植前 2～3 d 应打一次生物农药，严防带病和带虫下大田。

（2）穴盘育苗技术

穴盘基质育苗是蔬菜育苗的一大技术革新，克服了传统的营养钵育苗成苗率较低、苗病难控制、工本投入高、床地占用面积大等弊端，在技术措施上必须抓好以下 6 个环节：

1）穴盘选择

穴盘外形尺寸多为 54.9 cm×27.8 cm，根据蔬菜种类的不同选择不同的孔数；茄果类宜选用 72～128 孔，瓜类则选用 50～72 孔。

2）基质配制

目前穴盘育苗的常用基质材料主要有草炭、蛭石、珍珠岩等，生产上使用较多的为草炭：蛭石：珍珠岩=2∶1∶1，同时还应在基质中加入适量的有机肥，基质 pH 保持在 5.8～7.0。

3）装盘

准备好基质，将配好的基质装在盘中，装盘时应注意不要用力压紧，因为压紧后，基质的物理性状受到了破坏，使基质中空气含量和可吸收水的含量减少。正确方法是用刮板从穴盘的一方刮向另一方，使每个穴盘都装满基质，尤其是四角和盘边的孔穴，一定要与中间的孔穴一样，基质不能装得过满，装满后各个格室应能清晰可见。

4）打孔及播种

不同蔬菜选择不同的打孔深度，茄果类要求打孔 1 cm、叶菜类 0.5 cm、瓜类 1.5 cm，根据种子的大小确定打孔的深度（打孔器）。播种以前为了预防土传病害的发生，可以用微生物产品浇灌穴盘，如枯草芽孢杆菌等，直接把种子放在小孔里。将种子点在压好穴的盘中，每穴一粒，避免漏播，发芽率偏低的种子每穴播 2 粒。

5）覆盖基质

播种后用蛭石覆盖穴盘，方法是将蛭石倒在穴盘上，用刮板从穴盘的一方刮向另一方，去掉多余的蛭石，覆盖蛭石不要过厚，与格室相平为宜。

6）播后苗期的管理

a. 水分管理。穴盘内育苗的基质容量小、孔隙度大、可吸纳的水分较少，苗床对幼苗供水的缓冲性小，稍有疏忽，极易产生失水现象，夏秋高温季节要在清晨和傍晚凉爽时及时喷洒水分。

b. 盖膜。保水保温，到种子开始发芽、拱土的时候揭膜，防烧芽、烫芽。

c. 移苗补缺。出苗后要及时将苗床上覆盖的地膜揭去，防止揭膜过迟而形成"高脚苗"。待子叶展开后就要立即进行间苗和移苗补缺，将单穴内多余的苗拔起移入缺苗的空穴内，同时将穴内多余的苗拔掉，缺苗移补好后，立即对苗床喷洒清水。

d. 温度。要求控制棚温达到 28～30℃。

案例：

1. 茄果类育苗方法

1）配制营养土

从近几年没种过茄果类蔬菜的地块取土，然后按菜园土、腐熟鸡粪、有机肥 1∶1∶1 的比例拌匀填入育苗床或装育穴盘。

2）种子处理

温烫浸种，温烫浸种所用水温为 55℃左右，用水量是种子体积的五六倍。先用常温水浸 15 min，后转入 55～60℃热水中浸种，要不断搅拌，并保持该水温 10～15 min，待水温降至 30℃，继续浸种。不同的蔬菜种子其浸泡的时间是不同的，如辣椒种子浸种 5～6 h，茄子种子浸种 6～7 h，番茄种子浸种 4～5 h，温烫浸种结合枯草芽孢杆菌，效果更好。

3）适期播种

要依据定植期来准确推算适宜的播种期。播种前要将苗床浇足底水，然后进行播种，覆土，盖好地膜。

4）温度管理

一般茄果类蔬菜播种至出苗前以保持 25～30℃为宜，出苗后白天以保持 20～22℃为宜，夜间以保持 15～16℃为宜；移栽到缓苗前以保持 25～28℃为宜，缓苗后白天以保持

20～25℃为宜，夜间以保持 15～18℃为宜；定植前 7～10 d 要进行低温炼苗，以提高茄果类蔬菜定植的成活率。

5）光照管理

茄果类蔬菜都喜强光，在强光下生长健壮，弱光下易徒长得病。具体的光照管理措施为：①塑料薄膜要保持洁净，以减少水滴和尘埃积聚，提高透光率；②在保证温度的情况下，尽量早揭、晚盖草帘，以延长光照时数；③阴雪天也要揭草帘。

6）水分管理

播种前浇足底水，播种后不要立即浇水，出苗时浇 1 次水。浇水时从一端浇透，不可来回反复浇。每次浇水后，待叶片无水迹时，撒一些干土或草木灰以利于保墒，防止土壤板结和温度降低，切忌阴雨天浇水。

7）定植前炼苗

在定植前 5～7 d，进行夜间低温炼苗。如果秧苗过嫩，为了免受寒害，可先用较高的温度（7～10℃）锻炼数天，然后再进一步进行炼苗。一般茄果类蔬菜炼苗的适宜温度是：番茄为 3～5℃；茄子、辣椒为 8～11℃，炼苗时间 3～5 d。经低温锻炼后茄果类的蔬菜可显著提高适应力，可忍耐一般霜冻，且定植后缓苗快、发棵早。此外，还可采用增大苗距、揭膜晒苗等方法促使秧苗强健，增强植株抗逆性，提高栽植的成活率。

2. 十字花科穴盘育苗法

1）穴盘选择

根据蔬菜种类的不同选择不同的孔数，叶菜类十字花科宜选用 72～128 孔。

2）基质配制

目前穴盘育苗的常用基质材料主要有草炭、蛭石、珍珠岩等，生产上使用较多的为草炭：蛭石：珍珠岩=2：1：1，同时还应在基质中加入适量的有机肥。基质 pH 保持在 5.8～7.0。

3）装盘

准备好基质，将配好的基质装在盘中，装盘时应注意不要用力压紧，因为压紧后，基质的物理性状受到了破坏，使基质中空气含量和可吸收水的含量减少，正确方法是用刮板从穴盘的一方刮向另一方，使每个穴盘都装满基质，尤其是四角和盘边的孔穴，一定要与中间的孔穴一样，基质不能装得过满，装满后各个格室应能清晰可见。

4）打孔及播种

不同蔬菜选择不同的打孔深度，叶菜类 0.5 cm；根据种子的大小确定打孔的深度（打孔器）。

播种前为预防土传病害的发生，可以用微生物产品浇灌穴盘，如枯草芽孢杆菌等，直接把种子放在小孔里就行了。将种子点在压好穴的盘中，每穴一粒，避免漏播，发芽率偏低的种子每穴播 2～3 粒。

5）覆盖基质

播种后用蛭石覆盖穴盘，方法是将蛭石倒在穴盘上，用刮板从穴盘的一方刮向另一方，去掉多余的蛭石，覆盖蛭石不要过厚，与格室相平为宜。

6）苗期管理

a）温湿度调节

种子发芽期需要较高的温度和湿度。温度一般保持在 32～35℃，夜间 18～20℃，相对湿度维持在 95%～100%。当种子有 60%露头时，应及时揭去地膜以防烧伤芽。种子发芽后下胚轴开始伸长，顶芽突破基质，上胚轴伸长，子叶展开，根系、茎干及子叶开始进入发育状态，这时温度白天一般应保持在 22～25℃，夜晚保持在 15～18℃。幼苗子叶展开的下胚轴长度以 0.5 cm 较为理想，1 cm 以上则易导致徒长，所以下胚轴伸长期必须严格控制温度、湿度、光照等，相对湿度降到80%，并注意棚内的通风、透光、降温，一般是见绿就通风。夜间在许可的温度范围内尽量降温，加大昼夜温差，以利壮苗。

b）水肥调节

幼苗真叶生长发育阶段的管理重点是水分，应避免基质忽干忽湿。浇水掌握"干湿交替"原则，干长根，湿长芽。即一次浇透，待基质转干时再浇第 2 次水，浇水一般选在中午 12：00 左右，若幼苗无萎蔫现象则不必浇水，以降低夜间湿度减缓茎节伸长。注意阴雨天日照不足且湿度高时不宜浇水，穴盘边缘苗易失水，必要时应进行人工补水。在整个育苗过程中无须再施肥。此外，定植前要限制给水，以幼苗不发生萎蔫、不影响正常发育为宜。还要掀膜通大风，将苗置于较低温度下（适当降低 3～5℃维持 4～5 d）进行炼苗，以增强幼苗抗逆性，提高定植后成活率。

2 地面覆盖

2.1 蔬菜地面覆盖

蔬菜地面覆盖材料有塑料薄膜、秸秆、稻草、砂石、谷糠、稻壳、锯木屑、棉子壳、牲畜粪便等。地面覆盖一年四季都可进行。

（1）秸秆覆盖

秸秆覆盖是指利用农业副产物（如茎秆、落叶、皮等）或绿肥为材料进行的地面覆盖，一般多用麦秸、稻草和玉米秸。秸秆是良好的菜地覆盖材料，既可保墒、防病除草又不污染土壤，还会增加菜田有机质。有秸秆地区应大量推广使用。菜地全年都可以用秸秆覆盖，夏季覆盖尤佳。覆盖时要把长秸秆剪碎，谷糠、稻壳、锯木屑、棉籽壳等可以直接铺撒在行间，铺撒要均匀，厚度在 10 cm 以上。

（2）地膜覆盖

地膜覆盖保水增温效果更好，但地膜覆盖不及秸秆覆盖那样能改善土壤性状，增进肥力，并且用完必须清理干净。地膜覆盖可在作物栽种畦面上直接覆盖，早春栽培的豆类和瓜类蔬菜，直播蔬菜先按作物的株行距要求开厢作畦，施基肥，锄细整平打窝，播种后将地膜覆盖在畦面，与畦面表土贴紧，四周盖严，出苗后按株行距位置在地膜上开口，让幼苗伸出膜外，再用细土盖严。

一是要选好地膜，地膜的种类很多，有黑色地膜、白色地膜、黑白双色地膜、除草地膜、降解地膜、银灰色避蚜膜等，要根据季节和生产的需要选用；二是要盖好地膜，如果整土时不平整，或盖膜操作者简单粗放，未盖好、盖平、盖严、压紧地膜，一旦杂草出来或经风吹雨打，顶坏或吹坏地膜，就失去了地膜覆盖的作用；三是一季作物结束后要及时清理地里的残膜，有些非降解膜若残留在土壤中，会极大地影响下季作物的生长，特别是萝卜、胡萝卜等根茎类蔬菜的生长，也影响所有蔬菜作物根系的下扎；此外，也影响环境，一定要把残膜清除干净，带出田园深埋。

所使用地膜颜色有透明、白色、绿色、银色及黑色等，生产中可根据需要选择不同颜色的薄膜。在寒冷地区、冬春季节利用透明地膜覆盖，白天可提高畦面土壤温度，夜间则能维持地温，显著促进作物生长。但地面覆盖下的环境也适宜杂草的生长，旺盛的杂草与栽培作物会互相竞争养分和水分，生长期长的作物（如草莓）和杂草比较多的地块，为抑制杂草生长应覆盖不透光的黑色、绿色等着色薄膜。着色薄膜因不透光还可防止夏季白天地温过度地上升，但外表面易吸热形成高温，作物叶片接触后容易引起烧伤。红色薄膜红光透过率可达到75%～90%，能最大限度地满足某些作物对红光的需求，促进作物生长，可使甜菜含糖量增加、胡萝卜直根长得更大、韭菜叶宽肉厚，收获早，产量高。黄色薄膜覆盖黄瓜，可促进现蕾开花，增加产量0.5～1倍；覆盖芹菜、莴苣，可使植株生长高大，抽薹推迟；覆盖矮秆扁豆，可使植株节间增长，豆类生长壮实。绿色薄膜的特点是植物进行光合作用的可见光透过率减少，增温效果介于普通膜和黑色膜之间，多用于草莓、菜豆、茄子、甜椒、番茄及瓜类等蔬菜和其他经济作物上。蓝色薄膜保温性能好，可用于蔬菜、花生、草莓等作物覆盖栽培；早春阳畦蔬菜育苗时，浅蓝色农膜可大量透过蓝紫光，促使秧苗矮壮，同时，它还能吸收大量的橙色光，提高棚内温度。紫色薄膜使紫色光透过率增加，主要适用于冬春季节温室或塑料大棚的茄果类和绿叶蔬菜栽培，可提高品质，增加产量和经济效益。黑色薄膜透光率低，能有效地防除杂草，覆盖地面时，可使可见光透过率保持10%以下，使杂草得不到必需的阳光而死亡；此外，覆盖后的地面，热量不易传入，可有效地防止土壤水分的蒸发。用黑色膜覆盖黄瓜幼苗，可促进提前开花；在高温季节栽培夏萝卜、白菜、菠菜、秋黄瓜、晚番茄等效果良好。

银色塑料薄膜对光有反射效果，吸热量减少不致形成高温现象，还能反射到日照直射较少的作物下部位的叶片和果实而提高光能利用率和果实着色效果。银灰色薄膜反射紫外线的能力强，可有效地驱避蚜虫和白粉虱，抑制病毒病的发生。银灰色膜还有除草作用，其增温效果介于透明膜和黑色膜之间，主要适用于夏秋季节蔬菜、瓜类和温室蔬菜栽培。在用于温室蔬菜栽培时，可悬挂在温室内栽培畦北侧，以改变温室内的光照条件，从而提高作物产量，改进品质，但银色反光膜对温室夜间蓄热不利。黑白双面膜由黑色和乳白色两种地膜复合而成，主要适用于夏秋季节蔬菜、瓜类的抗热栽培。覆盖时，乳白色向上，有反光作用；黑色向下，具有良好的降低地温的作用，保水与除草效果很好；地面覆盖后，黄瓜、番茄、茄子、辣椒、菜豆等喜温蔬菜及萝卜、白菜、莴苣等喜凉蔬菜，在夏季都可以获得良好的生产，产量几乎不受影响。银黑双面膜由银灰和黑色地膜复合而成，覆盖时银灰色膜向上，黑色膜向下，具有避蚜和除草保水等功能。主要用于夏秋季节蔬菜、瓜类的抗热、抗病栽培。

2.2 果园覆盖技术

果园覆盖能保湿保墒，提高肥料利用率，雨季能有效防止水土流失，旱季能起到很好的抗旱作用。果园覆盖还能调节土壤温度（冬季升温、夏季降温）、促进果树正常生长，提高果实品质，并有效地控制杂草生长。利用秸秆或杂草覆盖还能增加土壤有机质含量。

果园覆盖包括薄膜覆盖、覆草和覆砂石等。

（1）薄膜覆盖

覆膜能减少水分蒸发，提高根际土壤含水量，盆状覆膜具有良好的蓄水作用；覆膜可提高土壤温度，有利于早春根系生理活性的提高，促进微生物活动加速有机质分解，增加土壤肥力；覆膜还能明显提高幼树栽植成活率，促进新梢生长，有利于树冠迅速扩大。枇杷园地面用透明聚乙烯薄膜于 11 月至翌年 6 月覆盖，可以提高土温 2～10℃，用黑色地膜覆盖可提高土温 4～5℃。覆盖地膜还可避免土壤中有机质在深耕条件下过分分解和流失，保持土壤有机质及氮、磷、钾的含量。我国北方薄膜覆盖一般在春季进行，覆盖时可顺行覆盖或只在树盘下覆盖；南方地膜覆盖一般从 11 月下旬平均气温降至 10℃ 左右即可进行，一直覆盖到翌年 6 月中下旬；7—9 月气候炎热，覆盖地膜会使根系闷热而生长差甚至死亡，故以覆草为佳；10—11 月气温和雨量均适宜覆膜作用不大。覆膜前要做好施肥、松土、清耕等工作。冬肥、春肥应一次施足，不要中途再揭膜施肥。

（2）地面覆草

地面覆草可避免水土和养分挥发流失，优化土壤团粒结构，显著改善表层土壤的水、肥、气、热状况，还可抑制杂草，减少蒸发，防止返碱，积雪保墒，缩小地温变化，对丘陵山地、河滩和旱地果树栽培有重要意义。

果园覆草与种植绿肥有异曲同工之处。覆草简便易行，材料种类和来源丰富，各地可因地制宜，就地取材。覆草适合于需水量较大、根系分布浅而集中、中耕不便的密植果园。果园覆草，为土壤微生物创造了温度、水分、氧气等最适宜而稳定的环境，利于其繁殖和分解活动，从而把土壤中不可吸收的潜在养分分解释放出来，并能促进大量的秸秆腐熟还田，增加土壤有机质含量，促进土壤团粒化，改良土壤。连续覆盖 3～5 年，果园土壤有机质含量可上升 0.5%～0.7%。覆草还可使表层土温和水分稳定，大大减轻或避免冬季土温过低、盛夏土温过高和春秋干旱对浅层吸收根的伤害，稳定养分供应，促进果树的生长，提高产量，改善品质，增加优质果比例；而且高温干旱时降低地温，后期有利于果实着色。果园覆草还能减轻裂果，如可使漳州柚、脐橙的裂果率降低 20% 左右。覆草可防止坡地雨水冲刷和水土流失，减少蒸发和径流，具有蓄水保土作用，并显著提高移栽果树的成活率。据测定，果园覆草后，雨后水分下渗深度较未覆盖者深 0.2～0.5 m，雨后天晴地面蒸发大大减少，在持续干旱一个月左右时，覆草果园 0～30 cm 土壤含水量较清耕园高出 13%～17.2%。果园秸秆覆盖还可抑制杂草生长，起到灭草免耕的作用。果园覆草对丘陵山地、河滩和旱地果树栽培有重要意义。

用于覆草的材料：覆草中的草泛指适于地面覆盖的有机材料，包括各种不携带（或已杀灭）害虫和病原菌的小麦秸秆、麦糠、油菜秆、玉米秸秆、稻草、野草、海草、树叶、树皮、锯末、木屑、植物堆肥、腐熟的牲畜粪便等。

果园覆草时间：从 5 月下旬至秋季落叶前都可进行果园覆草，其中 5—6 月地温已经升高，所覆草类易腐烂，且能够使果树根系免受夏季高温伤害，这时覆草效果最好。麦收后草源充足，最好结合清理麦场，将麦穰、麦糠覆盖于树盘；在旱地、薄地果园，一般在20 cm 土层温度达到 20℃ 时再进行覆草。冬季和早春覆草会使土壤温度回升慢，不利于根系生长和发芽等，一般不在这两个时期覆草。

覆草前的准备：覆草前先浅翻树盘，最好同时向树盘内撒一层氮含量较高的有机肥，均匀翻入土中，浇透水，水下渗后进行覆草。在山地果园，覆草前要修好梯田，平整田面，深翻扩穴，穴底放足有机肥；在土层深而养分薄的果园，在树冠外围投影处，挖 60～80 cm 深沟，每株埋草 20～50 kg，草土混，再撒些高氮有机肥或淋入鲜尿等以加速腐烂，浇水下渗后，再于地面上覆草。在平地、土壤肥沃疏松、土层深达 60 cm 以上的果园，可不必深翻，整平土地后再浇水后覆草。

覆草方法：覆草可在树盘内、行间和全园进行。对幼树期的果园，宜进行树盘或树带内覆草；对密植园和行间没有间作的果园，适宜全园覆草，但在树行间要留出 50 cm 的作业道；草源不足可只覆盖树盘，局部厚覆草比全园薄覆草效果好。覆草厚度一般在 15～20 cm；覆草太厚，用草量大、投资多，春季地温回升慢；太薄起不到保温、保墒和抑制杂草的作用。春季覆干草、夏季覆青草。草茎过长，要铡短。为了防风和火灾，在草被上，要星星点点地压些土。

覆草后的管理及注意事项：果园地面覆草后，草要每年或隔年加盖，保持草的厚度，连续加盖 3～4 年后，于秋季将覆盖部分深翻 1 次，把烂草翻入土中，然后再重新覆盖或进行生草栽培等。

在土壤有机质含量低于 1% 的果园，需要增施有机肥；增施有机肥时，可先扒开草层，挖沟填入有机肥后，再覆上土，将草复原。追肥时，可扒开草层，多点穴施，施后适量灌水。覆草果园秋后浅刨时，不要将草被翻入土中，应先将草扒到一边，翻刨表土后，再将草被复原。覆草果园要 4～5 年深翻 1 次，翻后再盖上草。

在沙土地和瘠薄山丘地的苹果园，覆草效果最好。但覆草后早春土壤升温较慢，在冷凉高湿地区易引起冻害，不适宜覆草。在土壤黏重而排水不畅的果园，雨季降水量太大时会导致果园土壤积水成涝，因此，在黏土地果园覆草需要与起垄排水相结合；如果土壤特别黏重，就不适宜覆草。

注意事项：①长期覆草会引起果树根系表层化；害虫和啮齿动物增多；干草层还应注意防火。②冷凉高湿地区覆草还易引起冻害。③防大风要斑点压土，但不要压一层土。④树盘覆草后配合向草上集中喷药，诱杀虫害。⑤覆草后不要盲目灌大水；黏土地果园覆草需要与起垄排水相结合。覆草时要离开树干 10～20 cm。⑥沙土和瘠薄山丘地果园覆草最佳覆草最好连续多年持续进行。

（3）地膜覆盖穴贮肥水技术

地膜覆盖穴贮肥水技术简单易行，投资少，见效大，一般可节肥 30%，节水 70%～90%，在土层较薄、无水浇条件的山丘地应用效果尤为显著，是干旱果园重要的抗旱、保水技术。

具体做法：将作物秸秆或杂草捆成直径 15～25 cm、长 30～35 cm 的草把，放在 5%～10% 的人畜尿液中浸透。在树冠投影边缘向内 50～70 cm 处挖深 40 cm、直径比草把稍大的贮养穴（坑穴呈圆形围绕着树根），依树冠大小确定贮养穴数量，冠径 3.5～4 m，挖 4 个穴；冠径 6 m，挖 6～8 个穴。将草把立于穴中央，周围用混加有机肥的土填埋踩实（每穴 5 kg 土杂肥、混加 200 g 磷矿粉、300 g 粉碎豆饼），并适量浇水，然后整理树盘，使营养穴低于地面 1～2 cm，形成盘子状，每穴浇水 3～5 kg 即可覆膜。覆膜时将农膜裁开拉平，盖在树盘上，并一定要把营养穴盖在膜下，四周及中间用土压实，每穴覆盖地膜 1.2～2 m^2，地膜边缘用土压严，在穴中心上方的地膜上穿一小孔，以便以后施肥浇水或承接雨水，并在小孔上压一小石块，以防水分蒸发。

一般在花后（5月上中旬）、新梢停止生长期（6月中旬）和采果后3个时期，每穴追肥5%～10%腐熟的人畜尿液4 kg左右。进入雨季，即可将地膜撤除，使穴内贮存雨水；一般贮养穴可维持2～3年，草把应每年换一次，发现地膜损坏后应及时更换，再次设置贮养穴时改换位置，逐渐实现全园改良。

（4）地面覆沙技术

果园覆沙是西北旱区和沙漠边缘地带产生的与当地自然条件相适应的一项独特的果园覆盖保水技术，它不仅防止土壤水分蒸发、地表径流，还可提高地温，促进根系发育，减少杂草，减轻病害。

果园覆沙要选择地势平坦、蓄水性好、土层深厚的地块，并修好排洪渠道，防止暴雨将泥土冲淤于沙中。铺沙前，先将土地深翻、熟化后，施足底肥，然后将地表整平、镇压，创造一个表实下虚的土壤结构，然后将含土量少、大小均匀的干净河沙，在全园均匀一致地铺压一层，铺沙度为3～5 cm，注意铺沙时要防止土与沙混合，保证压沙效果。覆沙果园要保持细沙表面干净和平整，防止暴雨对细沙层的冲刷。一般覆沙5年后，沙粒由于时间较长而含土量较多，覆盖细沙的效果明显降低，这时需要重新换沙、覆沙。

3　保护性耕作方法

3.1　果园土壤耕作方法

果园土壤耕作方法主要有清耕法、清耕覆盖作物法和免耕法。

（1）清耕法

清耕法（耕后休闲法）即果园内不种任何作物，经常耕作使土壤保持疏松无杂草状态。清耕法一般在秋季深耕，春夏季进行多次中耕。清耕法的优点是养分分解迅速，肥效快，因此在施足肥料的情况下，果树生长较好，产量、品质也能有所提高。但长期采用清耕法，土壤有机质会迅速减少，经常耕作还会使土壤结构受到破坏，使山坡地冲刷严重，造成水土流失并伤害果树表层根系，影响果树的生长发育。因此，清耕法利少弊多，不适于有机农业生产。

（2）清耕覆盖作物法

清耕覆盖作物法即在果树需肥最多的生长前期保持清耕，后期或雨水较多的季节种植覆盖作物，待覆盖作物长成，适时翻入土壤作绿肥，这种方法称覆盖作物法。这是一种较好的土壤管理方法，兼具清耕与生草法的优点，减轻了两者的缺点，如清耕可熟化土壤，促进有机质分解增加有效氮，减少草对水分、养分的消耗，保蓄水分和养分；后期播种间作物，可吸收利用土壤中过多的水肥，有利果实成熟，提高播种品质，并可防止水土流失，覆盖物翻耕还可增加土壤有机质。

注意事项：覆草作物除具备间作物条件外，还需要具备生长期短，前期生长慢，后期生长快，枝叶繁茂，耕入土壤中易腐烂分解，对栽培条件无特殊要求和耐阴等特点。覆盖作物播种期因地而异，夏季多雨可采用夏季覆盖作物，冬季气候温和多雨可播冬季覆盖作物。

（3）免耕法

免耕法不动土层，节省劳力，能够保持土壤结构，防止水土流失，而且通气好，水分渗透性好，保水力强，对解决我国北方农区的沙化问题有明显作用。免耕法土壤表面易形成一层硬壳，这层硬壳在干旱气候条件下变成龟裂块，在湿润气候条件下长一层青苔但在表层形成的硬壳并不向深层发展，故免耕果园能维持土壤自然结构。据国外试验，采用这种方法，土壤养分比清耕或生草果园都高（特别是干旱季节）。此外，由于不进行耕作和没有杂草竞争，果树根系在养分比较丰富的土壤表层分布较多，果树营养水平高。

免耕由于未破坏土壤的结构、层次和毛管等通道，加上土壤动物和前作根系网络腐烂所残留的孔隙，从而构成上下连贯的通透体系。雨水多时，多余的水分能迅速渗入深层；干旱时，能迅速将深层水分吸到作物根区，因而水分含量较适中而稳定，相应带来土壤透气性、保肥性、供肥性及土温的改善，水、肥、气、热协调性较好。加上免耕土壤上层肥沃，更能为作物根系伸展提供一个相对稳定的通透环境。因此，进行免耕法管理的果园树势较旺。若是表层有机质较多或有秸秆覆盖，土壤透水性和保水性将更好，水、肥、气、热将更加协调，作物生长得更好。而传统耕作分散土体，破坏了土壤结构和孔隙状况形成了犁底层，造成了水分、雨水多时过多，干旱又太少，土壤透气性、保肥供肥性及土温也相应变差，从而影响了作物的生长发育。

土壤免耕后将变得紧实，但这并不会阻碍根系的生长，因为它们的生长并不像机械钻入土壤，而是产生了很多复杂的生理生化变化，除呼吸放出二氧化碳遇水形成碳酸盐外，还能分泌出柠檬酸、苹果酸等有机酸，这些无机酸和有机酸都能溶解难溶性矿物甚至是岩石。在同等条件下传统耕作的根系粗而少，与土壤接触面积小；而免耕的根细而多，与土壤接触面积大，新根比例也大，表土层根系分布也较多。但要注意土壤过分紧实时，不利于作物根系伸展。在低洼易涝地区，结构差的黏土地上采用免耕法的效果不好。

3.2 菜田耕作管理

提倡实行少耕法或免耕法。少耕法多采用无壁型松土或圆盘耙耙地，代替有壁犁的耕翻，减少表土耕作次数。或于耕地后只在播种行上进行表土耕作，行间不耕。免耕法多在前茬收获后用特制的耕地播种机作业，只耕播种行，边耕边播边施基肥。行、带间不耕作，播种后也不进行其他耕作，可节约劳力，保持水土。这两种耕作方法在不同种类蔬菜上的应用效果不同。

常规耕作也是必要的，但注意犁耕深度要因蔬菜种类、犁耕时期及土壤性质而异。根菜类、茄果类、瓜类、豆类等深根系蔬菜的适宜耕深为 30 cm 左右；叶菜类、黄瓜、葱、蒜等浅根性蔬菜的耕深 20 cm 左右。秋耕宜深；春、夏茬宜浅。土层厚、土质黏重宜深耕，土层浅、土质松宜浅耕。加深土层时应做到土层不乱，可在上一年深松底土层，次年深翻。一般每年加深 2~3 cm 为宜。深耕应结合茬口有计划安排，实行深耕与浅耕相结合。深耕要与增施有机肥料相结合。由于不施用化学肥料，需要补充大量的合格有机肥料，每公顷至少施用 15 t 的腐熟堆肥或轮作绿肥作物，才能符合生长需求。而采用木屑、谷壳、残余作物植株、黄豆粕等自制有机质肥料不但效果好还可降低成本。同时根据土壤情况加施少量石灰，可以改善土壤酸碱值，使 pH 保持在 5.5~6.5 内，有利于蔬菜生长。

耕作时期和耕作方法也要掌握恰当。秋耕一般只进行犁耕，于春、夏茬蔬菜收获后进行；而冬季寒冷地区在秋菜收获后，土壤结冻前进行。秋耕后土壤经过冬季冻融交替，质地变得疏松，有利于蓄积雨雪，预防春旱，使土壤下层的病原孢子和虫卵翻到表层，在低温下冻死。春季对经过秋耕的冬闲地浅型耕、旋耕或精耙破碎土块，平整地面，减少土壤水分蒸发；对未经秋耕的冬闲地或越冬菜地应在早春土壤化冻后或产品收获后补耕。春耕时要于春季蔬菜播种或定植前铺撒基肥。所有耕作应掌握在土壤湿度适当时进行，过干或过湿都会破坏土壤结构，形成大土块，增加整地用工，影响蔬菜生长。土质黏重地区宜耕期短，更应恰当掌握耕作适期。

4 轮作、间作和套种

4.1 轮作

根据蔬菜需肥种类不同、根系深浅不同、对土壤酸碱度的要求不同和互不传染病虫、利于改进土壤结构 5 个原则进行轮作换茬。叶菜类蔬菜需氮较多，瓜类菜、茄果类需磷较多，马铃薯、山药需钾较多，它们之间轮作，可充分利用土壤中不同种类的养分，促进土壤养分平衡；深根茄果类、豆类与浅根白菜、葱蒜类轮作，可充分利用土壤中不同耕层的养分；不同科属间蔬菜轮作，可改变病虫的生存环境，利于减轻病虫危害。瓜类、芹菜、番茄等易感病的蔬菜与葱、蒜、韭菜、辣椒等不易感病的蔬菜轮作，可减轻病虫害的发生；葱、蒜与大白菜轮作，有利于减轻白菜软腐病的发生；马铃薯、南瓜、洋葱轮作，有利于平衡土壤中的酸碱度，利于蔬菜生长。若蔬菜与小麦、玉米轮作，或与水稻水旱轮作，则效果会更好。

常见蔬菜轮作要求和特点：

黄瓜：春黄瓜前茬多为秋菜或春小菜及越冬小菜，后茬适种多种秋菜，夏秋黄瓜前茬适合各种春夏菜，后茬适合越冬菜或春小菜。黄瓜和番茄根系分泌物相互抑制，不宜轮作。

番茄：不能与茄科作物连作，前茬应为各种叶菜和根菜，后茬也可以是叶菜和根菜。

茄子：前茬为越冬叶菜，后茬可栽种大白菜等秋菜。

辣椒：不宜与茄科作物连作。

甜瓜：忌与其他瓜类或老菜园接茬，以叶菜类为前后茬最好，后茬菜会明显增产。

豆类：菜豆、豌豆、荷兰豆、甜脆豆、架豆等不宜相互轮作，前茬应为秋冬菜或闲地，水稻、玉米、花生等粮食作物均可作前茬。南方春茬为春萝卜、菠菜等，后作蔬菜主要为越冬菠菜、芹菜、大白菜和秋甘蓝。

萝卜：秋冬萝卜茬口多以瓜类、茄果类、豆类为宜，早春萝卜为菠菜、芹菜、甘蓝、秋莴苣及胡萝卜。

胡萝卜：秋冬胡萝卜的前茬作物多为小麦、春白菜、春甘蓝、豆类等；后茬作物可接种麦、洋葱、春甘蓝、大葱、马铃薯等。春播胡萝卜的前茬多为秋白菜、大葱、冬甘蓝、菠菜；后茬蔬菜多为白菜、甘蓝类、芹菜、菠菜、秋四季豆、秋黄瓜等。

芜菁：前茬瓜类、豆类、茄果类、马铃薯等，不与其他十字花科蔬菜连作。

马铃薯：前茬为葱蒜类、黄瓜，其次为禾谷类作物及大豆。不宜与茄科作物相互轮作，与根菜类也不宜相互轮作。

大葱：可与粮食作物轮作。

洋葱：是秋作瓜果类蔬菜的良好前茬作物。

大蒜：忌连作或与其他葱属类植物重茬。秋播大蒜的前茬以早熟菜豆、瓜类、茄果类和马铃薯的茬口最好；春播大蒜以秋菜豆、瓜类、南瓜、茄果类最好；是其他作物的良好前茬。

大白菜：不宜连作或与其他十字花科作物轮作，可以果类、黄瓜、西瓜、葱蒜为前作，最好与水稻轮作。

小白菜与乌塌菜：可与瓜类、豆类、根菜类及大田作物轮作。

结球甘蓝：前作以瓜类、豆类为主；忌连作。

荠菜：秋播荠菜最好前茬为番茄、黄瓜。大蒜可为春荠菜前茬；忌连作。

西瓜：与小麦、水稻、玉米、萝卜、甘薯和绿肥轮作。

莲藕：藕、稻轮作，早藕收获后可种植水芹、慈姑、荸荠、豆瓣菜。莲藕常常与慈姑、荸荠、茭白隔年轮作。

茭白：不宜连作，可与藕、慈姑、荸荠、蒲草、芡实、水稻轮作。

从分类学上属于同一个科的蔬菜不宜轮作，如番茄、茄子、辣椒和甜椒等。白菜、菜心、花椰菜、西兰花、白萝卜、樱桃萝卜、荠菜不宜轮作；洋葱、大葱、韭菜、蒜不宜轮作。

案例：

1. 小型菜园的轮作例子（表2-5～表2-7）

表2-5　小型菜园的轮作例子一

第一期（年）	第二期（年）	第三期（年）
豆类	块根茎类	十字花科
十字花科	豆类	块根茎类
块根茎类	十字花科	豆类

表2-6　小型菜园的轮作例子二

第一期（年）	第二期（年）	第三期（年）
豆类—大白菜	葱蒜类—甘蓝类	茄果类—萝卜
葱蒜类—甘蓝类	茄果类—萝卜	豆类—大白菜
茄果类—萝卜	豆类—大白菜	葱蒜类—甘蓝类

表2-7　小型菜园的轮作例子三

第一期（年）		第二期（年）		第三期（年）		第四期（年）	
块根茎类	十字花科	豆类	块根茎类	其他	豆类	十字花科	其他
豆类	其他	其他	十字花科	十字花科	块根茎类	块根茎类	豆类
多年生作物		多年生作物		多年生作物		多年生作物	

2. 以防治病虫害为主的轮作计划实例（表2-8）

表2-8 以防治病虫害为主的轮作计划实例

		1年	2年	3年	4年	5年
	春	菠菜、生菜	油菜、小白菜	芹菜、青菜	春菊、香菜	菠菜、生菜
1区	夏	黄瓜	茄子	番茄	甜椒	黄瓜
	秋	鸭儿芹、大葱	芜菁	胡萝卜、芥菜	生菜、胡萝卜	鸭儿芹、大葱
	春	油菜、小白菜	芹菜、青菜	春菊、香菜	菠菜、生菜	油菜、小白菜
2区	夏	茄子	番茄	甜椒	黄瓜	茄子
	秋	芜菁、君达菜	胡萝卜、芥菜	生菜、胡萝卜	鸭儿芹、大葱	芜菁、君达菜
	春	芹菜、青菜	春菊、香菜	菠菜、生菜	油菜、小白菜	芹菜、青菜
3区	夏	番茄	甜椒	黄瓜	茄子	番茄
	秋	胡萝卜、芥菜	菌菜、胡萝卜	鸭儿芹、大葱	芜菁、君达菜	胡萝卜、芥菜
	春	春菊、香菜	菠菜、生菜	油菜、小白菜	芹菜、青菜	春菊、香菜
4区	夏	甜椒	黄瓜	茄子	番茄	甜椒
	秋	生菜、胡萝卜	鸭儿芹、大葱	芜菁、君达菜	胡萝卜、芥菜	生菜、胡萝卜

注: 1年间轮作蔬菜: 菠菜、春菊、生菜、大葱。

　　2年间轮作蔬菜: 黄瓜、小白菜、草莓、大豆。

　　3年间轮作蔬菜: 菜瓜、青豆、山芋、甜椒、豌豆、番茄、西瓜、茄子。

3. 蔬菜与水稻轮作栽培模式

1）马铃薯—水稻。地膜覆盖栽培，品种东农303、早大白、荷兰15等，每亩[①]地用种125 kg。1月初切块催芽，2月初播种，地膜覆盖栽培，每亩栽4 500株，5月中下旬收获。收获完毕，清理田间杂物后即可插稻。

2）西瓜—水稻。西瓜品种选早熟种郑杂五号。每亩地用种100 g，2月初大棚育苗，3月中旬定植，每亩地栽600~800株，双地膜覆盖栽培，6月初收获。收获完毕，清理田间杂物后即可插稻。

3）甘蓝（包菜）—水稻。春露地栽培，早熟品种中甘11、争春等。12月下旬大棚育苗，6~7片叶定植，每亩地栽5 000株，5月初收获。收获完毕，清理田间杂物后即可插稻。

4）毛豆—水稻。毛豆品种选早熟品种早豆1号、台湾292，3月中旬地膜覆盖栽培，6月上旬始收鲜荚。收获完毕，清理田间杂物后即可插稻。

5）花菜—水稻。花菜品种选用法国雪球，12月中下旬大棚育苗，2月下旬至3月上旬定植，4月下旬至5月份采收。收获完毕，清理田间杂物后即可插稻。

6）大白菜—水稻。春大白菜小杂56，3月上中旬直播点播，地膜覆盖栽培，5月下旬采收。收获完毕，清理田间杂物后即可插稻。

7）胡萝卜、萝卜—水稻。胡萝卜2月底至3月初播种，6月中旬收获；萝卜可选四月青，3月下旬播种，5月中下旬采收。收获完毕，清理田间杂物后即可插稻。

8）甜玉米—水稻。甜玉米3月中旬保护地营养钵育苗，每亩地栽2 700株，双地覆膜盖栽培，6月初收青棒。收获完毕，清理田间杂物后即可插稻。

---

① 1亩≈666.67 m²。

9）豌豆—水稻。豌豆选早熟品种中豌 4 号，冬前催芽抢墒播种或是 2 月初地膜覆盖栽培，6 月初上市青英。收获完毕，清理田间杂物后即可插稻。

10）无架豆角—水稻。无架豆角 3 月上旬小棚育苗，4 月初地膜覆盖栽培，5 月上市。收获完毕，清理田间杂物后即可插稻。

11）春莴笋—水稻。莴笋选圆叶白皮、大皱叶，露地栽培，2 月底小棚育苗，4 月上中旬定植，株行距 27 cm×27 cm，5 月下旬采收。收获完毕，清理田间杂物后即可插稻。

12）春蒜—水稻。春蒜选成都二水早、金堂早品种，2 月中旬播种，行株距 23 cm×8 cm，每亩地用种 120 kg，6 月上旬收获。收获完毕，清理田间杂物后即可插稻。

13）番茄—水稻。番茄选用早熟优良品种，如斯洞双田、西粉 3 号、济宁春粉等，11 月上旬播种，播种覆土后盖膜，3 月中下旬定于拱棚，植株行距 30 cm×50 cm，定植后，严密覆盖薄膜，并加盖草苫子，5 月 10 日以后，可将薄膜和草苫全部撤掉。4 月下旬至 5 月初开始收获，6 月初收获完毕清理田间杂物，到 6 月中旬即可插稻。

14）草莓—水稻。水稻收割后于 9 月上中旬（在河南等地）地整田作畦，畦宽 150～200 cm，高 20 cm，畦距 30 cm，草莓株行距 15 cm×30 cm，每亩地栽 13 000 株，栽草莓时，每亩地施含 100 kg 磷矿粉的有机肥 3 000～5 000 kg 做基肥。草莓采收后把植株翻入田内作绿肥，灌水沤制 7 d 后再整田插秧。

15）稻稻菜菜模式。典型模式设计：

稻—稻—青瓜—四季豆（萝卜、玉米）；

稻—稻—青瓜—青椒（萝卜或玉米）；

稻—稻—茄子—四季豆；

稻—稻—萝卜—菜心（番茄）。

方法：在我国粤西和桂东南地区，早稻 3 月 1 日前后播种，4 月 1 日左右在收完蔬菜后灌水耙地抛秧种稻，每公顷抛 105 万～120 万株；晚稻于 6 月 30 日左右浸谷播种，用塑料秧盘育成壮秧后于 7 月 20 日前后抛秧种植，9 月 10 日前后利用营养杯或蔬菜苗圃播种瓜菜种子，或在晚稻收获前半个月左右，在稻田撒种菜心、萝卜种子，实行板田种菜，11 月 10 日前后第一茬冬菜已开始或将开始收获时，播种第二茬冬菜，可用营养杯或苗圃育苗，也可直接种于前作冬菜中。

品种配置：早稻选用 KS9—直龙系列，七桂早，七山占，汕优 96，早丝占，华优系列，青丝占。晚稻选用汕优 96，晚桂早 1，桂玉占，清芦占和华优系列等。青（黄）瓜选用夏育 3 号，津杂 4 号，夏育 4 号，津春 4 号，早春 2 号，中农 4 号。青椒选用双丰，湘研 5 号，湘研 8 号，中椒 5 号，保加利亚黄皮椒，湘研 1 号，中椒 5 号。番茄选用红宝石，益农 101，粤红玉。萝卜选用杨花萝卜，萧山一点红，樱桃萝卜。广东菜心选用迟心 2 号，迟心 29 号，三月青菜心，青圆叶迟心，青柳叶迟心。茄子选用南京紫长茄，苏州牛角茄，杭茄 1 号，华茄 1 号等。

4. 其他轮作栽培模式实例

1）草莓—中稻—甘薯（红苕）轮作。5 月上中旬草莓采果后立即翻压鲜茎叶作绿肥。中稻于 6 月初插完，8 月上旬收割后接种红苕，如不种红苕，也可种植萝卜等蔬菜。11 月种植草莓，草莓品种为春香、宝交早生、丽红等。草莓种植前先施肥、作畦，畦高 30～35 cm，畦宽 120～150 cm，沟宽 30～40 cm，每亩地施农家肥 2 000～3 000 kg、饼肥 100 kg，并加草木灰和拌匀后，按定植穴深施，混土，上覆表土 10 cm 左右，随即栽植。坐果后每个花序留果 2~3 个，每株留果 10 个左右。11 月至翌年 3 月，视天气情况，每月施 1 次水肥（稀粪水）。4—5 月注意排水。3—4 月喷两次 200 倍等量式波尔多液防治灰霉病、黑腐病，并随时摘去病叶、病果，带出地外消除病源。

2）马铃薯—西瓜—小青菜。采用双垄地膜覆盖栽培，地膜宽 90 cm，垄间距（行距）40 cm，株距 15 cm。每亩施腐熟有机肥 3 000~5 000 kg，充分灌水。3 月上旬，选芽眼多且完好的大块马铃薯切成块、播种。播种后盖 2.5 cm 厚细土，然后覆盖地膜。出苗时，及时挑破地膜，然后适当撒些细土弥合地膜破口。待苗高 3~5 cm 时间苗和定苗，并注意及时防治病虫害。5 月下旬马铃薯收获后，整地时每亩施腐熟有机肥 5 000 kg、100 kg 豆饼类，5 月中下旬进行西瓜育苗，苗龄 15 d 左右时移栽，移栽行株距 1.7 m×0.4 m，每亩栽 750~800 株。移栽后浇水，待西瓜缓苗后 10 d 左右，结合浇水每亩施 50 kg 腐熟的人畜尿液以促进发棵长蔓。当瓜长到鸡蛋大小时，如天旱，应每隔 7~10 d 浇水 1 次。后期根外追施草木灰等磷、钾肥，8 月上旬收获。西瓜拉秧后及时整地做畦，于 8 月中旬按畦分期撒播种小青菜，每亩播种量 1.5 kg，播种后浇水，9 月上旬即开始上市，其后茬可种植小麦。

3）春黄瓜—豇豆—秋黄瓜—青菜。春黄瓜选用津春 2 号、津春 3 号、中农 5 号等早熟杂交优良品种，1 月下旬至 2 月上旬采用电热线营养钵育苗，3 月上中旬定植，株行距为（23~30）cm×（40~60）cm。4 月中下旬黄瓜上市，采收期 20~30 d。豇豆选用之豇 28-2、宁虹 3 号等市场适销品种，5 月下旬套种于黄瓜根旁。7 月上旬嫩荚上市。秋黄瓜选用津春 5 号、津研 7 号，8 月上旬直播，保持土壤湿润，10 月上中旬黄瓜上市。青菜选用东台百合头、上海青等市场适销品种，9 月上中旬育苗，10 月下旬定植，株行距为 18 cm×20 cm。春节前后青菜上市。

4）香蕉的轮作。香蕉轮作对于恢复旧蕉园的地力、改善土壤养分、减少病虫危害很有必要。中南美洲习惯种 2~3 年后换新地重建新蕉园，以色列通常将香蕉与豆科、谷类作物进行轮作，在两轮之间进行一次深翻土。我国珠江三角洲平原，香蕉前作是水稻或甘蔗，种蕉 3~5 年后改种水稻或甘蔗 1~3 年，然后再种香蕉。对于水位高、土质一般、肥力中等的水田蕉园，尤其是老蕉区，应以两年轮作一次为宜，轮作一般以水稻、甘蔗等作物为宜，可两年轮作一次。如果土地小，难划出新地轮作，也可在原地的香蕉种植位置更换一次，即把原有的畦沟填土植新蕉，把原种蕉的地开新畦沟。

5）特种玉米—西瓜—雪里蕻栽培模式。于 4 月中下旬，与其他类型玉米保持距离 300 m 以上，或者错开播种时间 10 d 以上播种特种玉米，每亩地 3 000~3 500 株。第 12~13 叶片出现时追施腐熟人畜尿液，及时除去分蘖和基部的雌穗，一般只留上部 1 个雌穗，在果穗花丝干枯变黑褐时采收。西瓜于 7 月下旬播种、覆细土、盖上地膜，拉上遮阳网。出苗后及时揭去地膜，苗龄 20 d 或 3 叶 1 心时移栽。采用窄畦高密度定植，畦宽连沟 2.8 m，株距 45 cm，每亩栽 530 株。定植后一周开始甩蔓，开花坐瓜期，人工辅助。定植后 7 d、15 d、坐瓜后 7 d、15 d、21 d 各追肥一次，用 10% 的稀人粪尿浇灌。追肥重点在膨瓜期，可每亩增施饼肥 30~50 kg。坐瓜后 28~30 d 采收。雪里蕻 10 月中旬播种，当苗高达 15 cm 左右，5~6 片真叶时定植，定植密度行、株距为 50 cm×40 cm，每亩栽 2 800 株左右。定植成活后用腐熟的稀人粪尿追肥，一般追肥 3~4 次。3 月中、下旬，当薹高 5~7 cm 为采收期。

4.2　间作、套种

（1）常见蔬菜间作要求和特点

黄瓜：黄瓜与番茄相互抑制，不宜套种。

番茄：可与短秆作物或蔬菜间作、套种，如毛豆、甘蓝、球茎茴香、葱、蒜等隔畦间作。秋棚番茄，套种小菜可降地温。在番茄中套种甜玉米，可诱蛾产卵，集中消灭。

茄子：可与早生甘蓝、早熟白菜、春萝卜、水萝卜、樱桃萝卜等生长期短的蔬菜套种。

辣椒：可与叶菜、根菜、花生等短秆作物间作。

豆类：在北方特别适合与高秆作物间作。

萝卜：四季萝卜可与南瓜等隔畦套种。

马铃薯：与其他作物套种时应注意：①应选早熟、植株矮小的品种；②共生期尽早缩短，产品器官形成盛期错开；③少争夺温、光、水、肥和影响管理。

薯蓣：春季可与叶菜类、甘蓝类、小麦、豆类间作，夏季可套种茄果类、瓜类蔬菜，秋季可套种耐寒性蔬菜。

大葱：大葱生长前期间种早熟萝卜，后期套种菠菜等越冬作物。

洋葱：可与番茄、冬瓜等瓜果类蔬菜隔畦间作，或在畦埂上套种莴笋、四季萝卜、矮生豇豆，球茎茴香和茄子等蔬菜。

大白菜：种在韭菜埂上或大蒜垄间，病害明显减少。

小白菜与乌塌菜：春植的菜可与茄果类、豆类、瓜类、薯蓣等间作、套种。夏秋菜可与芹菜、茼蒿、胡萝卜混播。秋季早秋白菜可与花椰菜、甘蓝、秋土豆等间作、套种。冬季与春甘蓝、莴笋等间作。

结球甘蓝：露地可与玉米等高秆作物间作。可与番茄、黄瓜、架豆等高架蔬菜隔畦间作。

苋菜：可与茄果、瓜类、豆类蔬菜早熟栽培（大棚或温室内）间作。

冬瓜：冬瓜株间种姜5～6株，畦的一边种葛，另一头种芋头。4—5月后在韭菜畦中套种冬瓜或辣椒、茄子套种冬瓜。番茄套种冬瓜。冬瓜架下套种球茎茴香、莴笋、结球甘蓝和小叶菜；在山地，冬瓜套种姜。

莲藕：常与茭白间作。

案例：

1. 蔬菜几种间作、套种模式

1）番茄—甘蓝类蔬菜。番茄与甘蓝类蔬菜在各方面都有许多不同之点。如番茄蔓生、架高、喜温喜光，而甘蓝、花椰菜、球茎甘蓝等蔬菜矮生，较耐阴喜凉；番茄产品是采摘大量果实，而甘蓝类蔬菜是采收叶球、花球和球茎；番茄喜欢磷肥，而甘蓝类要求较多的氮、钾肥。这两类蔬菜间作、套种，可以取长补短，互济共利。

西红柿与甘蓝类蔬菜间作方式多种多样，如果以西红柿栽培为主，甘蓝类蔬菜为辅，可隔畦或隔行间作；如二者并重栽培，可隔二畦或三畦栽培。以春番茄与早甘蓝的间作为例，番茄1月播种育苗，断霜定植。甘蓝12月播种，3月提前定植。定植畦宽80 cm，隔畦相栽，番茄每栽2行，株距26 cm，计每亩栽3 200株；甘蓝每栽3行，株距33 cm，每亩栽3 800株左右；甘蓝5月上、中旬开始采收，5月底收完。收后灭茬耙平，作为采摘番茄的走道。番茄在 6 月上中旬采收。

2）蘑菇——一般蔬菜。菇菜适于间作主要由于蔬菜需要经常浇水，为蘑菇生长提供了良好的潮湿条件，蔬菜长满畦面又能为蘑菇遮阳，蘑菇生长期只需些散光就够了；蘑菇菌丝生长阶段可释放出相当数量的二氧化碳，供给蔬菜进行光合作用，有利于蔬菜的生长。

以平菇、蔬菜间作为例，间作时先把地平整好，做成畦，畦面宽 60 cm、高 10 cm，畦内种两行蔬菜（黄瓜、番茄、豆角等都可以）。畦与畦之间开一道沟，沟宽 30 cm、深 30 cm 左右。然后将发酵好的菌袋去掉塑料膜，平放在沟内，覆土 2 cm（用配制的营养土更好）。覆好土后，畦沟低于畦面 2～3 cm，不留畦埂。当蔬菜和平菇栽植好后，顺着畦沟灌足水，待水渗下去后在平菇垄面上覆盖地膜保持湿度，菌丝发满后，去掉地膜，等待出菇。平菇长成后及时采收，每采收 1 次用小铁耙搂一搂菌面，这样利于发出新的菌丝。如发现平菇地面干燥，生长速度减慢，及时喷水补湿，保持一定湿度，以利新菇生长。

3）西瓜——蔬菜。西瓜种植较稀，苗期较长，生长要求温度又较高，因而前期地空闲时间较长，适宜进行田间作、套种。西瓜可与多种蔬菜间作、套种，如：

西瓜与春甘蓝间套：1 月中旬用风障阳畦育春甘蓝苗，当苗龄达 60 d 时，于 3 月中旬在坐瓜畦内按 20 cm 的行距开沟，移栽一行春甘蓝，每亩地栽 1 800 株。西瓜于 4 月初育苗，5 月初定植在甘蓝行间，5 月中旬西瓜伸蔓后收获甘蓝。此外，也可以在坐瓜畦内移植 1～2 行春莴苣、春油菜或春菜花等。

西瓜与春白菜类间套：在坐瓜畦内整成 20～25 cm 宽的春白菜播种畦，于 3 月中旬浇水灌畦，撒播春白菜。白菜三叶期间苗，五叶定植，株距 7～9 cm。4 月下旬（即断霜后）直播或 5 月初移栽西瓜，5 月中旬西瓜伸蔓后收获春白菜。也可以在坐瓜畦内直播春菠菜、小油菜和胡萝卜等。

西瓜与辣椒或茄子间套：3 月下旬育辣椒或茄子苗，4 月上旬育西瓜苗，4 月底至 5 月初移栽定植西瓜。于 5 月下旬或 6 月初（西瓜开花坐瓜后），在坐瓜畦内移栽定植两行辣椒或茄子（苗龄 60～70 d，即显蕾期），株行距 20 cm×30 cm，每亩地栽 3 700 株。6 月下旬至 7 月上旬西瓜成熟，7 月下旬西瓜拉秧后，辣椒或茄子即进入采收期。

西瓜与矮生豆角类间套：西瓜于 4 月上旬阳畦育苗，5 月初移栽定植大田。在西瓜开花坐瓜期前后，于 5 月中下旬按墩，行距 35 cm×40 cm，在西瓜行间点播矮生豆角，每墩 2～3 株，每亩地栽 2 000 墩，不需要支架，矮蔓丛生半直立生长。在西瓜采收后，豆角即进入结荚盛期，7 月下旬可大量采摘。

4）马铃薯——一般蔬菜。在我国华北地区，春马铃薯的适宜生长期为 4—5 月，与其间套的作物最好是 6—7 月能生长的喜温作物。也可利用马铃薯春作前和秋作后期，即 10 月至翌年的 3 月，可安排耐寒作物与马铃薯套种。如春种马铃薯从播种到出苗一般需 30 d 左右，这段时期可搭配耐寒速生菜，如小白菜、小萝卜等。秋种马铃薯可搭配越冬作物，如冬小麦、油菜、菠菜等。

薯瓜间作、套种：瓜类如中国南瓜、西瓜、冬瓜等是喜温而生长期长且爬蔓的植物，利用瓜行间的宽畦早春套种马铃薯，马铃薯垄距 60 cm，每种 4 垄马铃薯留 1 个 40 cm 宽的瓜畦，马铃薯收获完以后的空间让瓜爬蔓。收瓜后可接种一茬秋菜。

马铃薯与直立型菜类间作、套种：茄子、辣椒、姜等作物都是喜温而生长期长的直立型作物，可与马铃薯间作、套种，同时可利用马铃薯行间，在播种马铃薯的同时或稍后几天，播种耐寒速生蔬菜，如小白菜、小水萝卜或菠菜。这一间套模式马铃薯一般采用 90 cm 的幅宽，种 1 行马铃薯。马铃薯垄宽 60 cm，株距 20 cm。将马铃薯垄间整成平畦，播种 3 行小白菜或菠菜，行距 15 cm 马铃薯催芽后提早播种，培垄后覆盖地膜。菠菜可与马铃薯同时播种，小白菜或小水萝卜则于 3 月中、下旬播种。小白菜等速生菜一般播种后 40～50 d 可收获，收获后及时给马铃薯培土。然后施肥并整平菜畦，定植一行茄苗。茄苗的株距为 40 cm。这样可以达到三收。

马铃薯与菜花或甘蓝间作、套种：每隔 160 cm，种一垄马铃薯，垄宽 60 cm，株距 20 cm。马铃薯垄间整平做畦种三行甘蓝或菜花。株行距为 45 cm×45 cm。甘蓝或菜花都应提前育苗。与春马铃薯间套时，甘蓝和菜花的育苗苗龄为 70～80 d。育苗时间应在 1 月上中旬。与秋马铃薯间套时，甘蓝和菜花的育苗时间为 25 d 左右，可在 7 月中旬育苗。春马铃于 2 月中旬前后催芽，3 月上旬或中旬播种，播种时施足基肥并浇好底水，播种后一次培够土（种薯以上有 10～12 cm 土）。播种完马铃薯后于 3 月中旬定植甘蓝，浇足定植水，定植后覆盖地膜。缓苗前一般不再浇水，管理上主要是提高地温，促幼苗早发根，最好进行一次中耕松土，以提高地温。秋马铃薯一般于 8 月上旬播种，播前催芽。播完马铃薯后即定植甘蓝或菜花。

薯粮菜间作、套种：按 160 cm 为一个种植带，春种两行马铃薯、一行春玉米。马铃薯收获后及时整地，播种夏白菜。白菜和春玉米收获后，立即施肥整地，定植秋甘蓝或秋菜花，同时按上述介绍与秋马铃薯间作、套种。采用这种模式，要求马铃薯催芽后于 3 月上旬播种并覆盖地膜，行株距为 65 cm×20 cm。玉米于 4 月底 5 月初播种，株距 20 cm，马铃薯收获后，及时整平地，播种 4 行夏白菜，行距 40 cm，株距 35 cm，利用春玉米植株给夏白菜遮阴，有利于夏白菜生长。夏白菜和春玉米于 8 月上旬收获后，施足基肥整好地，进行秋马铃薯和秋甘蓝或秋菜花的间作、套种。整地施肥和种薯催芽及间套作方式如前所述。

（2）果园间作与套种模式

果园间作是一种传统的果园管理制度，尤其在枣树、核桃、板栗、梨树等果园采用较多，间作方式多种多样。果园间作物仅限于行间空地或缺株的隙地种植，要与果树保持一定距离。果园间作物生长期应较短，养分和水分吸收量较少，大量需肥、需水的时期和果树要错开；并且植株相对低矮或匍匐生长，不影响果树的光照条件，能提高土壤肥力，病虫害较少。中草药类一般植株矮小、耐旱或抗旱，管理粗放，比较适宜在果园间作。

1）果园间作一般方式。果园中常用的间作物有豆科作物、甘薯类和蔬菜类等。适于间作的豆科作物有大豆、小豆、花生、绿豆、红豆等。这类作物植株矮小，有固氮作用，能提高土壤肥力，与果树争肥的矛盾较小，尤其花生植株矮小，需肥水较少，是沙地果园的优良作物。甘薯、马铃薯前期需肥水较少，对果树影响较小，后期需肥水较多，对过旺树可促使果树提早结束生长。但由于后期生长繁茂，影响树体后期光照。蔬菜类需要耕作精细，肥大水足，对果树生长较为有利。但间种晚秋菜，则易使果树过旺生长，对果树越冬不利。

山区果园间作，果树一般栽在土层比较厚的梯田边缘或壤顶外侧，梯田面上种花生、地瓜、大豆、小麦等。当梯田壁较高，或间作的果树不是很高大（如桃、石榴、山楂、苹果等）时，常每一梯田一行，株距较大；当梯田壁较矮，或间作的果树树冠很高大（如梨、柿、杏、核桃、板栗、杨梅、龙眼、荔枝等）时，则隔一梯田栽植一行。平原、沙地实行大行距、小株距，南北成行，行距为树高的3～5倍，大致10～20 m，株距3～5 m。北方间作树种一般为枣、柿、梨、苹果等，南方以柑橘、李等为主。

果园间作的最佳模式主要有：果粮间作，桃树—豌豆—大豆，桃树—谷子，桃树—土豆；苹果—谷子，苹果—大豆；板栗—大豆；李子—花生，李子—大豆；梨树—甘薯。果菜间作，水浇地间作韭菜、菠菜、油菜等；桃园可以间作韭菜、甘蓝、菜椒、茄子、菠菜、冬瓜、萝卜、西红柿等，最好不间作高秆爬蔓的蔬菜作物；旱地间作秋萝卜、茄子、辣椒等需水少的蔬菜；板栗园间作栗蘑，葡萄园间作香菇。果药间作，可间作矮秆药材如柴胡、桔梗、板蓝根、黄芩、知母、地黄、沙参、党参、红花等。

为防止连作障碍间作物须合理轮作倒茬，轮作制度因地而异，例如：

山西：马铃薯→甘薯→谷子→马铃薯

辽宁：花生→豆类→谷子或稷子→花生或绿肥→谷子→大豆→甘薯→花生或绿肥

浙江：蚕豆→绿豆或印度豇豆→蚕豆

山东：花生→甘薯→豆类→花生或甘薯

2）果粮间作、套种模式。果粮间作主要出现在我国华北平原，是果树间作、套种的主要模式。一般果树大面积结果前，应与小麦、土豆、玉米、瓜果类蔬菜、苕子等间套作。大面积结果后，则与耐阴的叶类蔬菜、饲用和肥土作物进行间作、套种。适用于果粮间作的果树必须是高大乔木、对当地自然条件适应性强、高产、优良、高效，如梨、苹果、山楂、李、杏等。适用于果粮间作的作物应是矮秆作物、夏熟作物或生长后期对肥水要求不严格的秋熟作物，如麦类、豆类、瓜类、薯类及一些中药材、蔬菜等，豆科作物最好。适用于果粮间作的果树树形是影响间作系统内光照分布的主要因素，一般自然纺锤形因树体大小适中、树冠透光性能好，是较适合果粮间作的树形。间作系统内作物轮作果树定植后20～30年内很难更换，必须通过作物的轮作调节土壤营养平衡，要特别注意用豆科作物与其他作物进行轮作。

果粮间作模式根据果树和作物在系统内占地比例和产量、效益构成，主要有：

以果为主型果粮间作模式：果树株行距为（2～2.5）m×（5～6）m以下，树高3 m左右。幼树期留出1 m果树带，行间种植作物，随树龄增加，间作面积逐年减少，盛果期少间作或不间作，以保证果树产量。

以粮为主型果粮间作模式：果树株行距为（2～2.5）m×（10～15）m，树高3 m左右。间作作物占地面积应在90%以上，盛果期作物面积应占85%以上，永久性间作，要保证作物增产或不减产。

果粮并重型果粮间作模式：果树株行距为（2～2.5）m×（7～9）m，树高3 m左右，间作作物占地面积在盛果期应保证60%～80%，永久性间作作物，果树均比单作时有所减产，但系统内总产量最高，总效益最高。

案例：

①葡萄园间作马铃薯。在五年生的葡萄行内（行距2～3 m），在不影响葡萄的修剪、

管理，也不影响葡萄通透性和正常生长发育的前提下，华北地区于 4 月中旬可种植两垄马铃薯，行距为 66 cm。马铃薯要选用抗病、高产优良品种，如"荷兰薯"的脱毒种薯。播前将马铃薯切成大块，用草木灰或滑石粉拌匀，切口干燥后开沟穴播，穴距 33 cm，每穴播 1～2 块马铃薯。每亩地沟施腐熟鸡粪 1 000 kg，埋严压实。出苗后，及时除草、松土，促进根系生长发育。苗高 20 cm 时第一次培土，马铃薯开花后第二次培土。

②果树甘薯套种。果树行间种植甘薯，依据行间可利用面积的大小，位置关系决定甘薯和果树的比例，多数选择于新建果园中幼年果树行间，或改造换优的老果园。甘薯占地在果树树冠范围以外并留出果树管理活动面积。甘薯起垄多采取顺果树长行方向，垄距 70～80 cm，垄高 25 cm 左右，甘薯田间管理，主要在封垄前中耕除荒，极端干旱下浇水抗旱。

3）果菜间作、套种模式。果园可以间作韭菜、甘蓝、菜椒、茄子、菠菜、冬瓜、萝卜、番茄等，最好不选择高秆爬蔓的蔬菜作物间作。在旱地果园可间作秋萝卜、茄子、辣椒等需水分少的蔬菜；水浇条件较好的果园可间作韭菜、菠菜、油菜等需水较多的蔬菜。在山区果园，可实行果树与山野菜间作、套种。姜是浅根植物，耐阴而不耐强光，尤其适宜与苹果和梨等深根性树种间作，一般 1～3 年生幼树每行果树间套种 4～5 行生姜，3～5 年生果树行间套种 3～4 行生姜，成龄果树行间套种 2 行生姜。

案例：

①葡萄间作黄瓜。在五年生的葡萄行内（行距 2～3 m），在不影响葡萄的修剪、管理，也不影响葡萄通透性和正常生长发育的前提下，7 月中、下旬于葡萄采摘上市后空闲期，可播种两垄黄瓜，行距 60 cm。栽培时先整地，每亩地施腐熟鸡粪 2 000 kg，旋耕、做 80 cm 宽小畦，浇足底墒水。选用津春四号等良种播种，播深 2～3 cm，每亩播量 200 g，行距 60 cm，穴距 30 cm。出苗后及时中耕，3～4 片叶定苗，5～6 片叶时扎架绑蔓，初花期蹲苗，结瓜期保持土壤湿润，瓜条长到 20 cm，单瓜重 130 g 左右时，可以采摘上市，9 月下旬拉秧。

②山地幼龄柿园套种西瓜。在果树行间每亩地施 1 000 kg 有机肥，然后深翻整平，做成 1.5 m 宽的高畦，用水浸透畦面。选用郑杂 5 号和新红宝等品种，3 月上、中旬催芽、播种。播完 1 畦立即盖上地膜，边缘用泥土压紧压实。待大部分种子子叶露出地面以后，用竹片撑起地膜；在苗长出 3 片真叶时，抽去竹片，拉平地膜，并用刀划口将苗露出，同时间苗。在此期间每亩地应追施 30～50 kg 饼肥。在主蔓长到 20～30 cm 时将向不同方向生长的蔓转向一侧，当蔓长到 50～60 cm 时，绕根转 1 圈，然后仍将主蔓拉向同一方向。瓜选留后，应做好人工辅助授粉工作，还应追施饼肥，每亩施 50～80 kg。

③果树间作春冬瓜。冬瓜能覆盖果园地面，抑制杂草发生，瓜叶绒毛还可防蚜虫、螨类危害。果树间作春冬瓜不影响果树正常生长，易管理，效益高，是果园间作、套种的理想模式。冬瓜可选用早熟或中熟品种。果树行距超过 2 m，可间作 2 行冬瓜；小于 2 m 则间种 1 行。播种前按瓜行开沟，深宽均为 40 cm，每亩沟施含磷矿粉 50～100 kg 的腐熟圈肥 3 000～5 000 kg、饼肥 50～80 kg，施后将沟填平，灌水造墒。播前用 55 ℃温水烫种 10 min，并不断搅拌，之后置于 30～32 ℃下催芽，当芽长 0.50 cm 时播种，覆土厚度 1.50～2 cm。在冬瓜出现第一片真叶时松土提温；4～5 片真叶时，每亩穴施腐熟饼肥 80 kg，然后浇水促蔓。瓜蔓 50～60 cm 时整枝留 2 蔓，其余侧蔓去掉。中熟品种长到 70 cm 时拉蔓整枝，

严格控水。幼瓜鹅蛋大时穴施人畜粪尿，并浇水膨瓜。早熟品种 2.50 kg 左右、中熟品种 4 kg 左右时及时摘瓜。

④葡萄园套种大白菜。行距 1.5 m 以上，南北走向，采用篱架式的葡萄可套种大白菜。在行间整出宽 1.2 m、高 20 cm 的畦，每亩地施土杂肥 3 000 kg，磷矿粉 500 kg。在"白露"节气播种，10 月 1 日移栽定植，每畦两行，行距 70 cm，株距 40 cm，每亩栽 2 000 株左右。定植后立即浇根水，2 d 后进行沟灌，灌后即排，不淹畦面，做到畦面湿润。每 5～7 d 浇一次腐熟的人畜粪尿，前期需大肥水，保持地表湿润；中后期需做到既不缺水也不能多水，施肥不脱节，适当加大施肥量，每隔 7～10 d 在菜株外叶边缘施下 1 kg 肥液。中耕除草可与灌溉、施肥结合进行，一般中耕 3～4 次，到大白菜外叶渐大盖住畦面时，须根布满了表土层，即停止中耕。

⑤苹果间作辣椒。辣椒品种可选簇生类的干椒品种——天鹰椒，该品种抗病高产，喜温暖、湿润的环境条件，怕强光和酷热。夏季苹果树对天鹰椒具有一定的遮阴作用，使天鹰椒植株的受光强度减弱，温度降低，有利于天鹰椒的生长和发育。天鹰椒根系分布范围较小，株形紧凑，适宜作苹果树的间作物。间作时要求新栽苹果树株行距 3 m×4 m，南北行向；行间间作天鹰椒。第一年，果树留出 1.2 m 宽的营养带，第二年和第三年分别为 2.0 m 和 2.4 m；第一年天鹰椒可栽植 8 行，第二年和第三年分别缩减至 6 行和 5 行。第四年果树已进入结果期，不宜再种植间作物。

天鹰椒于 1 月下旬浸种催芽、播种育苗。幼苗长至 4 叶 1 心时分苗，定植前 10～15 d 低温炼苗，当幼苗长至 10 片叶左右时即可定植。定植时预留出果树营养带，每亩地施入优质农家肥 3 000～4 000 kg，饼肥 80～100 kg，磷矿粉 50～80 kg，于 4 月中旬选晴好天气铺地膜后带土定植幼苗，定植后及时灌水促进缓苗。当天鹰椒植株长至 13～14 片叶，株顶出现花蕾时打顶，以增加有效侧枝数目。5—9 月追施 3 次腐熟的人畜尿液，10 月下旬天鹰椒果实成熟，可采取割秧法进行采收。割秧后将株秧捆成小捆儿挂晒，晒至椒果手摇籽响时进行摘椒。

4）果菌间作、套种模式。食用菌生长发育需要遮阴，生长季内果树叶幕可为其遮阴；食用菌（如香菇）培养基原料 80% 为木屑，粉碎后果树枝条可用来制作培养基；食用菌培养料使用完毕后，直接还田，能够给果园增加大量有机肥，改善土壤结构提高土壤腐殖质含量和土壤的肥力。果菌间作可使果树与食用菌相得益彰，互利互惠，如板栗园间作栗蘑、葡萄园间作香菇、苹果园间作平菇等。

案例：

①栗树底下栽栗蘑。栗蘑学名"灰树花"，是一种野生食用菌，其外形美观，肉质柔软，味如鸡丝，有"野山参"之称。栗蘑生产最适温度 22～28℃，适宜湿度 80%～95%，生长过程中保持空气新鲜。栗蘑生长过程中需较强的散射光，避免阳光直射，光强度 200～1 000 lx。生产场地不得雨涝积水。要求土壤 pH 为 5～6.5。栽培时选地势高、向阳、排灌方便的砂质土壤地块；栽培床安排东西走向，长 2.5～3 m，宽 0.45～0.55 m，深 0.25～0.35 m，床间距 0.8～1 m。栽培床挖好后，先灌一次大水，水渗后撒一薄层石灰消毒，回填土 20 cm，然后排放菌袋，码放要紧密，横平竖直。菌袋码好后，回填土，略超过菌袋即可，然后用 0.5 m 宽的编织袋沿坑壁四周围好，并在床面上撒一层小石子，防止栗蘑出土后沾泥土。按栽培床东西向插北高南低的架，搭上塑料和草帘，以调温、保湿，防风沙和阳光直射。

当菌柄和伞盖背面刚出现多孔现象，伞盖周边发黄或发黑时，应及时采收，采收前 2～3 d 不要浇水，一年可收获三茬。收获一茬后要浇 2～3 次大水，水要把菌袋浸透，出菇后按幼菇管理方法进行管理。

②葡萄套种香菇。选择背风向阳、地势高，排水良好，靠近水源，沙质壤土或腐殖土的地块，在秋季或春季整地做畦，畦宽 60 cm，深 10～15 cm。在 3 月末至 4 月初，畦底覆膜，用幅宽 1.5 m 地膜，在畦内加料加菌种，每平方米加菌种 5 袋，菌种掰成小块，一半混于料中，一半撒于料面，压实后，料面再撒上用 2%石灰水浸泡过的稻草，合上薄膜，薄膜每米长缝隙间塞上一个稻草把，以利通气，然后盖土 2～3 cm 或其他覆盖物保温。春末夏初，当外界气温达到 15℃时将菌坨移至葡萄架下码放，码放高度 1 m 左右为宜。两边要留有水槽，遇干浇水，逢涝排水。小菇发育最适宜温度是 15℃左右，适宜湿度 85%，光线以散射光为主，如遇强光，适当加盖草帘遮荫。当香菇直径 5 cm 左右时即可采收。

5）果药间作、套种模式。中药材价值比较高，果园适宜间作矮秆药材，如柴胡、桔梗、板蓝根、黄芩、知母、地黄、沙参、党参、丹参、红花等，如有的葡萄园套种黄芩、果园间作天南星等。

案例：

①葡萄套种黄芩。选光照充足、肥沃、疏松、排水良好的黑沙土、沙质壤土，于 4 月中、下旬播种，以直播为宜，每亩地用种量 1 kg，行距 15～20 cm，播深 1.5 cm。当苗高 4 cm 时间苗，苗高 8 cm 时定苗，株距 8～10 cm。株高 6～8 cm 时，每亩地追施人畜粪尿 100 kg，每亩地在封垄前开沟施入饼肥 50 kg，开花期叶面喷施沼液或草木灰提取液，分 3 次喷施。干旱时及时浇水，雨季注意排水。除留种子植株外，应该在晴天上午将花枝剪掉，以集中养分长根。计划采种地块，于开花前多施肥，促进花朵旺盛，结籽饱满，随熟随采。

②果园间作天南星。天南星，又名虎掌南层，味苦辛，性温，有毒，有燥湿化痰、祛风定惊、消肿散结之功效，是名贵的中药材。天南星种植在果园里，它的毒性能够很好地控制鼠、兔、害虫对果树的根部、树干及果实的危害。

天南星一般多生长在阴坡湿润的树林中，喜温和湿润气候，耐寒，以肥沃含腐殖质较多的壤土或沙质壤土种植为好。天南星怕旱又怕涝，黏性过重和排水不良的地方不宜栽种。选择好地块后，每亩地施农家肥 5 000 kg，以马粪、羊粪为好。然后平整土地，在果树行间打成 50～80 cm 的畦田，畦田应一头较高一头稍低，以利排水。

种植天南星时，于秋末将采回的种子放在阳光下微晒，使其水分蒸发，待籽粒松散后抖出，趁湿播种，播种行距 12～15 cm，插后覆土、镇压、浇水，约 15 d 即可出苗。次年农历谷雨至立夏期间，幼苗长到 10 cm 时即可移栽或在秋末 10—11 月采收时，选取中、小块茎，放窖内或屋内细沙土中埋藏保存，次年农历谷雨前后栽种。按行距 20 cm，株距 15 cm 开穴，穴深 4～6 cm，每穴放茎块 1 个，芽头向上，覆盖细土 3 cm，后浇水。每亩需块茎 30～50 kg，可产成药 500 kg。

6）一些水果的间套作。

案例：

Ⅰ．草莓与其他作物的间作

①木本果园间作草莓。木本果树有遮阴降温作用，有利于减轻高温季节酷热对草莓幼苗生长的抑制。在苹果、梨、柑橘等果园行间栽种草莓，管理容易，效益高，能达到以短养长的目的。间作草莓时，一定要充分留出果树的清耕面积，并按照各自的栽培要求加强管理，果树进入结果期后应停止间作。但草莓不宜在桃园中间作，因桃蚜可传播草莓病害，草莓黑霉病也危害桃树。桃树的根系较浅，分布面广，呈圆盘状。桃的发枝量大，物候期早，花期与草莓有一定交错，两者对肥水的需求高峰期和管理也有一定矛盾和影响。

②草莓与葡萄间作。葡萄和草莓都是生长周期短的浆果，栽种时期基本相同，草莓第二年即可收获，葡萄旺盛生长前草莓已采收完，两者生育期错开，有利于合理安排劳动力。葡萄根系深广，草莓根浅，需氮时期和吸肥层次不同。葡萄修剪较重，且发芽较晚，不影响草莓通风透光，草莓又具一定的耐阴性，栽植密度可与露地相同。但草莓宜在篱架葡萄园的行间间作，棚架葡萄由于遮光严重且管理不便，不适宜间作。

③草莓与棉花套作。草莓宜选植株较矮的早熟品种，棉花采用株型中等、抗病性强的丰产品种。栽植畦宽度 1～1.2 m，畦沟宽 25 cm，畦的两边各栽 1 行草莓。畦中间套种 2 行棉花，棉花行距为 35 cm，草莓与花之间的行距为 25 cm。每亩栽草莓约 6 000 株，棉花 4 000 株。11 月上旬拔去棉秆，施肥整地后栽植草莓。翌年 2 月上、中旬覆盖地，3 月上旬把植株移出膜外，草莓初花期要适度追肥。5 月上旬采果前，把棉花营养钵苗移栽至草莓行间，并施稀粪水，5 月下旬草莓收获后除去地上部植株，根茬留在土内作肥料，并用原来覆盖草莓的地膜覆盖棉苗。草莓与棉花的田间管理与大田相同。

④草莓的其他间套作形式。如草莓与夏玉米套种，玉米既为草莓遮阴，又不影响其产量。方法是玉米的行株距按 80 cm×30 cm 或 160 cm×25 cm，在 8 月中下旬于玉米行间栽 2～4 行草莓，玉米收后草莓才开始秋季旺盛生长，两者互不影响。还可于冬季在草莓行间间套作菠菜、大蒜（收青苗）、甘蓝等。草莓也可与瓜类和葱等多种蔬菜间作，但草莓不宜与茄科植物，如番茄、茄子、辣椒、烟草等间作，因有共生黄萎病。草莓灰霉病也危害黄瓜、莴苣、辣椒等作物，这些作物也不宜与草莓间作。

Ⅱ．香蕉的间套作

香蕉进行合理的间套作可改善蕉园的生态环境，提高土地利用率，增加经济效益。国外一些香蕉园，如非洲和中美洲的蕉园，一般间种玉米、番薯、木薯、陆稻、大豆和甘蔗，还有的与咖啡、可可、油梨、椰子树套种。我国蕉园主要与蔬菜、芋头、豆类、姜、马铃薯等间作，也有与柑橘、菠萝、龙眼、黄皮等果树套种的。

蕉园间套作时要明确以香蕉为主作物，凡不利香蕉生长的不采用，如木薯、粉葛、果苗等对香蕉有很强的竞争力的，或间作物生育期过长、会造成畦面积水、荫蔽的，或是香蕉病毒病的中间寄主作物（如葫芦科、茄科、玉米、桃树及易滋生蚜虫的叶菜、豆科等），或生育期与香蕉旺盛生长季节相同而会影响香蕉生长的。即使能间种的作物也只能限于一定的范围，一般安排在畦中央间种，间作、套种面积限于 1/5～1/4，尽可能不靠近香蕉。

7）果树混栽禁忌。

苹果与桃树混栽：在苹果与桃树混栽开始的前 3 年内，因桃树树体小、对苹果影响不大，而且可利用桃树的早果性来增加果园的早期收入。但随着树体的生长，桃树生长快，生长量大，便逐渐和苹果树争夺养分和水分。由于初期苹果没有桃树生长旺盛，使其生长发育受到限制。苹果进入盛果期后，其总产量明显低于单栽苹果的果园，且随着树龄增大，产量差距也越大，混栽果园所受病虫害的危害也明显加重。

梨树与桃树混栽：为梨小食心虫的发生创造了条件，从而加重了梨小食心虫的危害，对防治极为不利。另外预防梨树黑星病、黑斑病离不开波尔多液，而桃树易受波尔多液的危害，这样对梨树、桃树都不利。

苹果与梨树混栽：果树的锈病病原体，能长期潜伏在梨树里而不表现症状，如苹果与梨混栽，梨树上的锈病病原体，就会很容易传播到苹果树上，使苹果发生锈病，严重影响苹果的质量和产量。

苹果与枣混栽：枣步曲是食枣叶的害虫，混栽后，它不仅食枣叶，也食苹果的叶片，混栽园比单作园危害更重。

苹果与核桃混栽：因为核桃叶能分泌出大量胡桃醌，下雨的时候，这种胡桃醌就会被雨水冲刷下来，渗入土壤中。而苹果的根系对胡桃醌十分敏感，接触到它就会发生毒害作用，造成苹果树衰弱甚至死亡。

5 生态果园仿生栽培模式

果园仿生栽培的主要工作是模仿生态学规律，通过生产和环境要素的合理配置，把果园创造成一个稳定平衡、协调有序、资源高效利用、能够循环再生的开放系统。果园仿生栽培模式很多，如建立生态果园、合理密植、计划密植、果园生草、地面覆盖、建防护林、合理间作、套种、混作、立体种植等，都是仿生栽培的具体实例，这里主要介绍几种生态果园模式。

（1）南方"猪—沼—果"模式

沼气发酵是多种微生物在厌氧条件下将有机物质分解转化并释放可燃气体的过程。以沼气发酵为纽带构建生态果园，可以将种植业、养殖业、加工业以及废弃物综合利用有机地结合起来，连通果园循环与再生路径，形成一个完整的果园生物链，使果园系统内能量能够多级利用，物质能够良性循环从而达到果园高产、优质、高效、低耗与可持续发展的目的。

南方"猪—沼—果"模式是通过沼气池将果树生产和生猪养殖结合起来的一项农业生产经营模式，即利用人畜粪便入池发酵产生沼气，沼气用于做饭和照明，沼渣、沼液作为肥料施于果树和果园间作的牧草，牧草用来喂生猪，猪粪再入池发酵。

构建"猪—沼—果"模式首先应根据果园面积确定需肥量和生猪养殖规模，再根据养猪数量选定沼气池容积和建池数量。一般是按每户 1 个 2 500～3 500 m² 果园、1 口 6～8 m³ 沼气池和长年存栏 4～6 头猪的比例进行匹配，果园面积可按比例扩大。沼气池、厕所、猪舍三者的位置要统筹考虑，做到三结合（图 2-1），使人畜粪便自流入池，以减轻劳动强度，保证清洁卫生。也可根据农户具体情况，搞庭院经济或其他养殖业替代生猪生产。

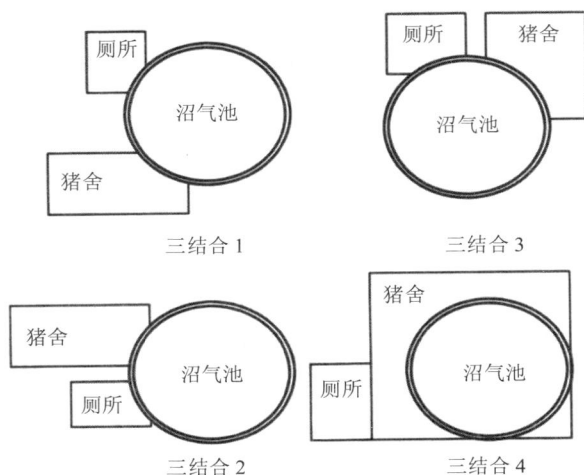

图 2-1 沼气池、厕所、猪舍三结合布置示意图

资料来源：杨洪强，范伟国，接玉玲. 有机水果生产技术[M]. 北京：中国轻工业出版社，2013。

（2）西北"五配套"生态果园模式

"五配套"模式是解决西北干旱地区的用水，促进农业持续发展，提高农民收入的重要模式。该模式以农户土地资源为基础，以太阳能为动力，以新型高效沼气池为纽带，形成以农带牧，以牧促沼，以沼促果，果牧结合，配套发展的良性循环体系。其主要内容是，每户以一个面积 0.33 hm^2（5 亩）果园为基本单元，在庭院或果园建一个 8～10 m^3 的沼气池、一个太阳能暖圈、一眼 80～100 m^3 蓄水窖、一套节水滴灌保系统、一座 10～20 m^3 猪圈或鸡舍（养猪 4～6 头，鸡 20～40 只），实行人厕、沼气、猪圈三结合，圈下建沼气池，池上进行养殖，除养猪外，圈内上层放笼养鸡，形成鸡粪喂猪、猪粪池产沼气的立体养殖和多种经营系统（图 2-2）。

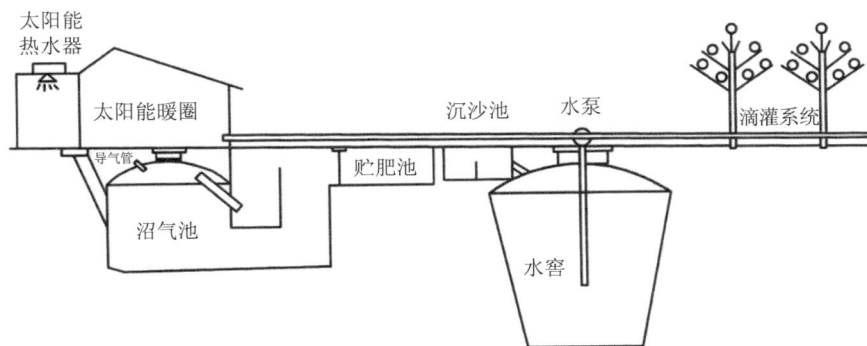

图 2-2 "五配套"生态果园模式示意图

资料来源：杨洪强，范伟国，接玉玲. 有机水果生产技术[M]. 北京：中国轻工业出版社，2013。

沼气池是生态果园的核心，它是养殖与种植、生活用能与生产用肥的纽带。沼气池一般建在果园一端的背风向阳、方便使用管理和能够增加产气量的地方。果园养猪、养鸡，是实现以牧促沼，以沼促果，果牧结合的前提。鸡能捕食果园内的多种害虫，还可产粪、产蛋、产肉；鸡粪可以喂猪，猪粪入沼气池产沼气，实行多层次利用，促进果牧结合。在果园内配套卫生户厕，可消除粪便污染，减少滋生蚊蝇的场所，改善卫生条件。

果园猪舍最好依附山地台阶或其他建筑高于沼气池并与其相配套，形成粪尿自动入池。猪舍坐北朝南或坐西北朝东南，有利于冬季避开寒风保持温暖，夏季吹进东南风保持凉爽；其次舍内地面要高于舍外地面并保持一定坡度，有利于舍内干燥和粪尿自流。建在太阳能猪舍的地下，全部采用粪便连续厌氧发酵工艺，启动时一次完成投料，运行时自流进出。

在果园内配套水窖，除供沼气池、园内喷药及人畜生活用水外，还可在缺水时期提供果树灌溉用水。果园配套节水滴灌保墒设施，是多蓄、少耗巧用水的有效办法。在有库、井、站等灌溉条件的果园配套渗灌设施，可扩大数十倍灌溉面积。在每亩果园覆盖 750 kg 左右的麦草或秸秆，可多蓄水 130 m³，相当于二次灌溉或 100 mm 的自然降水。在果园种草覆盖，可以起到保墒抗旱、增草促畜、肥地改土的作用。

（3）果园种草养禽

一个完整的生物链包括植物、动物和微生物，果园或菜园主要是植物生产，需要增加动物和微生物因素才能将生物链衔接起来。兴建沼气池和堆肥腐熟强化了微生物的作用，动物因素的作用可以通过适当养殖来发挥。果园种草养家禽可以充分利用园内的资源，并可控制杂草、虫害，家禽的排泄物还是优质的肥料，可"产蛋、产粪、除草、灭虫"一举多得。

该模式是在果园生草、果树行间散养家禽（鸡、鸭、鹅等），家禽在果园内采食青草、草籽和昆虫，禽粪返施果园肥地。禽类食量大，喜欢啄食果园内的金龟子、吉丁虫、蝼蛄、蛴螬、地老虎等多种害虫，还可抑制和清除杂草等；而且禽粪中含有氮、磷、钾等是果树生长所需的营养物质，也是优质有机肥可改良土壤，培肥地力，促进果树的生长发育，还可以用来喂猪，营建起"果树→家禽取食园中虫草→家禽粪肥园养树滋养→树阴为家禽避雨挡风遮炎日"的完整生态链，从而有效利用家禽粪便，并减少粪便和化学物质对环境的污染。

该模式下种植的草类应是禽类（如鸡）喜食的牧草品种，如黑麦草、菊苣、紫花苜蓿、三叶草、百麦根等。禽类种类和品种应根据禽类的适应性和市场需求确定，要选择适应性强、耐粗放、行动灵活、抗病力和觅食能力强的本地种类和品种。园内要有清洁、充足的水源，以满足家禽的饮水需要。果园内需要限定家禽活动范围，定期消毒，做好免疫和疾病防治；还要根据禽类多少和果园面积搭建一些避雨棚，注意禽类的调教和管理，严防禽类中毒。还要注意牧草的管理与利用，合理轮牧，及时补种牧草，增强草地保养和恢复。

（4）"果树—食用菌—蚯蚓—家禽"模式

蚯蚓能够将树叶、秸秆等转化为优质有机肥，是一种高效"生物发生器"；蚯蚓粪颗粒均匀、无臭无味、不招引蝇虫，是上好的有机肥料。蚯蚓本身是畜禽的优质饲料。此外，蚯蚓还可以疏松土壤改善土壤结构，同时蚯蚓可消除农药残留，具有"土地净化器"的作用。食用菌和蚯蚓都是喜温、喜湿、喜暗、怕光的生物，都适合在树冠下种植和饲养。

"果树—食用菌—蚯蚓—家禽"模式是在猕猴桃、葡萄等藤本果树的棚架下或其他果树的树冠下培植食用菌，将食用菌菌渣返施果园改土培肥并为蚯蚓的聚集和繁殖提供营养源；蚯蚓的繁衍和活动可改善土壤条件并向土壤排放优质蚓类，蚯蚓本身还为家禽提供优质蛋白饲料，家禽粪便则返还果园肥地。

（5）"围山转"模式

"围山转"模式是在山区根据环境组分的差异和不同生物种群自身的特点，依据山体高度因地制宜布置等高环形种植带，例如，在山上部栽种松柏和刺槐等防护林树木，在山中部营造水土保持经济林，在25°以下的缓坡地上栽种板栗和核桃等干果，在山脚修谷坊、闸沟垫地，种植水果等。

"围山转"模式工程建设一般在秋冬农闲季节进行，需要沿山坡等高线，上下每隔5～6 m，开挖一条深、宽各1 m的水平沟。用挖出的土和周围表土修筑宽2～3 m的沟台面，在台面内侧留深30 cm、宽50 cm的排水沟，排水沟与山体沟谷相连接。水平沟保持1/1 000比降，并在外沿用生土修高25～30 cm的坝埂，以利于排水的同时防止沟面的水土流失。另外，还要建设配套工程，如在水平沟坡面上栽植紫穗槐、将环山道路修建至山顶、在山顶建水囤（蓄水池）等，使层层水平沟都能浇水。

第二年春季在水平沟台面栽植苹果、桃、山楂和板栗等果树，一般每个水平沟台面栽植一行果树，株距2～3 m；同时在沟沿按照株距4 m栽植生长快、结果早、树体矮小的果树以获得早期收益。栽后的前几年可在树行间种小麦、花生、大豆、谷类作物。在果树结果前，靠农作物增收，以短养长；进入结果期后，树下空闲地可种植绿肥作物；进入盛果期后，果树下一般不宜种植任何作物。

（6）观光果园模式

有机果园生产出的水果安全、营养、风味独特，更能够满足游人对有机食品的需求心理。观光果园将果品生产、休闲旅游、生活与生态、科普示范、娱乐健身等融为一体，更能体现有机果园的价值。观光果园模式在果园生产活动的基础上新增加了观光、休闲等人文活动，使果园系统内容更加丰富，生物链完善，主要有以下3种类型：

1）采摘观光型果园。主要对现有的果园进行适当改造，增添生活和娱乐设施，使果园具有观光休闲、采摘品尝、果品销售功能，当果实成熟的时候，吸引游客直接入内，享受自己采收果实的乐趣。这可在果园内合理布设供游人休息的亭、廊、桌、凳等；将部分果树更换为观赏价值更高的植物，设立观赏区、休闲区、生产实践区、采摘品尝区等，提高游客的参与性和趣味性。

2）景点观光型果园。主要通过果园和旅游规划，在不同地域设置观光景点，按照一园一色、一地一品的要求和特点建园。景点观光果园从品种选择到树体管理，都要力求新、奇、特、美。主要是运用整形修剪技术，创造出各种奇特的树形艺术形态，提高树体的观赏价值；运用各种嫁接手法，培养出一树多果的自然景观；运用果实套袋贴字技术，让果实长出"游客您好""恭喜发财""欢迎光临"等喜庆字样；运用人工授粉、水肥控制技术，培养出色泽艳丽的特大果。

景点观光型果园有多种类型，例如，在园内集中展示"新、奇、特、优"的果树新品种或果树新类型的品种展示型；展示果树栽培技术（如嫁接、修剪等）的栽培技艺展示型；还有果树生产体验型，主要利用果树栽培技艺、果园特色以及傍依的田园风光，吸引游客体验果树生产的辛苦和乐趣，让游客参与果园灌溉、施肥、授粉、疏花疏果、修剪整形、嫁接整枝、艺术果设计、果实套袋、贴字、采摘等生产活动。果树盆景园也是一种观光型果园类型，它是在盆栽果树的基础上，继承和发扬盆景造型艺术，经过技术和艺术加工而形成观赏价值很高的艺术品。多种类型的观光果园可分别设立，并配设农家乐等项目，也可几种组建在一个区域构成综合性观光果园。

3）景区依托型果园。主要依托现有景区开展旅游活动，通常在景区主干道两侧，建设有机果园，或通过选择适宜本地条件的珍稀果树优良品种设置果树景观栽植带建成，也可通过对景区附近的生产性果园进行有机化改造而建成。

项目考核

1．有机农业种植的基本条件有哪些？
2．有机农业种植基地在建设过程中需要注意什么？
3．为什么说有机农业种植基地的建设是生产有机食品的前提和基础？
4．有机农业种植为什么需要转换期？
5．有机农业种植对于种子和种苗有什么要求？
6．常用的育苗技术有哪些？
7．轮作时有哪些原则？
8．列举几种轮作的例子。
9．间作、套种有哪些原则？
10．简要说出间作、套种都有哪些模式？

参考文献

[1] 李在卿，梁平. 中国有机产品认证——有机种植认证指南[M]. 北京：中国环境科学出版社，2009.

[2] 杜相革，董民. 有机农业导论[M]. 北京：中国农业大学出版社，2006.

[3] 有机产品 生产、加工、标识与管理体系要求：GB/T 19630—2019[S].

[4] 有机产品产地环境适宜性评价技术规范 第1部分：植物类产品：RB/T 165.1—2018[S].

[5] 土壤环境质量 农用地土壤污染风险管控标准（试行）：GB 15618—2018[S].

[6] 农田灌溉水质标准：GB 5084—2021[S].

[7] 环境空气质量标准：GB 3095—2012[S].

[8] 杨洪强. 有机园艺[M]. 北京：中国农业出版社，2005.

[9] 杨洪强，范伟国，接玉玲. 有机水果生产技术[M]. 北京：中国轻工业出版社，2013.

[10] 上海有机蔬菜工程技术研究中心（筹）. 有机蔬菜种植技术手册[M]. 上海：上海交通大学出版社，2015.

[11] 王迪轩，何永梅. 有机蔬菜栽培关键技术[M]. 北京：化学工业出版社，2016.

[12] 许俊华. 种植业中的仿生栽培[J]. 农村新技术，2016（3）：4-7.

[13] 秦猛，董全中，薛红，等. 我国保护性耕作的研究进展[J]. 河南农业科学，2023，52（7）：1-11.

[14] 郑孟静，李岩，贾秀领. 主要农作物多样化轮作制度研究进展及展望[J]. 华北农学报，2021，36（S1）：215-221.

[15] 欧阳子龙，贾湘璐，石景忠，等. 间作对作物、土壤及微生物影响的研究进展[J]. 江苏农业科学，2024，52（2）：18-30.

项目三 有机农业种植中的养分管理

　　有机农业遵循农场内的封闭（或半封闭）养分循环的生态理论。有机农业种植中的养分主要来源于土壤，而肥料是土壤供肥能力的保障。土壤是一个有生命的系统，施肥首先是培育土壤，土壤肥沃了，会增殖大量的微生物，再通过土壤微生物的作用供给作物养分。一般认为，土壤化学性质的改善靠施肥，物理性质的改善靠深耕和施用有机肥，生物性质的改善靠有机物和微生物。有机农业种植理论认为，土壤培肥是以根系—微生物—土壤的关系为基础，采取综合措施，改善土壤物理、化学、生物学特性，协调根系—微生物—土壤的关系。养分最佳管理措施的目标是将养分供应与作物需求相匹配以实现最佳产量，同时将损失到环境中的养分减到最少。养分管理的关注点主要在肥料品种、施肥量、施肥时间、施肥方法，旨在高效利用养分以获取经济、社会和环境最大效益。通过本项目的学习，学生会评估和判断土壤优劣、有机农作物对养分的需求，能制定和完成目标土壤的培肥任务，掌握有机（类）肥料的种类、特性与合理施用技术。通过这些教学内容，学生不仅能够获得关于养分管理的理论知识，还能够掌握实践技能，从而能够在实际应用中有效地管理和利用养分资源，促进生态环境的保护和农业的可持续发展。

任务 1　评估有机农作物对养分的需求

任务介绍

　　农作物生长发育所需要的水分和养分，大多通过根系从土壤中吸收。土壤质地、土层厚度、通气、水分和营养状况皆对农作物的生长发育有极大的影响。土壤营养状况显著影响农作物的生长发育，终将影响产量。通过本任务的学习，让学生了解有机农作物对营养的需求。

任务解析

　　了解土壤肥力的概念，会判断土壤的肥力；了解农作物对养分的需求，结合土壤的肥力和农作物对营养的需求，综合判断后期的施肥种类和用量。

知识储备

1 土壤与土壤肥力

1.1 土壤

健康的土壤是有机产品生产的必要条件，一个有机农业生产者应考虑怎样才能保持土壤肥沃。只有在健康肥沃的土壤上，才能生长出旺盛、抗病性强的作物。

（1）土壤成分

1）组成：不同类型土壤的成分各有不同，但一般来讲，土壤的成分应包括：按容积计算矿物质 45%，空气 25%，水 25%，有机质和其他各种生物 5%，当然这个比例会因时因地发生变化。

2）各种生物：包括所有在土壤中生活的生物，由微生物到蚯蚓。它们在土壤中活动，增加土壤空气，是土壤中有机物循环的一部分；它们还可以吸取养分，制造养分，然后又成为养分。

3）矿物质：矿物质中不同的沙粒、粉粒、黏粒各粒级占土壤质量的百分比决定土壤的土质，土质则可反映出土壤的潜在生产力。

4）有机物：土壤中动物的排泄物和尸体、植物的落叶、断枝等，均是土壤里有机物的来源。虽然只占一个很小的百分比，但十分重要。

5）空气：土壤中空气供应充足，微生物分解有机物的速度便会加快，养分供应也会加快。

6）水：水能将溶解后的养分带入植物体内。水分太少，不利于植物营养的吸收；水分太多，占据土粒间的空间，赶走空气，造成土壤缺氧环境，故水分太多、太少都不利于植物生长。

（2）土壤结构

土质：根据土壤中各粒级占土壤质量的比例组合，可以将土壤分为沙土、黏土、壤土三大类，其中间类型还有沙质壤土、黏质壤土、沙质黏土、淤泥黏土等。

1）沙土：沙粒多，粒间孔隙大；空气与水流通容易；保水力差，在无雨季节里，容易变得干旱；保肥力也差，养分容易被冲走；雨后容易变酸，泥面易形成硬表层；容易翻动；适宜种植旱茬作物，使作物提前成熟。

2）黏土：土粒细小；水和空气都很难通过；保水力强，疏水不易，湿了，会结成团，难以翻动，干了，会变硬，甚至龟裂；有机物丰富。

3）壤土：有适当比例的各级土粒；保水力、保肥力均适中；空气与水流动适中；适合较多类型的作物生长。

（3）土层

表土层：最接近表面的一层，一般颜色较深，厚度由几毫米至数十厘米不等，各类生存生物较多，对耕作最重要。

次土层：少量深根作物可以伸至此层，生物少，土粒大，黏土粒与矿物质聚积，对疏水非常重要。

深土层：母质层与风化石粒，石粒较大，石粒风化后供应次土层。

（4）健康土壤的评价指标。

健康土壤的评价指标主要有：土层厚度，固、液、气三相比例，质地，温度，pH，有机质含量，土壤中生物含量。

1.2 土壤肥力

土壤肥力是土壤所含营养物质的数量，并将这些物质以适当方式供给植物的能力。即土壤在植物生长和发育过程中，不断地供应和协调植物需要的水、肥（养分）、气、热和其他生活条件的能力。土壤肥力的核心是供应和协调植物需要的养分。

（1）土壤肥力与土质

土壤肥力与土质关系密切。土壤质地不同，土壤肥力也不同。一是不同质地的土壤其孔隙的数量及大小、孔隙的比例不同，对保水性能、通透性能、温度状况以及有害物质的产生等有重大影响，二是不同的质地与土壤的养分含量及耕作性能有密切关系（表 3-1）。

表 3-1 不同质地土壤的生产性状

生产性状	沙土	壤土	黏土
通透性	颗粒粗，大孔隙多，通气性好	良好	颗粒细，大孔隙少，通气性不良
保水性	饱和导水率高，排水快，保水性差	良好	饱和导水率低，保水性强，易内涝
肥力状况	养分含量少，分解快	良好	养分多，分解慢，易积累
热状况	热容量小，易升温，昼夜温差大	适中	热容量大，升温慢，昼夜温差小
耕性好坏	耕作阻力小，宜耕期长，耕性好	良好	耕作阻力大，宜耕期短，耕性差
有毒物质	对有毒物质富集弱	中等	对有毒物质富集强
植物生长状况	出苗齐，发小苗，易早衰	良好	出苗难，易缺苗，贪青晚熟

资料来源：宋志伟，姚文秋. 植物生长环境[M]. 2 版. 北京：中国农业大学出版社，2011。

（2）土壤肥力的诊断

铁锹诊断技术是一种最简单、最实用、最经济的土壤肥力诊断方法，最早由德国人 Gorbing 于 20 世纪 30 年代提出，后经 Preuschen 和 Hampl 在欧洲广泛流传。它可以帮助农民认识土壤状态、结构和根系生长，找出土壤状况与作物生长的关系，从而改善其耕作和培肥措施。尤其是在偏僻地区和农业技术条件较差、技术推广与普及程度较低的地区，宣传、推广该项技术，可使农民从一开始就直接感受到他所耕种的土壤的特性。

铁锹诊断的优点是省时省地；取自好坏土壤的土样可以同时放在一起，直接进行比较。缺点是土样局限某一个点；要对整个地块及其耕作状况做出评价，必须在不同的地点多次重复。

2 农作物营养与土壤施肥

2.1 农作物营养

农作物营养是农作物与环境之间物质（养分）和能量的交换过程，也是农作物体内物质（养分）运输和能量转化的过程。

农作物必需的营养元素有碳、氢、氧、氮、磷、硫、钙、镁、钾、铁、锰、钼、铜、硼、锌、氯、钠、钴、钒和硅。

氮是农作物合成蛋白质、氨基酸、核酸和光合作用叶绿素形成的重要元素；

磷可以贮存和转运能量，它是核酸、辅酶、核苷酸、磷蛋白、磷脂和磷酸糖类等一系列重要生化物质的结构组分；

钾主要起催化作用，如参与酶的激活（如淀粉合成酶和固氮酶的活化）、平衡水分、能量形成、同化物的转运、氨的吸收及蛋白质合成、活化；

钙对细胞的伸长、分裂和细胞膜的构成及其渗透性起重要作用；

镁是叶绿素分子中仅有的矿质组分，也是核糖体的结构成分，具有多种生理和生化功能，参与同磷酸盐反应有关的功能团的转移；

硫在植物生长和代谢中有多种重要功能，参与蛋白质（如铁氧还蛋白）、叶绿素和其他代谢物的合成，形成植株的特征味道和气味；

硼在植物分生组织的发育和生长中起重要作用，如分生组织新细胞的发育，正常受粉，坐果大小一致，豆科植物结瘤，糖类、淀粉、氨和磷的转运，氨基酸和蛋白质的合成，调节碳水化合物代谢；

铁是非血红素分子的结构组分，参与酶系统；

锰参与光合作用特别是氧释放，也参与氧化还原过程、脱羧和水解反应；

铜在植物营养中的作用包括参与有关酶系统的代谢过程；

锌参与生长素代谢，促进合成细胞色素和稳定核糖体；

钼是硝酸还原酶和固氮酶的必需组分，在植物对铁的吸收和运输中起重要作用；

氯在光合作用光系统 I 的释氧过程中起作用，具有防病、渗透等作用；

钴是微生物固定大气氮的必需元素，与血红蛋白代谢和根瘤菌中核糖核苷酸还原酶有关；

硅是水稻、牧草、甘蔗和木贼属等农作物所必需的，对细胞壁结构有作用，可提高抗病性、茎秆强度和抗倒伏能力。

2.2　农作物营养的诊断

（1）形态诊断

农作物缺乏某种元素时，一般都在形态上表现出特有的症状，即所谓的缺素症，如失绿、现斑、畸形等。由于元素不同、生理功能不同，症状出现的部位和形态常有它的特点和规律。一些容易移动的元素如氨、磷、钾和镁等，当农作物体内呈现不足时，就会从老组织移向新生组织，因此缺乏症最初总是在老组织上出现。一些不易移动的元素如铁、硼、钙等，其缺乏症则常常从新生组织开始表现。铁、镁、锰、锌等直接或间接与叶绿素形成和光合作用有关，缺乏时一般都会出现失绿现象；而如磷、硼等与糖类的转运有关，缺乏时糖类容易在叶片中滞留，从而有利于花青素的形成，常使农作物茎叶带有紫红色泽；硼与开花结实有关，缺乏时花粉的发育和花粉管的伸长受阻、不能正常受精，就会出现"华而不实"。畸形小叶是锌缺乏使生长素形成不足所致等。

这种外在表现和内在原因的联系是形态诊断的依据。形态诊断不需要专门的仪器设备，主要凭目视判断，经验在其中起着重要作用。所以形态诊断在实践中具有重要的意义，尤其是对某些具有特异性症状的缺乏症。但是，当作物缺乏某种元素而不表现该元素的典型症状或者与另一种元素有着共同的特征时就容易误诊，因此形态诊断的同时还需要配合其他的检验方法。

（2）化学诊断

分析植物、土壤的元素含量，与预先拟定的含量标准比较做出判断。一般来说，植株分析结果最能直接反映植物营养状况，是判断营养最可靠的依据。土壤分析结果与植物营养状况一般也有密切的关系，但是植物营养缺乏除土壤元素含量不足外，还与在外界环境影响下植株根系的吸收不良有关，因而会出现土壤养分含量与植物生长状况不一致的现象，所以土壤营养分析结果与植物营养状况的相关性不如植株分析结果可靠。但是土壤分析在诊断工作中仍是不可缺少的，它与植株分析的结果互相印证，使诊断结果更为可靠。

（3）酶学诊断

酶测法的原理：许多元素是酶的组成或活化剂，所以当缺乏某种元素时，与该元素有关的酶的含量或活性就发生变化，故测定其数量或活性可以判断这种元素的丰缺情况。酶测法的特点是：

1）灵敏度高，有些元素在农作物体内含量极微（如铝），常规测定比较困难，而酶测法相对容易；

2）相关性好，如碳酸酐酶，它的活性与锌的含量曲线基本上是一致的；

3）酶促反应的变化远远早于形态变异，这一点有利于早期诊断或潜在性缺乏的诊断。所以，可以认为酶学诊断是一种有发展前途的方法。

2.3 农作物所需营养的来源和特点

农作物养分主要来源于土壤养分和施肥。土壤的养分包括养分的总量和养分的有效含量，养分的总量代表了土壤养分的供应潜力，而养分的有效含量则决定了土壤对当季作物养分的供应能力。土壤养分总量比一季作物的需要量大得多，如我国中等肥力的土壤，其养分含量假定能被全部利用，每亩耕地的土壤氮可供年产 500 kg 的作物利用 15～30 年，磷为 30～45 年，钾为 140～300 年。当然全部被利用是不可能的，所以对当年作物来说，土壤中养分的有效含量最重要，这一部分所占比例很小，如土壤中的有效氮只占全部氮的0.05% 以下，磷、钾通常只占 0.03%～0.05%。土壤养分在作物生长中起着重要作用，土壤提供植物 30%～60% 的氮，50%～70% 的磷和 40%～60% 的钾。在作物营养期中，对养分的要求常有两个极其重要的时期：作物营养临界期和作物营养最大效率期。如能及时满足这两个重要时期对养分的要求，一定能显著地提高作物产量和品质。

🖊 任务操作

1 铁锹诊断土壤肥力技术

1）取样。选择合适的样地；清除地表杂草或秸秆；选择适当位置的农作物，先用铁锹在农作物周围的地面上挖出一个长约 50 cm、宽约 30 cm 的长方形；在此长方形的一侧挖一个和铁锹一样深的坑，取出另一侧带有植物的土砖（土样）。

2）观察。一般观察：土壤耕作，田间计划；土壤表层：植被、作物茬口、状态（淤结、机械轮迹、蚯蚓粪便、水土流失情况）；土壤剖面：土壤湿度、气味、颜色、质地、土壤结构层次及熟化程度、有机质、根系生长状况（数量、分布和畸形根）、蚯蚓和落地试验等。

3）结论与评价。根据以上的观察和分析，对所诊断的土壤做出评价，可分成好、一般、不好三等。把每一项具体的观察结果综合成为一个总的评价，并用语言表达出来。

铁锹诊断技术是根据各种具体因素的综合评定而形成的一种关于土壤肥力的总体估测，是定性的测定方法。它能够准确地认识土壤肥力状况，并可作为土壤耕作和培肥措施的辅助工具。

2 化学法诊断土壤肥力技术

土壤肥力的主要测试化学指标为土壤 pH（电位法）、土壤有机质含量（重铬酸钾氧化还原滴定法），土壤全氮（半微量凯氏法），土壤无机氮含量（NH_4-N：靛酚蓝比色法，NO_3-N：校正因数法）、土壤全磷（消煮-钼锑抗比色法）、土壤有效磷（Olsen 法）、土壤全钾（火焰光度计）、土壤有效钾（NH_4OAc 法）、土壤微量元素。

土壤肥力的主要测试物理指标为质地、容重、水稳性团聚体、孔隙度（总孔隙度、毛管孔隙度、非毛管孔隙度）、土壤耕层温度变幅、土层厚度、土壤含水量、黏粒含量。

土壤肥力的主要测试生物学指标为有机质、腐殖酸（富里酸、胡敏酸）、微生物态碳、微生物态氮、土壤酶活性（脲酶、蛋白酶、过氧化氢酶、转化酶、磷酸酶等）。

土壤肥力指标除了包括以上土壤营养（化学）指标、土壤物理指标、土壤生物学指标，还包括土壤环境条件指标等多种因子，并且全部因子都以数值表示，这样进行土壤肥力评价时涉及大量的数据，单凭个人直观地从这些纷繁的数据中找出它们内部联系，即使具有丰富的经验也很难做到。因此，必须借助数学方法，从多因素角度对土壤肥力进行综合评价。通常，采用的数学方法有因子分析法、聚类分析法、判别分析法、主分量分析法（主成分分析法、主因素分析法）、因子加权综合法等。由于选取的指标不同，分析的目标的差异，选择的评价方法也不同，因而，没有统一的评价方法。同时，计算机技术的普及，国外统计软件的引进，使得那些过去因数据量大、计算复杂的分析方法也得到广泛的应用，极大地提高了土壤肥力评价的定量化水平和科学性。

3 农作物缺素症的判断

3.1 症状特点

如症状先在老叶上出现，说明缺乏的是氮、磷、钾、镁、锌。由于这些元素在作物体内具有再度利用的特点，当作物缺乏时，它们可以从下部老叶转移到上部新叶而再度利用，所以缺素症往往首先从下部老叶上显现出来。如果症状出现在新组织，说明缺乏的是钙、铁、硼、硫等，由于这些元素在作物体内移动性差，没有再度利用的能力，因此缺乏时症状最易在新生组织上表现出来。

3.2 不同元素缺素症状和甄别判定要点

1）缺磷：作物缺磷往往呈现各种症状，如叶形变小，颜色变暗绿。叶片变厚，种子和果实成熟延迟，种子不充实。某些作物如油菜、玉米等因缺磷叶部和茎部常积累较多的花青素而呈暗紫红色，根部颜色略黄，根系生长不健壮，分枝较少。缺磷症状一般植株的地上部分比地下部分表现明显。

2）缺氮：首先在中下部老叶发病，作物氮素营养不足一般表现为：植株矮小、细弱，叶呈黄绿、黄橙等非正常绿色，叶片薄而柔软，基部叶片逐渐干燥枯萎；根系分支少；禾谷类作物的分蘖显著减少，甚至不分蘖；幼穗分化差，分支少，穗形小，花果少而易脱落。

3）缺钾：作物缺钾病症的表现较氮、磷为迟，往往要到旺盛生长的中期才能发现。这与钾在作物体内流动性大很易被再利用有关，故缺钾首先在老叶上发病，初期往往表现为叶肉色泽变为不均匀的淡色，叶缘卷曲或带皱纹，进而尖端和边缘部分变黄而枯焦，严重者往往叶上出现褐色烧灼状坏死斑点，病斑界限清楚。在水稻上呈锈色条点；小麦老叶尖和边缘黄枯。

4）缺镍：缺镍首先在作物的叶片、叶尖出现坏死现象，主要是低镍条件造成作物叶片中积累大量尿素所致，中下部功能叶先发病，双子叶植物叶肉呈网状黄化很明显，禾谷类作物叶肉呈条状黄化。

5）缺锰：顶部幼叶先出现症状。水稻等单子叶作物叶上先出现灰色或褐色斑点，而后斑点逐渐沿叶脉连成条状。

6）缺硫：硫在作物体内不易流动，缺硫时幼叶先发病，叶脉与叶肉缺绿，叶色浅，一般不发白。

7）缺镁：叶肉缺绿黄化，一般无坏死斑点，与缺氮失绿不同的是叶肉变黄，叶脉仍为绿色。中下部功能叶先发病，双子叶植物叶肉呈网状黄化很明显，禾谷类作物叶肉呈条状黄化。

8）缺硼：顶部幼嫩组织先发病。顶芽生长停止并逐渐枯死，叶色暗绿或紫色，叶形变小，叶厚、皱缩，植株矮化。大豆等缺硼发生蕾而无花、花而不实；小麦缺硼出现穗而不实。

9）缺钼：缺钼能使作物中部或下部老叶呈黄绿色，伴有边缘失绿或卷曲，豆科作物根瘤发育不好，固氮活性低，花椰菜会因缺钼而引起顶端畸形（鞭尾症）。

10）缺铜：缺铜顶部幼叶先发病，缺绿。禾本科作物叶尖变白，小麦呈捻曲状，边缘灰黄色，抽穗困难。

11）缺锌：缺锌作物生长发育迟缓，甚至出现停止状态。双子叶植物缺锌的最典型症状，是由于节间缩短而造成的矮化（簇生病）和叶片明显缩小（小叶病）。单子叶玉米等禾谷类作物缺锌时，常在叶片上沿中脉出现失绿带（花白苗）或有时杂有红色斑状褪色现象。

任务 2　土壤培肥

任务介绍

从事有机农业生产，首先需要培育健康的土壤。没有好的土壤环境，就不可能有好的作物生长环境，就不可能生长出优质的农产品。因此土壤改良培肥，必须要下功夫，从事有机农业生产的农场也必须要对农场的土壤进行治理和培肥。通过本任务的学习，学生可掌握有机农业种植土壤培肥的要求和具体措施。

📁 **任务解析**

先了解种植园土壤基本情况，结合国家标准中对于有机产品种植允许的土壤培肥和改良物质，确定可以使用的有机肥。对于不同农作物，确定培肥措施。

▦ **知识储备**

1 有机农业种植土壤培肥原则和要求

1）应通过适当的耕作与栽培措施维持和提高土壤肥力，包括：回收、再生和补充土壤有机质和养分来补充因植物收获而从土壤带走的有机质和土壤养分；采用种植豆科植物、免耕或土地休闲等措施进行土壤肥力的恢复。

2）当前述措施无法满足植物生长需求时，可施用有机肥以维持和提高土壤的肥力、营养平衡和土壤生物活性，同时应避免过度施用有机肥，造成环境污染。应优先使用本单元或其他有机生产单元的有机肥。若外购商品有机肥，应经认证机构许可后使用。

3）不应在叶菜类、块茎类和块根类植物上施用人粪尿；在其他植物上需要使用时，应当进行充分腐熟和无害化处理，并不应与植物食用部分接触。

4）可使用溶解性小的天然矿物肥料，但不应将此类肥料作为系统中营养循环的替代物。矿物肥料只能作为长效肥料并保持其天然组分，不应采用化学处理提高其溶解性，不应使用矿物氮肥。

5）可使用生物肥料；为使堆肥充分腐熟，可在堆制过程中添加来自于自然界的微生物，但不应使用转基因生物及其产品。

6）植物生产中使用土壤培肥和改良物质时应符合表 3-2 的要求。

表 3-2　土壤培肥和改良物质

类别	名称和组分	使用条件
植物和动物来源	植物材料（秸秆、绿肥等）	
	畜禽粪便及其堆肥（包括圈肥）	经过堆制并充分腐熟
	畜禽粪便和植物材料的厌氧发酵产品（沼肥）	
	海草或海草产品	仅直接通过下列途径获得：物理过程，包括脱水、冷冻和研磨；用水或酸和/或碱溶液提取；发酵
	木料、树皮、锯屑、刨花、木灰、木炭及腐殖酸类物质	来自采伐后未经化学处理的木材，地面覆盖或经过堆制
	动物来源的副产品（血粉、肉粉、骨粉、蹄粉、角粉、皮毛、羽毛和毛发粉、鱼粉、牛奶及奶制品等）	未添加禁用物质，经过堆制或发酵处理
	蘑菇培养废料和蚯蚓培养基质	培养基的初始原料限于 GB/T 19630—2019 附录中的产品，经过堆制
	食品工业副产品	经过堆制或发酵处理
	草木灰	作为薪柴燃烧后的产品
	泥炭	不含合成添加剂。不应用于土壤改良；只允许作为盆栽基质使用
	饼粕	不能使用经化学方法加工的

类别	名称和组分	使用条件
矿物来源	磷矿石	天然来源，镉含量小于等于 90 mg/kg 五氧化二磷
	钾矿粉	天然来源，未通过化学方法浓缩。氯含量少于 60%
	硼砂	天然来源，未经化学处理、未添加化学合成物质
	微量元素	天然来源，未经化学处理、未添加化学合成物质
	镁矿粉	天然来源，未经化学处理、未添加化学合成物质
	硫黄	天然来源，未经化学处理、未添加化学合成物质
	石灰石、石膏和白垩	天然来源，未经化学处理、未添加化学合成物质
	黏土（如珍珠岩、蛭石等）	天然来源，未经化学处理、未添加化学合成物质
	氯化钠	天然来源，未经化学处理、未添加化学合成物质
	石灰	仅用于茶园土壤 pH 调节
	窑灰	未经化学处理、未添加化学合成物质
	碳酸钙镁	天然来源，未经化学处理、未添加化学合成物质
	泻盐类	未经化学处理、未添加化学合成物质
微生物来源	可生物降解的微生物加工副产品，如酿酒和蒸馏酒行业的加工副产品	未添加化学合成物质
	天然存在的微生物提取物	未添加化学合成物质

资料来源：有机产品　生产、加工、标识与管理体系要求：GB/T 19630—2019。

2　有机农业种植土壤培肥措施

土壤培肥是指针对某一区域作物耕作和栽培制度，以合理施用有机肥料和无机肥料以及深耕改土等技术为手段，通过提高土壤有机质和养分含量，使土壤肥力不断提升，实现作物高产、稳产的措施。

有机作物生产基地选择时，土壤环境质量应符合《土壤环境质量　农用地土壤污染风险管控标准（试行）》（GB 15618—2018）有关农田部分的要求。施肥是补充和增加土壤养分的最有效手段。做到合理施肥、经济用肥，最重要的是掌握有机农业土壤培肥的以下措施。

2.1　根据有机肥特性进行施肥

有机肥来源广、种类多，常用的包括人畜粪尿、作物秸秆、厩肥、堆肥、沼液、绿肥、饼肥等，它们各具自身的性质和特点。正确地使用它们，则能充分发挥肥效，达到提供作物养分、改良土壤的目的；如果使用不当，则不但肥效大量损失，还有可能影响作物生长，并造成环境污染。因此，施用有机肥必须注意以下几点。

1）各类有机肥除直接还田的作物秸秆和绿肥外，为了矿化营养物质，降低 C/N 值及杀灭病原菌、寄生虫卵和杂草种子，一般需充分腐熟后方可施入土壤。对于未充分腐熟直接施入土壤的有机肥则必须在作物种植前提前施入，并避免与种子、秧苗接触，以免引起烧苗现象。施用饼肥等高热量有机肥时尤其要注意这一点。

2）堆沤肥、沼肥及厩肥都经过一定程度的腐解，绝大多数有机氮以较稳定的形式存在，一般作基肥使用，适用于各类土壤和各种作物。因其中含有大量腐殖质，对改良土壤、提高土壤肥力效果显著。

3）秸秆类肥料一般 C/N 值偏高，如禾本科作物秸秆的 C/N 值为（50～80）∶1，杂草为（24～45）∶1，施用不当易与作物争夺速效氮而影响作物早期生长，故在作物秸秆还田的同时，必须使用适量的高氮物质，如腐熟的人粪尿或鲜嫩的豆科绿肥，以降低 C/N 值，促进秸秆腐熟。另外，植物残体施入土壤后，在矿化过程中易于引起土壤缺氧，并产生植物毒素（有机酸和酚类化合物），为了避免其对作物种子萌发和秧苗生长的危害，要求在作物播种或移栽前早翻压秸秆。成功的秸秆还田依赖于它与土壤混合的程度，使微生物能有效地进行降解。如果深翻，则可能使秸秆埋入深土中，由于缺乏氧气而降解缓慢，以致阻碍根系的生长。浅耕可使秸秆均匀地与土壤混合，通气性良好，有机物易于降解。

4）草木灰是农村最为普遍的钾肥，含氧化钾 5%～10%。由于草木灰碱性强，不宜与腐熟的粪尿、厩肥等混合贮藏和使用，以免造成氨的挥发，降低肥效。总之，有机耕作强调土壤耕作要做到尽量保持土壤的结构，并允许土壤在轮作过程中尽可能长时间地受地表植物的保护，浅耕只混合表层土是这种耕作方法的关键，当然不排除必要时进行的深耕。国外有机生产丰富多样，为了达到有机生产要求的耕作目标，发明了许多不同的耕作器具，做到既深耕又浅翻，同时满足疏松透气和便于播种、移栽与控制杂草的目的。

2.2　根据作物品种及其生长规律进行施肥

不同种类的作物对各种养分的需要量和比例是不同的。例如，薯类作物比禾本科作物需要更多的钾；豆科通过固氮获取氮素，但需磷、钾、钙、钼等元素较多；以茎叶为主的蔬菜、茶叶、桑等作物则需氮较多。就同一作物而言，不同品种之间或同一品种的不同生育时期，对养分的吸收也不一样。因此在施肥上不能一律对待，必须根据作物对养分数量和比例的要求分别对待，才能获得高产。有机肥营养成分比较复杂，难以把握施用量，更不易根据不同作物的养分需求合理地配合施用。因此，了解不同有机肥营养成分含量对正确施用有机肥，满足作物生长至关重要，常见有机肥的养分含量如表 3-3 所示。在制订有机栽培施肥计划时，首先要确定有机肥料的 N、P、K 含量，当季利用率一般为 20%～40%，作物残茬和土壤库存养分的贡献率（一般可认为作物所需养分的一半来自土壤库存的养分）和作物对养分的需求量见表 3-4。一般地，有机肥中氮素含量较低，磷、钾含量相对较高，而氮素又是作物生长需求量最大、土壤中又比较缺乏的元素，所以在计算有机肥施用量时，可以作物需氮量为基础进行计算，氮量足够，磷、钾通常不会缺乏，而对于喜磷、钾作物，则可分别以骨粉、磷矿粉、草木灰等富磷、钾肥补充。现代作物品种多为需水肥较多的高产品种，有机栽培只有施足有机肥，充分满足作物养分需要，才不会降低作物产量。

表 3-3　常见有机肥的养分含量　　　　　　　　　　单位：%

肥料名称		磷（P$_2$O$_5$）	钾（K$_2$O）	氮（N）	肥料名称		磷（P$_2$O$_5$）	钾（K$_2$O）	氮（N）
粪肥	猪粪尿	0.48	0.27	0.43	绿肥	黄花苜蓿	0.54	0.14	0.4
	猪尿	0.3	0.12	1		大麦草	0.39	0.08	0.33
	猪粪	0.6	0.4	0.14		小麦草	0.48	0.22	0.63
	猪厩肥	0.45	0.21	0.52		玉米秆	0.48	0.38	0.64
	牛粪尿	0.29	0.17	0.1		稻草	0.63	0.11	0.85
	牛粪	0.32	0.21	0.16		草木樨	0.48	0.13	0.44
	牛厩肥	0.38	0.18	0.45		毛叶苕子	0.47	0.09	0.45
	羊粪尿	0.8	0.5	0.45		油菜	0.43	0.26	0.44
	羊尿	1.68	0.03	2.1		田菁	0.52	0.07	0.15
	羊粪	0.65	0.47	0.23		红三叶	0.36	0.06	0.24
	鸡粪	1.63	1.54	0.85		水花生	0.15	0.09	0.57
	鸭粪	1	1.4	0.6		水葫芦	0.24	0.07	0.11
	鹅粪	0.6	0.5	1	堆肥	麦秆堆肥	0.88	0.72	1.32
	蚕沙	1.45	0.25	1.11		玉米秆堆肥	1.72	1.10	1.16
饼肥	菜籽饼	4.98	2.65	0.97		棉秆堆肥	1.05	0.67	1.82
	黄豆饼	6.3	0.92	0.12		生活垃圾	1.35	0.80	1.47
	棉籽饼	4.1	2.5	0.9	灰肥	棉秆灰	—	—	3.67
	蓖麻饼	4	1.5	1.9		稻草灰	—	1.10	2.69
	芝麻饼	6.69	0.64	1.2		草木灰	—	2.00	4.00
	花生饼	6.39	1.1	1.9		骨头灰	—	40.00	—
绿肥	紫云英	0.33	0.08	0.23	杂肥	鸡毛	8.26	—	—
	紫花苜蓿	0.56	0.18	0.31		猪毛	9.60	0.21	—

资料来源：杜相革，董民. 有机农业导论[M]. 北京：中国农业大学出版社，2006。

表 3-4　不同作物经济产量 100 kg、1 000 kg 的需肥量　　　　单位：kg

作物种类	氮（N）	磷（P$_2$O$_5$）	钾（K$_2$O）
稻谷	2.4	1.25	3.1
冬小麦（籽粒）	3	1.25	2.5
玉米（籽粒）	2.6	0.9	2.1
大豆（籽粒）	6.6	1.3	1.8
胡豆（籽粒）	6.41	2	5
豌豆（籽粒）	3	0.86	2.86
花生果	6.8	1.3	3.8
芝麻	8.23	2.07	4.41
甘薯	0.35	0.175	0.55
油菜籽	5.8	2.5	4.3

作物种类	氮（N）	磷（P_2O_5）	钾（K_2O）
萝卜（鲜块根）	2.1～3.1	0.8～1.9	3.8～5.6
甘蓝（鲜茎叶）	3.1～4.8	0.9～1.2	4.5～5.4
菠菜（鲜茎叶）	2.1～3.5	0.6～1.1	3.0～5.3
茄子（鲜果）	2.6～3.0	0.7～1.0	3.1～5.5
胡萝卜（鲜块根）	2.4～4.3	0.7～1.7	5.7～11.7
芹菜（全株）	1.8～2.0	0.7～0.9	3.8～4.0
番茄（鲜果）	2.2～2.8	0.50～0.80	4.2～4.80
黄瓜（鲜果）	2.8～3.2	1.0	4.0
南瓜（鲜果）	3.7～4.2	1.8～2.2	6.5～7.3
甜椒（鲜果）	3.5～5.4	0.8～1.3	5.5～7.2
冬瓜（鲜果）	1.3～2.8	0.6～1.2	1.5～3.0
西瓜（鲜果）	2.5～3.3	0.8～1.3	2.9～3.7
大白菜（全株）	1.77	0.81	3.73
花菜（鲜花球）	7.7～10.8	2.1～3.2	9.2～12.0
架豆（鲜果）	8.1	2.3	6.8
洋葱	2.7	1.2	2.3
大葱	3.0	1.2	4.0
柑橘	6.0	1.1	4.0
梨	4.7	2.3	4.8
苹果	3.0	0.8	3.2
桃	4.8	2.0	7.6
柿	5.9	1.4	5.4
葡萄	6.0	3.0	7.2
草莓（鲜果）	3.1～6.2	1.4～2.1	4.0～8.3

注：粮油类作物按产量 100 kg、其他按 1 000 kg。

资料来源：杜相革，董民. 有机农业导论[M]. 北京：中国农业大学出版社，2006。

在满足作物需肥量的同时还需掌握肥料的施用时间。由于施用肥量大，消耗劳力较多，往往会出现一次性施足基肥而不再追肥的现象，这种培肥方式不利于作物的高产优质。因为作物生长过程具营养阶段性，有两个特别重要的营养时期即营养临界期和营养最大效率期，前者往往出现在作物生长初期，如果缺乏矿质营养，则会显著影响作物生长，且以后施用大量肥料也难以补救，因此，在作物播种阶段或移栽初期，如果只施固态有机肥作基肥，因其养分释放需经历微生物的矿化过程，可能在营养临界期造成短暂的营养不足而影响作物生长；后者一般出现在作物生长中期，以种子或果实为经济器官的作物，其营养最大效率期是在生殖生长时期及开花结果期，此时作物需肥量大，对肥料利用率高，如仅施基肥，则由于作物生长前期需肥量较小，矿化的营养可能因硝化淋溶、氮挥发而损失，而营养最大效率期又可能因不能提供足够的矿质营养而影响作物生长和产量。因此，施用有机肥同样要考虑作物各阶段的营养特点，结合具体情况，采用固态有机肥作基肥，速效有机肥作种肥和追肥相结合的施肥方法，才能充分满足作物对养分的需要，获得理想产量。

2.3 根据土壤性质合理施肥

土壤特性对于作物营养与施肥的关系非常密切，土壤的水分、温度、通气性、酸碱反应、供肥保肥能力以及微生物状况等都直接影响作物对营养物质的吸收。有机肥施入土壤后，其养分的微生物矿化、固定过程既取决于有机肥中易分解能源物质和有机氮的含量，又与土壤环境有关。在淹水条件下，由于缺氧，有机物矿化速度慢，但由于土壤微生物繁殖速度低，固定氮素少，从而使在淹水条件下有机物分解时可以释放更多的氨态氮，如稻草在厌氧条件下分解所释放的氮量可以比好氧条件下高 5～6 倍，而在旱地，当 C/N≥35.4 时，秸秆对当季作物不能供氮，甚至会有负数。因此，可以推断水田较旱地更适合施用 C/N 值较大的作物秸秆。

不同的土壤，其肥力状况不一致，供给作物养分的能力也不一样。我国北方由于气温低，夏季雨水多，土壤中保存了较多的有机质和氮素，如东北的黑土，有利于有机农业种植。但土壤供肥性能的大小和肥力的高低除了取决于其养分含量外，还有其耕作性能和生产性能。北方气温较低，土壤微生物活动较弱，对土壤库存的养分矿化率很低，因此，为满足作物生长需要，仍需施用一定量的有机肥料。由于非腐解态的有机物施入土壤对增强土壤的生物活性及改善土壤腐殖质的组成，增加土壤腐殖质中活性腐殖质比例较腐熟的有机物有更好的作用，因此，北方进行有机农业种植时最好每年都要施入一定量的作物秸秆和绿肥，以激活和更新土壤库存的有机质。南方气温高，雨水多，土壤养分淋失较大，其氮、磷、钾均比较缺乏，有机质含量较低，进行有机耕作时要加大有机肥的投入。

另外，有机耕作土壤培肥还需考虑土壤的保肥性能，土壤的酸碱反应。砂性土保肥性差，多施固态有机肥有利于提高保肥能力，施用液体有机肥时，应注意少量多次。在酸性强的土壤里，如南方的酸性红壤、黄壤地区，可以施石灰来中和土壤的酸度，改良酸性土，但施用时需注意不要和腐熟的有机肥混在一起，以免引起氨的挥发损失；而对碱性土壤，可用石膏来降低其碱性。总之，有机栽培的土壤培肥必须结合土壤的特性，因地制宜，按土用肥。

2.4 建立合理的轮作复种体系，加强土壤的自身培肥能力

同一地块连续不断地种植同一种作物，也就是所谓连作时，极易引起连作障碍，不但容易滋生病虫害，有些作物根部遗留的一些相生相克物质或自毒性物质以及多余盐类都会残留在土壤中危害自身或下茬作物。防止连作障碍最好的方法是轮作。

有机农业极力强调包括豆科作物在内的轮作复种和间作套种，以增加作物品种多样性，培育地力，防治病虫害发生。因不同作物在土壤里扎根的深浅不同，需要养分的数量也不同，浅根作物吸收的是土壤上层养分，而深根作物则可利用土壤深层养分。如果连年种植一种作物，就会造成土壤某一部分某种养分的大量缺乏，而深根、浅根作物轮作则可充分利用土壤肥力，调节土壤养分。在有机农业中特别重视豆科作物的栽种，因其根瘤菌能固定空气中大量的氮素，既满足豆科作物当年需要，还可供给下季作物的利用。种植豆科绿肥，不但可以增加土壤氮素，还可以提高土壤有机质含量，改良土壤结构，以豆科植物作覆盖物，则既可防止土壤的侵蚀与板结，抑制杂草生长，又能培肥土壤。因此，在制订有机栽培计划时，要合理安排深根、浅根作物，需肥量大、小的作物及豆科作物的茬口，

增强有机耕作土壤培肥的系统观和整体观，统筹规划，做到土地的用养结合，保持土壤肥力的持久性。轮作的组合很多，较好的组合有：旱作和水稻轮作；水稻和蔬菜轮作；禾本科与非禾本科作物轮作；葱、韭、蒜与葫芦科或茄科作物的轮作或间作；蔬菜与防治线虫作物轮作，如决明子、万寿菊等；蔬菜与绿肥作物轮作。在科尔沁沙地的研究表明，农林（林草）复合利用模式的土壤质量性状最优，有机无机配施、精细管理的灌溉农田次之，而粗放管理的旱作农田最差。由于混合种植农作物和它们的时空分布多种多样，将会使小生境和资源产生更大的多样性，这种多样性会刺激土壤的生物多样性。例如，多数生活环境维持混合复杂的土壤有机体，并且通过作物轮作和间作使种类众多的有机体的存在成为可能，多种生活环境还改善了营养循环和病虫害控制的自然过程。

2.5 重视地表覆盖和秸秆还田在土壤培肥与保护土壤方面的作用

在有机质生产中，可用作物秸秆、杂草、稻糠、木屑等作为地表覆盖物或种植一些覆盖作物，以保护土壤，抑制杂草生长，并为作物提供养分。农民的实践证明，此方法使用得当的话，效果相当显著。秸秆还田不仅可以改善土壤物理性状，提高土壤肥力，同时还可以减轻因焚烧秸秆带来的环境污染，保护生态环境。秸秆还田腐殖化系数很高，达到 $0.25 \sim 0.50$，即有 25%～50%转化成土壤腐殖质，增加了土壤的透气性，促进了土壤水稳性团粒的形成，调节耕层水、肥、气、热，同时提供丰富的养分。根据试验，连续 3 年施用作物秸秆［4.5 t/（$hm^2 \cdot a$）］，可使土壤有机质提高 0.05%～0.09%，速效磷增加 0.5～3 mg/kg，速效钾增加 5～10 mg/kg，容重下降 0.01～0.08 g/cm^3，总孔隙度增加 1.11%。秸秆还田区的作物一般比不采用还田区的作物增产：水稻 8%～15%，小麦 5%～13%，棉花4%～9%。秸秆还田不仅当季能取得培肥改土、增产增收的效果，而且对后茬作物的生长发育也有促进作用。实行秸秆还田的水稻田种小麦，小麦可以增产 8%～10%。

3 常用有机肥的种类和特性

长期施用有机肥料是农业生产上合理施肥和改良土壤的重要措施之一，特别是当前无公害农产品、绿色食品和有机食品的生产更为重视和强调有机肥料的施用问题。但必须指出，与化学肥料相比，有机肥尚有不足之处，两大类肥料各有各的特点。

1）有机肥料含养分全面，但养分含量低，不能满足作物高产和旺长期对养分的需求；化学肥料含养分比较单一，但养分含量高。

2）有机肥料含有机质，能改良和培肥土壤；化学肥料仅能供给作物矿质营养，一般无培肥改土作用，有些化肥甚至含有副成分，长期施用会给土壤带来不良影响。

3）有机肥料养分释放缓慢，供肥时间长；化学肥料养分释放快，但肥效不持久。

4）有机肥料含有一定水分，体积大，运输和施用不如化学肥料方便，多数有机肥料需要腐熟或者经无害化处理后施用。

3.1 畜粪肥与厩肥

畜粪是饲料经家畜消化后未被吸收利用排出体外的物质，主要成分有纤维素、半纤维素、木质素、蛋白质、氨基酸、脂肪类、有机酸、酶及各种无机盐类。家畜粪富含有机物而氮、磷、钾较少；以羊粪中三要素的含量最多，猪、马粪次之，牛粪最少。除氮、磷、钾外，家畜粪中还含有其他营养元素。家畜粪中的氮、磷主要呈复杂的有机物状态，需要经腐解方能被作物吸收利用。

畜尿的成分比较简单，全部是水溶性物质，主要是尿素、尿酸、马尿酸以及钾、钠、钙、镁的无机盐类，畜尿含氮、钾多而磷较少。家畜尿中的钾大多为简单的无机盐，对作物有较高的有效性，氮素形态以尿素态的含量较少，而马尿酸、尿酸等较难分解的形态含量高。各类畜粪肥的养分含量如下。

1）猪粪。质地较细，含纤维素少，碳氮比较小，养分含量较高，阳离子代换量较大，所以猪粪有良好的改土作用。又因猪粪中含有较多的氨化细菌，比较易于腐解。所以，猪粪性质柔和，后劲长，作物施用猪粪既长苗又壮棵，在各种土壤上都有良好的肥效。

2）牛粪。牛是反刍动物，饲料经反复消化，因而粪质细密。牛粪中水分含量多，通气差，碳氮比大，养分含量低，故牛粪腐解缓慢，发酵过程中放热量少，一般称之为冷性肥料。牛粪经适当晾干，再与马粪等混合堆沤可以加速腐解。牛粪对缺乏有机质的砂性土改良效果较好。

3）马粪。马对饲料的咀嚼和消化不及牛细致，马粪疏松多孔，纤维含量高，水分少且易蒸发，并含有较多的高温纤维分解细菌，腐熟时产生的热量多，有时可使粪堆温度升至 70℃左右，因此马粪被称为热性肥料。马粪除可直接作肥料外，还可用作堆制高温堆肥及温床酿热物的原料。马粪对于改良黏土有良好效果。

4）羊粪。羊也是反刍动物，但羊饮水少，故羊粪干燥而致密，养分浓度高。堆积时羊粪发热量大，也是热性肥料。羊粪肥效较猛，分解快。为缓和其燥性，使其肥劲平稳，可将羊粪和猪粪、牛粪混合堆沤后再施用。

5）厩肥。厩肥是由家畜粪尿和各种垫圈材料混合积制而成的肥料，也称圈肥。厩肥的成分随家畜种类、饲料成分、垫圈材料的种类和用量及饲养条件的不同而有差别。厩肥的积制方法有圈内和圈外两种积制方法。圈内积制有垫圈法和冲圈法两种。垫圈法将作物秸秆、杂草、细干土、泥炭等垫料撒在圈内，垫料在家畜的踩踏下吸收排泄的畜粪尿与之充分混合，待一定时间材料充分腐熟后起出圈外。冲圈法适宜于规模化的群畜饲养场和大型机械化猪场的积肥方法。畜舍内每天用水将粪便冲到舍外粪池里，在嫌气条件下，沤成水粪。为保持环境卫生和养分不受损失，可在粪池上加盖。圈外积制是每天垫圈每天起，起出的厩肥在圈外积制发酵腐熟，牛、马、骡、驴等大牲畜肥多采用这种方法积制。一般采取紧密疏松堆积法，可产生 60～70℃高温杀灭病菌虫卵和杂草种子。

3.2　堆肥

堆肥的性质基本和厩肥类似，其养分含量因堆肥原料和堆制方法不同而有差别。堆肥一般含有丰富的有机质，碳氮比较小，养分多为速效态，易被作物吸收利用。堆肥还含有维生素、生长素以及微量元素等，对一切作物都适用，为完全肥料。

堆肥的腐熟是在一系列微生物作用下完成的。堆肥的腐熟前期以矿质化过程为主，后期则以腐殖化过程为主。普通堆肥因加入的土多，发酵温度低，腐熟时间较长，需要 3～5 个月。高温堆肥以纤维素多的原料为主，加入适量的畜粪尿，发酵温度高，有明显的高温过程，能杀灭病菌虫卵、草籽等有害物质。高温堆肥所经过的四个阶段的特征如下。

1）发热阶段。堆腐初期，堆温由常温升到 50℃左右时为发热阶段。该阶段主要是由中温好氧微生物占优势，主要是分解堆料中易分解的蛋白质、简单的糖类、淀粉类等物质，二氧化碳和氨的数量显著增加，堆内温度逐步提高，矿质化过程逐步加强。

2）高温阶段。当堆温升至 50℃以上时为高温阶段，这一阶段的温度在 50～70℃。随堆温的升高，中温性微生物逐渐被纤维分解菌等好热性的微生物取代。此阶段除继续分解易分解的有机物外，主要分解半纤维素、纤维素等复杂有机物。同时也开始了腐殖质的合成。该阶段对杀虫、灭菌及消灭杂草种子有很好的效果。如堆内温度过高或干燥缺水，应采用适当加水、压紧的方法来控制堆温。

3）降温阶段。当高温过后堆温降至 50℃以下的阶段为降温阶段。由于纤维素、半纤维素和木质素等复杂有机物存量减少，微生物的活动减弱，中温性微生物取代好热性微生物，腐殖化过程占优势。进入降温阶段后，通常要进行翻堆，将堆肥中腐熟程度差的外层和腐熟程度高的内层交换位置，适当补充水分，重新泥封，这对于均匀腐解和提高堆肥质量是非常必要的。

4）后热保肥阶段。此阶段继续进行缓慢的矿质化和腐殖化作用，堆内的温度仍高于气温。此时肥堆内原有的植物残体已大部分腐解，碳氮比变小，腐殖质累积增加。为防止放线菌强烈活动引起腐殖质分解，需要及时控制水热及通气条件，以利后期保存养分。

堆肥主要用作基肥施用，施用方法类似于厩肥。一般每公顷用量 15～30 t。可结合耕翻施入，做到土肥相融，对改善耕层土壤性质和供肥能力有重要意义。用量少时，可采用沟施或穴施的方法以充分发挥肥效。在气温高、雨水多的季节或有灌溉条件的砂质土壤上施用半腐熟的堆肥为好，相反，低温、干旱、黏重土壤应施用完全腐熟的堆肥。就作物而言，生长期较长的果树、桑树、玉米、高粱、甘薯等施用半腐熟堆肥为好，而生长期较短的蔬菜等作物易选用完全腐熟的堆肥。

3.3 沤肥

沤肥主要是我国南方水田平原地区的积肥方式，北方雨季也可利用该法沤制有机肥料。用秸秆、杂草、人畜粪尿及泥土在淹水条件下，由微生物进行嫌气分解而达到腐熟目的。淹水条件下沤制有机肥料，由于分解速度较慢，有机物和氮素损失较少，积累的腐殖质相对较多，所以一般认为沤肥质量较好。沤肥养分含量的高低因原料种类、配比及沤制条件的差异而有较大变动。

沤肥的腐解过程不同于堆肥，是于低温、嫌气条件下分解有机物料，沤腐时间较长，需掌握适宜的沤制条件。

1）保持浅水层沤制。投料后要保持 5～10 cm 水层，形成嫌气发酵条件，同时容易提高坑内温度，一般可维持常温 12～20℃，对腐解和保肥均有益处。如果坑内时干时湿，易造成硝化和反硝化作用的交替进行而损失氮素。

2）原料配比要合理。沤制原料宜选用 C/N 比小的有机物料，以利腐解。若用老秸秆和杂草为原料时，必须加入适量含氮高的人畜粪尿或化学氮肥。如能添加一定量的草木灰或石灰和磷肥，则利于微生物的旺盛活动，加速腐解，提高肥效。

沤肥一般作基肥施用，南方多用在水稻田，旱地也可施用。北方多作小麦基肥施用，随施随耕翻，防止养分损失。沤肥成分与厩肥、堆肥相近，施用时应注意补充速效氮、磷肥。

3.4 沼气发酵肥

秸秆、人畜粪尿、杂草等各种有机物料，在密闭的沼气池内经嫌气发酵制取沼气后所剩残渣和肥液，即为沼气发酵肥。发酵过程中，原料有40%～45%的干物质在甲烷细菌的作用下分解，其中碳素大部分分解成沼气，用作燃料或照明，而物料中的氮、磷、钾等营养元素，除氮素有一定损失外，其他则大部分保留在沼气肥中。

沼气发酵肥料的养分含量，主要取决于配料的比例、发酵温度、密闭程度等因素。沼气发酵要求在严格密闭绝氧的条件中进行，原料的碳氮比以30∶1为最佳，发酵温度以28～30℃为最适宜，pH要求7.5左右。发酵过程中要经常搅拌，以确保发酵均匀。沼气发酵肥是矿质化和腐殖质化过程进行比较充分的肥料。因此它较一般有机肥料的利用率高得多，沼气发酵肥还具有养分迟缓（肥渣）、速效（肥液）兼备、腐殖质含量较高和富含激素、维生素类物质的特点。沼气发酵肥的施用：作基肥时，在旱地主要用沼气肥渣，深施后盖土，以免养分损失；在水田，沼气肥渣和肥液可一起施用，应深施。沼液浸种，表现出种子萌动快、生长茁壮和提高产量的效果。作追肥时，在北方干旱地区，麦地用沼液泼浇，既能供水抗病，又能供给多种营养元素。

3.5 秸秆肥与秸秆直接还田

农作物的秸秆是重要的有机肥源之一。2021年农业农村部发布《全国农作物秸秆综合利用情况报告》。报告指出2021年我国农作物秸秆利用量6.47亿t，综合利用率达88.1%。秸秆直接还田是指前茬作物收获后，把秸秆直接用作后茬作物的基肥或覆盖肥。作物秸秆的产量与作物籽粒产量密切相关。随着产量的提高和复种指数的增加，秸秆的总量也在迅速增加，因此秸秆的直接还田是物质循环和再利用的一种良好形式。

秸秆直接还田基本上有两种方式。一是直接翻压还田，作物收获时通过机械将秸秆粉碎，均匀撒在地面，用深翻犁翻入土中；二是覆盖还田，将作物秸秆或残茬直接覆盖于土壤表面。

秸秆直接还田，应因地制宜地进行，其技术要点如下：

1）时间和用量。还田作业最好能做到边收获，边切碎，边耕翻入土，以延长耕埋至作物播、插之间的时间。及时耕埋的新鲜秸秆含水量较多，有利于腐解。一般情况下，旱地要在播种前15～45 d、水田要在插秧前7～10 d将秸秆施入。

秸秆还田的数量，应视条件而定。在气候温暖多雨的季节，距播插期间隔期长和有足量氮素化肥配施时，秸秆用量可多些，反之则应少。一般情况下，麦秸或稻草的用量每公顷2 250～3 000 kg，玉米秸秆可以多一些。

2）耕埋深度。耕埋深度取决于秸秆的长短和土壤水分状况。秸秆粉碎或切割较短而土壤墒情又好，则可埋得浅一些。因为上层土中微生物数量较多，有利于秸秆腐解，同时对根层中营养物质的富集和理化性状的改善均有良好的作用。土壤含水量低和切割较粗时应耕埋得深一些。

3）防止病虫害传播。秸秆未经高温发酵直接还田在土壤中腐解，易引起病害蔓延，为此带有病菌虫卵的秸秆切忌直接还田。此类秸秆可用作高温堆肥的材料或作燃料施用。

4 有机肥的作用

（1）提供多种养分，营养作物

有机肥料含有氮、磷、钾及微量元素等多种无机营养成分，可直接供作物吸收利用。有机肥料中的氨基酸、可溶性糖类和磷脂等，是作物有机营养的重要来源。近些年的研究表明，有机肥料中的氨基酸不但作物易吸收，而且可以超过无机氮肥的营养效果。在培养液含 N（4 mg/kg）的条件下，甘氨酸、丙氨酸、组氨酸、天门冬酰胺、丝氨酸的效果超过硫铵；天门冬酰胺、谷氨酸、精氨酸、赖氨酸的效果不如硫铵，但比尿素好；脯氨酸、缬氨酸、亮氨酸、苯丙氨酸有一定的效果，但比硫铵和尿素差，另外，有机肥腐解过程中产生的胡敏酸、生长素和激素等活性物质，对改善作物营养，加强新陈代谢，促进作物生长等也有重要作用。

（2）增加有机质，培肥土壤

有机肥料含有丰富的腐殖质和其他有机物质，对增加土壤有机质含量、改善土壤结构和耕性、增加土壤保水、保肥能力和缓冲性能、提高土壤温度、促进微生物活动等也有重要作用。

（3）提高作物产量，改善产品品质

大量肥料试验证明，施用各种有机肥料都有不同程度的增产效果，特别是有机与无机配合施肥，其增产效果更加显著。据江西省农业科学研究院作物栽培研究所研究，无机和有机配合施肥比单施有机肥料的增产幅度高 11.5%。施用有机肥料还能改善产品品质，粮食作物小麦、玉米、马铃薯等施用有机肥则可提高蛋白质、氨基酸、淀粉等含量。施用有机肥能提高产品品质的机理研究甚少，这可能与有机肥料具有多功能的作用有关。

（4）减少能源消耗，减轻环境污染

充分利用有机物质作肥料，可减少化肥用量及生产化肥所需能源。特别是农村发展沼气，不仅可利用有机物质作肥料，而且还能缓和农村能源的供应紧张的局面。同时，合理利用有机肥料还有减轻环境污染、净化土壤的作用。

任务操作

参考陕西省地方标准《农田土壤培肥技术规范》（DB61/T 966—2015），完成土壤培肥。

培肥原则：以有机培肥为主，增施有机肥、秸秆和绿肥等有机物料，推行保护性耕作。以有机肥与无机肥相结合培肥为辅，协同提升土壤有机质，稳定土壤磷、钾供应能力，满足作物对必需中微量元素的需求。氮肥总量控制、分期按需追施，磷、钾肥衡量补充，中微量元素因土补缺。最后土壤培肥指标达到如表 3-5 所示的推荐值。

表 3-5 农田土壤培肥指标

土壤类型	土壤容重/（g/cm³）	有机质/（g/kg）	全氮/（g/kg）	碱解氮/（mg/kg）	有效磷/（mg/kg）	速效钾/（mg/kg）	pH
地块 1	＜1.35	＞7.0	＞0.5	＞30	＞10	＞90	7.5～9.0
地块 2	＜1.30	＞9.0	＞0.6	＞35	＞10	＞110	7.5～8.5
地块 3	＜1.30	＞11.0	＞1.1	＞40	＞15	＞120	7.5～8.5

土壤类型	土壤容重/（g/cm³）	有机质/（g/kg）	全氮/（g/kg）	碱解氮/（mg/kg）	有效磷/（mg/kg）	速效钾/（mg/kg）	pH
地块 4	<1.30	>14.0	>1.3	>50	>20	>120	7.5～8.5
地块 5	<1.30	>15.0	>1.3	>100	>15	>100	6.0～7.5
地块 6	<1.30	>16.0	>1.3	>100	>15	>100	6.0～7.5

注：表中各项指标均为 20 cm 表层土壤的测定值。

（1）土壤耕作

土壤应深耕、深松、旋耕相结合，及时耙糖。作物播种前旋地深度应不少于 15 cm。深耕不必每年进行，冬小麦—夏玉米轮作制下 3～4 年深耕一次，深度不少于 20 cm。收后、播前深松深度应不少于 30 cm。提倡少耕、免耕等保护性耕作，促进土壤有机质累积和提升。

（2）施用无机肥料

按"氮肥总量控制、分期按需追施，磷、钾肥衡量补充，中微量元素因土补缺"原则，采取测土配方、监控施肥技术，根据土壤养分供应能力和作物需肥特性施肥。

（3）增施有机肥料

肥料选择：有机肥料源可采用经过堆腐或沤制腐熟，无毒、无害的粪肥、厩肥、土杂肥、沼肥、饼肥、有机下脚料和废弃物，也可以采用符合标准的商品有机肥料。

肥料用量：粪肥、厩肥、土杂肥、沼肥、其他有机下脚料和废弃物，一般用量为 15～45 t/hm²，饼肥 1.5～7.5 t/hm²；商品有机肥料可按具体产品推荐量施用。

施用方法：有机肥料一般做基肥，在农田休闲前或作物播前结合翻耕，均匀施入土壤。

（4）种植绿肥

以豆科绿肥为主，依据区域降水量、积温及种植制度选择适宜绿肥品种。常用的绿肥作物有大豆、绿豆、苕子、白三叶草、紫云英、豇豆、紫花苜蓿、沙打旺、油菜等。

禾谷类作物长期连作或轮作的田块，3～5 年轮作种植 1 次绿肥。农田休闲期适宜种植的田块，应填闲种植绿肥。与主栽作物生长期一致的绿肥品种应进行间作或混作。

播种量取决于绿肥作物品种，单作绿肥生长盛期应能覆盖农田地面；间套绿肥应能覆盖绿肥种植行或种植带地面。

播种方法：绿肥播种以条播或撒播为主，播深应根据品种要求和种子大小而定，大粒种子可适当深播，以 5～7 cm 为宜，小粒种子可适当浅播，以 2～5 cm 为宜。

田间管理：豆科绿肥一般不施用氮肥，特别瘠薄的土壤在播种时应施用氮肥（N）15～30 kg/hm²。缺磷田块，施用磷肥（P₂O₅）30～45 kg/hm²。应及时除草、防治病虫。

刈割翻压：直接翻压的绿肥，应根据当地降水量和气温，在主栽作物播种前 10～25 d 翻压入土。植株高大的绿肥、难以直接翻压的，可采用灭茬还田机械粉碎覆盖地表或刈割切碎，然后翻压入土，或刈割移出、切碎堆腐后再撒施翻压。

（5）秸秆还田

1）还田数量。秸秆还田数量应根据主栽作物及产量水平而定，可采用作物秸秆的全量、半量、1/3 量还田。

2）还田方法。采用可粉碎秸秆的收割机，在主栽作物收获时，将粉碎的秸秆均匀撒于地表，直接翻压还田。粉碎的秸秆也可作覆盖材料，覆盖休闲地表，保水增墒，在下茬主栽作物播前翻压。粉碎的秸秆长度应不大于 3 cm。秸秆还田条件下种植作物，氮肥用量应增加 3%～5%。

（6）生土培肥

本技术适用于新垦、复垦或经过平整，地表熟土被移除，生土裸露、有机质含量极低、养分缺乏、易板结贫瘠的农田。

1）施肥。作物播前深耕整地，深耕深度应增加到 25 cm 以上，并结合深耕增施有机肥料。粪肥、厩肥、土杂肥、沼肥、其他有机下脚料和废弃物，一般用量为 30～60 t/hm²，饼肥 5～10 t/hm²，商品有机肥可采用推荐量上限。同时，根据作物需求和土壤测试结果，配施氮、磷、钾和中微量元素肥料。

2）耕作。作物收获后，进行深耕或深松并秸秆还田。结合深耕将还田秸秆粉碎深翻入土；如深松，可将粉碎的秸秆覆于地表还田。农田休闲期可种植绿肥，并适时刈割、直接翻压或堆腐还田，加速土壤培肥。

（7）培肥期限

应结合当地生产实际，坚持耕地用养结合，长期培肥土壤。培肥期限应在 3 年以上，具体以实现作物持续稳产增产、达到规定的土壤培肥指标要求为限。

任务 3　有机肥料的生产

任务介绍

有机肥料是一种来源于植物和/或动物，经过发酵腐熟的含碳有机物料，其功能是改善土壤肥力、提供植物营养、提高作物品质。根据我国有机产品生产、加工、标识与管理体系要求，有机农业种植不得使用化肥，有机肥料是有机农业种植的主要肥源。有机肥料的制作方法主要有堆肥法、沼肥法。通过本任务的学习，学生能因地制宜利用有机农业种植过程中的固体废物进行有机肥料的生产制作。

任务解析

堆肥法生产有机肥料任务流程：预处理、机械发酵、后发酵、后处理、脱臭和贮藏。
沼肥法生产有机肥料任务流程：沼气池建造、配料、发酵。

知识储备

1　有机肥料的技术要求

根据有机肥料的国家农业行业标准 NY 525—2021，有机肥料的外观颜色为褐色或灰褐色、粒状或粉状、均匀、无恶臭、无机械杂质。有机肥料的技术指标应符合表 3-6 的要求。同时，有机肥料中重金属的限量指标应符合表 3-7 的要求。有机肥卫生标准见表 3-8。

表 3-6 有机肥料技术指标

项目	指标
有机质的质量分数（以烘干计）/%	≥30
总养分（氮+五氧化二磷+氧化钾）的质量分数（以烘干计）/%	≥4.0
水分（鲜样）的质量分数/%	≤30
酸碱度（pH）	5.5～8.5

表 3-7 有机肥料重金属限量指标

项目	限量指标/（mg/kg）
总砷（As）（以烘干计）	≤15
总汞（Hg）（以烘干计）	<2
总铅（Pb）（以烘干计）	≤50
总镉（Cd）（以烘干计）	无值
总铬（Cr）（以烘干计）	≤150

表 3-8 有机肥卫生标准

	项目	卫生标准及要求
高温堆肥	堆肥温度	最高堆渐达 50～55℃，持续 5～7 d
	蛔虫卵死亡率	95%～100%
	粪大肠菌值	10^{-1}～10^{-2}
	苍蝇	有效地控制苍蝇滋生，肥堆周围没有活的蛆、蛹或新羽化的成蝇
沼气发酵肥	密封贮存期	30 d 以上
	高温沼气发酵温度	（53±2）℃持续 2 d
	寄主虫卵沉降率	95%以上
	血吸虫卵和钩虫卵	在使用粪液中不得检出活的血吸虫卵和钩虫卵
	粪大肠菌值	普通沼气发酵 10^{-1}，高温沼气发酵 10^{-1}～10^{-2}
	蚊子、苍蝇	有效地控制蚊蝇滋生，粪液中无孑孓。池的周围无活的蛆、蛹或新羽化的成蝇
	沼气池残渣	经无害化处理后方可用作农肥

有机肥料的商品在包装、标识上也有明确的要求。有机肥料应用覆膜编织袋或塑料编织袋衬聚乙烯内装包装。有机肥的包装袋上应注明：产品名称、商标、有机质含量、总养分含量、净含量、标准号、登记证号、生产企业名称和地址等。

2 堆肥法生产有机肥料

2.1 堆肥的技术规范要求

有机肥的堆肥要求参考生态环境标准《生物质废物堆肥污染控制技术规范》（HJ 1266—2022）。

（1）收集、贮存、运输污染控制要求

采用堆肥方式进行处理的生物质废物，宜在源头进行分类收集。在生物质废物的贮存、运输过程中，应根据其类型采取适当的密闭措施，避免在贮存和运输过程中发生废物撒落、气味泄漏和液体滴漏。生物质废物的贮存装置应能有效收集装置内的气体和渗滤液。贮存装置内收集的气体应进行脱臭处理；在不影响发酵效果的条件下，可将渗滤液作为堆肥原料进入发酵装置处理。生物质废物卸料场所地面应做防渗处理，无阻水、存水缺陷。

（2）预处理和发酵过程污染控制要求

生物质废物的预处理工艺包括分选、破碎和混合等，应满足以下要求：

1）生物质废物的预处理装置应设置局部密闭和气体收集装置，收集的气体应进行脱臭处理；

2）预处理产生的沥滤液和不可生物降解残余物应收集后进行处理。

生物质废物进入堆肥装置时，应满足以下要求：

1）不可生物降解杂物含量低于 3%；

2）重金属含量低于 GB/T 33891—2017 规定的III级限值。

生物质废物堆肥处理设施的工艺配置应符合 CJJ 52—2014 的规定。

生物质废物堆肥过程应满足以下要求：

1）熟化发酵堆体应保持有氧条件，堆体空隙中气体的氧含量应大于 5%（体积比）；

2）主发酵装置内的物料最大颗粒应小于 100 mm；

3）主发酵装置内的温度及持续时间应满足表 3-9 的要求。采用密闭式堆肥反应器时，宜在反应器中心与距反应器内壁 100 mm 处各设 2 个测温点，温度按测温点均值计，温度需连续记录。采用半密闭式和敞开条垛或槽式堆肥时，宜在条垛或槽式堆肥的长度方向每间隔 5 m 横截面的中心与距表面和底部 100 mm 处各设 1 个测温点，温度按测温点均值计，间隔 2 h 记录温度 1 次。

表 3-9　主发酵装置内的温度及持续时间

达到温度	≥60℃	≥55℃	≥50℃
持续时间	≥3 d	≥5 d	≥15 d

生物质废物堆肥应对发酵装置产生的臭气进行收集，所收集气体应进行脱臭处理，达到 GB 14554—2018 的规定后方可排放。不同类型发酵装置应分别满足以下要求：

1）密闭式堆肥装置，应保证装置的密闭性。

2）半密闭式堆肥装置，应保证构筑物的密闭性，在构筑物内采用负压收集措施有效收集气体。

3）敞开式堆肥装置，应通过表面覆盖和负压收集措施有效收集气体。

生物质废物堆肥处理产物应满足以下污染控制要求：

1）以厨余垃圾、园林废物和农业废物为原料的，应符合 GB/T 33891—2017 的要求；

2）以城镇污水处理厂污泥为原料的，应符合 GB 4284—2018 的要求；

3）蛔虫卵死亡率和粪大肠菌值应符合 NY/T 525—2021 的要求；

4）腐熟度指标：好氧呼吸量不超过 20 mgO$_2$/（g 有机物）；

5）植物毒性指标：种子发芽率大于 70%，苗生长率大于 70%，不得出现苗生长畸变；

6）杂物含量指标：杂物（>2 mm 的玻璃、塑料、金属、橡胶等）质量分数不超过 0.5%，塑料类（＞2 mm）质量分数不超过0.1%，塑料面积质量比不超过25 cm²/（kg 湿堆肥）。

应配备废水收集和处理设施，将生物质废物堆肥过程产生的渗滤液和清洗废水收集并处理后排放。排放的废水应根据受纳水体功能或纳管要求，执行国家或地方相关排放标准。

生物质废物堆肥装置和脱臭装置在运行过程中发生故障时，应立即停止堆肥设施的进料，及时检修，尽快恢复正常。如果无法修复，应停止堆肥装置运行，并采取有效措施控制堆肥设施污染物排放。

满足前述污染控制要求的生物质废物堆肥产物，可按照《固体废物鉴别标准 通则》（GB 34330—2017）进行鉴别。经鉴别不属于固体废物的，不作为固体废物管理。经鉴别属于固体废物的，可和堆肥过程产生的残余物一起进入生活垃圾处置设施进行处置。

2.2 堆肥法机理

堆肥是目前比较常用的有机肥制作方法。堆肥是在人工控制的条件下，将各种有机废物（如污泥、人畜粪便、酒糟、农作物秸秆、树叶、杂草、泥炭、生活垃圾、菌糠等）作为生产原料，利用自然界中广泛分布的细菌、放线菌、真菌等微生物的新陈代谢作用，在中高温好氧的条件下，把固体废物中可降解的有机物转化为稳定的腐殖质的过程。其发酵本质是好氧发酵。

堆肥可分为普通堆肥和高温堆肥两种。普通堆肥一般混土较多，发酵时温度低，腐熟过程中堆温变化不是很大，腐熟所需要时间较长。高温堆肥是以纤维质多的材料为原料，假如是厩肥和人粪尿，发酵的温度较高，有明显的高温阶段，堆腐的时间较短，对促进堆肥物质的腐熟及灭杀病菌、虫卵和杂草种子均有一定作用。堆肥中有机质丰富，C/N 值较小，是良好的有机肥料。其中以钾含量最多，氮、磷多为速效态，易被作物吸收，肥效较高。堆肥中还含有维生素、微量元素等，对一切作物都适用。

堆肥腐熟化过程是一个复杂的过程，要达到良好的堆制效果，必须控制一些主要影响因素。如含水量、碳氮比（C/N）、氧含量、温度和pH等。这些因素决定了微生物活动强度，从而影响堆肥的速度与品质。

（1）氧含量

供气是好氧堆肥成功的重要因素之一。供气的作用主要有三个方面：第一，为堆体内的微生物提供氧气，使生化反应顺利进行，以达到提高堆层温度的目的。如果堆体内的氧气含量不足，微生物处于厌氧状态，使降解速度减缓，产生硫化氢等臭气，同时使堆体温度下降。第二，调节温度。堆肥需要微生物反应而产生的高温，但是，堆肥又必须避免长时间的高温，在极限情况下，堆层温度可上升至80～90℃，这将严重影响微生物的生长繁殖。所以当堆肥温度上升到峰值以后，供氧的调节主要以控制温度为主，即通过加大供气量，借助水分蒸发带走热量，使堆温下降。第三，散除水分。在堆肥的后期，应加大通气量，以冷却堆肥及带走水分，达到堆肥体积、重量减少的目的。通气可以采取鼓风或抽气方式，两种方式各有利弊。抽气的优势在于可将堆体中的废气在排入大气前统一进行处理，减少二次污染；鼓风的优势是利于水分及热量散失。最好的办法是在堆肥的前期采用抽气方式以处理产生的臭气，在堆肥后期采用鼓风方式以利于减少水分。

（2）含水率

微生物需要从周围环境中不断吸收水分以维持其生长代谢活动，微生物体内水及流动状态水是进行生化反应的介质，微生物只能摄取溶解性养料，水分是否适量直接影响堆肥发酵速度和腐熟程度，所以含水率是好氧堆肥化的关键因素之一。微生物的生长和对氧的要求均在含水率为50%～60%时达到峰值。在采用好氧堆肥时，一般以含水率55%为最佳。

（3）温度

在堆肥过程中，随着物料中微生物活动的加剧，微生物分解有机物所释放出来的热量大于堆肥的热耗时，堆肥温度上升。因此，升温直接反映了微生物活动的剧烈程度。

温度决定着微生物活性大小和堆肥化进程的快慢，同样是好氧堆肥的重要工艺技术参数之一。温度太低，不仅不利于有机质氧化分解和微生物新陈代谢，而且也达不到热灭活（即高温杀灭虫卵、病原菌和寄生虫等）的无害化要求，故一般采用好氧高温堆肥。但是，当温度超过70℃时，堆肥中的放线菌等有益细菌（存活于植物根部周围使植物茁壮成长）将被杀灭，孢子处于不活动状态，分解速度减慢。堆肥化适宜温度为55～60℃。

（4）pH

pH是一项能对细菌环境作出估价的参数。在堆肥的生物降解和发酵过程中，堆层pH随时间和温度的变化而变化，pH是揭示堆肥化分解过程的一个极好标志。最初阶段由于有机酸产生，pH降低到4.5～5；随后，随着有机酸被逐渐分解，pH逐渐上升到8左右，一般认为pH=7.5～8.5时堆肥化效率最高。

3 沼肥法生产有机肥料

目前常用的沼气池技术即是厌氧发酵的一种。它是在没有游离氧的情况下，以厌氧微生物为主对有机物进行降解、稳定的一种制作工艺。在这种厌氧生物处理过程中，复杂的有机化合物被降解，转化为简单、稳定的化合物，同时释放能量。经过处理后的有机原料变成了有机质丰富的液态和固态产物，同时大部分能量以甲烷形式出现，可以资源化利用。进行好氧堆肥发酵的原料均可以作为厌氧发酵的原料。

厌氧发酵总生化反应式为

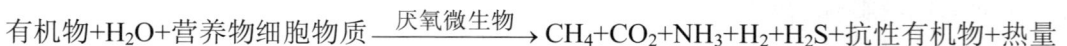

$$有机物+H_2O+营养物细胞物质 \xrightarrow{\text{厌氧微生物}} CH_4+CO_2+NH_3+H_2+H_2S+抗性有机物+热量$$

沼肥发酵的工艺主要包括原料预处理，接种物的选择和富集，沼气发酵装置形状的选择、启动和日常运行管理，副产品沼渣和沼液的处置等技术措施。

按发酵级数分类，厌氧发酵工艺的类型可分为：

1）单级发酵：混合发酵只有一个沼气池，其沼气发酵过程只在一个发酵池内进行。设备简单，但条件控制较困难。

2）两级和多级发酵：原料先在第一个发酵池滞留一定时间进行分解、产气，然后料液从第一个发酵池进入第二个或其余的发酵池继续发酵产气。该发酵工艺滞留时间长，有机物分解彻底，但投资较高。

按发酵温度分类，沼肥发酵工艺的类型可分为：

1）高温发酵：发酵温度维持在50～60℃。其特点是微生物特别活跃、有机物分解消化快、产气率高［一般在2 m³/（m³料液·d）以上］、滞留时间短。

主要适用于处理温度较高的有机废物。对于有特殊要求的有机物，例如杀灭人粪中寄生虫卵和病菌，可采用该工艺。

2）中温发酵：发酵温度维持在 30～35℃。此发酵工艺有机物消化速度较快、产气率较高 [一般在 1 m³/（m³ 料液·d）以上]，在实际中应用较多。

3）常温发酵：指在自然温度下进行沼气发酵。该工艺的发酵温度不受人为控制，基本上是随气温变化而不断变化，通常夏季产率较高，冬季产率较低。

这种工艺的优点是沼气池结构相对简单，造价较低。一般固体废物处理很少采用常温厌氧发酵。

任务操作

1 堆肥法生产有机肥料

1.1 野外简易堆肥

普通堆肥是在嫌气低温的条件下堆腐而成。原料多采用牛羊粪和秸秆粉混合物。堆温变幅小，一般在 15～35℃，最高不超过 50℃，腐熟时间较长。堆积方式有地面式和地下式两种。

地面式：地面露天堆积，适于夏季。要选择地势平坦，靠近水源，运输方便的田间地头或村旁作为堆肥场地。堆积时，先把地面平整夯实，铺上一层草皮土厚 10～15 cm，以便吸收下渗的肥液。然后均匀地铺上一层铡短的秸秆、杂草等，厚 20～30 cm，再泼一些稀的人、畜粪尿，再撒少量草木灰或石灰，其上铺一层厚 7～10 cm 的干细土。照此一层一层边堆边踏紧，堆至 1.7～2 m 高为止。最后用稀泥封好。1 个月左右翻捣一次，加水再堆。夏季 2 个月左右、冬季 3～4 个月即可腐熟。

案例：羊粪堆肥

1）辅料加入：羊粪加入 30%～70% 的高碳物料，如秸秆粉碎料、锯末、木糠、薯渣。干燥、粉状、高碳即可。也可直接用粪便发酵（不过要注意调节水分和粪便的疏松度和透气性）。

2）发酵剂用法用量：发酵剂使用量 0.05%～0.2%（发酵物料总重量），建议气温在 5℃以上使用。根据不同物料、环境温度、水分含量等条件，可酌情调整用量。也可以不使用发酵剂，自然发酵完成腐熟。

方法一：将 5～10 倍量的米糠（或者玉米面、麦糠、统糠、秸秆粉等），0.5 倍量的红糖与发酵剂混合均匀，制成菌种混合物，然后再将菌种混合物与发酵物料（各种动物粪便、农作物秸秆、污泥、有机废弃物等）混合均匀堆积发酵即可。

方法二：使用前活化，将发酵剂、红糖，水按照 1∶1∶20 的比例，活化 3～8 h，其间最好每隔一段时间充分搅拌一下。之后可以加入适当的水均匀泼洒、混合。

方法三：先按方法二活化，然后将活化液与玉米面或麸皮等均匀混合，再与物料均匀混合即可。

3）水分调整：水分控制在 50%～60%，手抓物料成团无水滴，松手即散。

4）堆料堆高：一次堆料不少于 3 m³，堆料高度 0.8～1.5 m，环境温度 15℃以下时，用薄膜或草帘覆盖，待内部温度升到 25℃时，将覆盖物揭开。堆温升至 60℃时开始翻倒，每天一次，如果堆温超过 65℃，需多次翻倒。高度不低于 80 cm，环境温度在 15℃以上为好。冬天生产应设法升温发酵。

5）腐熟标志：堆温降低，物料疏松，无物料原臭味，稍有氨味，堆内产生白色菌丝。

地下式：在田头或宅旁挖一土坑，或利用自然坑，将杂草、垃圾、秸秆、牲畜粪尿等倒入坑内，日积月累，层层堆积，直堆到与地面齐平为止，盖厚 7～10 cm 的土。堆积 1～2 个月后，底层物质因含有适当水分，已经大部分腐烂，就掘起翻捣，并加适量的粪水，然后仍用土覆盖，以减少水分蒸发和肥分损失。夏秋 1～2 个月、冬春 3～4 个月即可腐熟施用。

1.2 工厂机械化堆肥

工厂机械化堆肥模式已经越来越多地应用于大型农场和有机废弃物的循环利用领域。工厂机械化堆肥主要包括预处理、主发酵、后发酵、后处理、脱臭和贮藏等环节。

1）预处理。包括破碎、分选等，主要是除去堆肥原料中大块和非堆肥化物质。但不同的堆肥原料，预处理过程有所不同。如家畜粪便、污泥、城市生活垃圾。一般来说，粒径越小，有机物的分解速度越快，但同时物料间的孔隙率下降，造成通气效果下降。适宜的粒径是 12～60 mm。如果堆肥物质结构坚固、不易挤压，粒径应小些，否则粒径应大些。此外，决定垃圾粒径大小时，还应考虑它的经济性。

2）主发酵（一次发酵）。通常将堆肥开始—堆肥温度升高—温度降低的阶段，称为主发酵阶段。主发酵阶段是堆肥生物化学反应的基本阶段，在发酵池内进行。

3）后发酵。经过主发酵的半成品被送去后发酵。在主发酵工序尚未分解的、易分解的及较难分解的有机物可能全部分解变成腐殖酸、氨基酸等比较稳定的有机物，得到完全成熟的堆肥成品。一般地，把物料堆积到 1～2 m 高度进行后发酵，此时，需要防止雨水的装置，有些场合还需要进行翻堆和通风。有时即使不进行通风，也需要每周进行一次翻堆。

4）后处理。经过二次发酵后的物料中，几乎所有的有机物都已细碎和变形，数量也有所减少。最后经过一道分选工序以去除杂物，可以用回转式振动筛、振动式回转筛、磁选机、风选机、惯性分离机、硬度差分离机等预处理设备分离去除上述杂质，并根据需要（如生产精制堆肥）进行再破碎。

5）脱臭。在堆肥化工艺过程中，每个工序系统有臭气产生，主要有氨、硫化氢、甲基硫醇、胺类等，必须进行脱臭处理。去除臭气的方法主要有化学除臭剂除臭，水、酸、碱水溶液等吸收剂吸收法，臭氧氧化法，活性炭、沸石、熟堆肥等吸附剂吸附法等。其中，经济而实用的方法是堆肥氧化吸附除臭法。

将源于堆肥产品的腐熟堆肥置入脱臭器，堆高 0.8～1.2 m，将臭气通入系统，使之与生物分解和吸附及时作用，氨、硫化氢的去除效率均可达到 98% 及以上。也可用特种土壤（如鹿沼土、白垩土等）代替堆肥，此种设备称土壤脱臭过滤器。

6）贮藏。堆肥的供应期多半集中在秋天和春天（中间隔半年）。因此，一般的堆肥化工厂有必要设置至少能容纳 6 个月产量的贮藏设备。堆肥成品可以在室外堆放，但此时必须有不透雨水的覆盖物。贮存方式可直接堆存在二次发酵仓内，或装袋后存放。加工、造粒、包装可在贮藏前也可在贮存后销售前进行。要求包装袋干燥且透气，如果密闭和受潮会影响堆肥产品的质量。

1.3 堆肥腐熟度、质量标准及检测方法

堆肥中有机质因氧化分解而达到稳定化的程度称作堆肥腐熟度。充分腐熟的堆肥产品

有机肥达到稳定化、无害化程度，即对环境不产生不良影响；堆肥产品使用不影响农作物的生长和土壤的耕作能力。

堆肥腐熟度的检测方法：

直观经验法。温度下降至接近常温、外观呈茶褐色或者暗灰色、无恶臭而有土壤的霉味、不吸引蚊蝇、呈疏松团粒结构。

淀粉测试法。最终堆肥成品中，淀粉应全部消失。测定原理是根据淀粉遇碘变蓝，如果碘液检测出现黄色，表明堆肥已稳定；如果呈蓝色，表明堆肥未腐熟。但当堆肥原料淀粉含量很低时，不能采用此方法判断是否腐熟。

耗氧速率法。耗氧速率标志着堆肥反应的进行程度。堆肥腐熟时，耗氧速率很低。当耗氧速率降为 0.02～0.1 mL/min 时，堆肥已腐熟。耗氧速率一般采用测氧仪测定。

1.4 注意事项

在有机农作物生产中，必须使用充分腐熟的有机肥。未充分腐熟的堆肥和厩肥，会招引一些地下害虫的趋集，加重对作物的危害。因此，在堆肥过程中，要严格控制堆肥的各项条件，充分调节好水分、空气、温度、酸碱度和碳氮比，同时还应严格掌握堆肥时间。短时间堆肥可能会使部分堆肥没有充分腐熟。堆肥一般控制在 3 个月以上，并且在堆制过程中要多次翻堆，这样堆制的有机肥才能符合有机蔬菜生产的要求。充分腐熟的有机肥颜色为暗褐色，无臭味，结构较为疏松，手捏能成团，松手即散。

有机农作物生产中会产生许多有机废物，如植物残体等，这些可以作为堆肥的原料。但应注意，含有大量病菌的植物残株、病叶（如黄瓜、南瓜的白粉病、霜霉病病株和病叶等）不能用来堆肥，必须集中深埋或烧毁。

2 沼肥法生产有机肥料

（1）沼气池的建设

沼气池的建设十分重要，产甲烷细菌是典型的嫌气细菌，在空气中几分钟就会死亡。正常产生的沼气池氧化还原电位在 −410～−8 mV，产气率随负值的加大而提高，所以必须建立严密封闭的沼气池。一般农村家庭用沼气池多为地下水压式，与猪圈、牛圈、厨房、厕所等连接在一起，既不占地方，能保温，又可方便进出料。

（2）配料

沼气发酵是微生物作用下的生物化学反应。适当的碳氮比和其他营养元素的均衡供给，有利于微生物的繁殖。试验表明，碳氮比以 25∶1 最宜，牛、马、羊粪较好，36 d 平均产气 359 L；碳氮比 30∶1 产气 282 L；碳氮比 13∶1 产气 231 L。在人、畜粪尿不足的地区，可将碳氮比调至 30∶1。一般认为，沼气发酵的原料中秸秆、青草和人、畜粪尿相互配合有利于持久产气，三者用量以 1∶1∶1 为宜。此外，加入 $ZnSO_4$、牛粪、豆腐坊和酒坊的污泥对持久产气有良好的效果。加入 1% 的磷矿粉能增加产气量的 25.8%。在配料中添加一些污泥和老发酵池的残渣可起接种甲烷细菌的作用。如在发酵中酸度过高，还应加入原料干重的 0.1%～0.2% 的石灰或草木灰，以调节 pH，因为甲烷细菌最适 pH 为 6.7～7.6。

（3）发酵

发酵过程技术参数及控制如下：

1）厌氧条件：确保厌氧消化系统厌氧条件对于固体废物厌氧消化处理来说，至关重要。

2）温度：在 35～38℃ 或 50～65℃ 内为佳。

3）pH：最佳 pH 是 7～8。

4）营养素或养分：C/N=（15～30）：1，C/P=150：1。

5）搅拌：一般情况下需要安装搅拌设备。

（4）沼气发酵产物利用

厌氧发酵的产物中，沼液和沼渣均可作为有机肥使用。同时，在厌氧发酵的过程中还会产生大量的以甲烷为主的能源气体。

在厌氧条件下，有机物经过沼气发酵后，除碳、氢组成沼气外，其他有利于农作物的元素氮、磷、钾几乎没有损失。这种发酵余物是一种优质的有机肥，通常称为沼气肥。其中，沼液称为沼气水肥，沼渣称为沼气渣肥。

沼液是一种速效肥料，适于菜田或有灌溉条件的旱田作追肥使用。长期施用可促进土壤团粒结构的形成，使土壤疏松，增强土壤保肥保水能力，改善土壤理化性状，使土壤有机质、全氮、全磷及有效磷等养分均有不同程度的提高，因此对农作物有明显的增肥效果。沼液一般用作追肥。在蔬菜生长期，可随时浇施或根外喷施沼液，每公顷用 1.5～4.5 t 沼液。施用沼液，应因季节、气候条件而异，炎热夏季中午不宜施沼液，以免灼伤蔬菜叶面、根系及造成肥分挥发。用沼液作根外追肥，宜先澄清及过滤。用量以喷至叶面布满细微雾点而不流淌为宜。炎热夏天中午不宜喷施，雨天也不宜喷施。

沼渣含有较全面的养分和丰富的有机物，是一种缓速并具有改良土壤功效的优质肥料。连年使用渣肥，土壤中有机质与氮、磷含量比未施渣肥的土壤均有所增加，而土壤容重下降，孔隙度增加，土壤的理化性状得到改善，保水保肥能力增强。沼渣可作基肥、追肥用。作基肥，每公顷用 22.5～45 t 沼渣，施用时拌匀泥土后撒施，蔬菜种植采取条播、穴播方式均可。作追肥，每公顷用 22.5～30 t 沼渣，将沼肥施在作物根旁穴内，然后覆土。

任务 4　有机肥料的施用

任务介绍

"庄稼一枝花，全靠肥当家"，有机农作物生长质量和产量与肥料的施用关系很大。不同农作物对有机肥料的需求不一样，肥料品种、施肥量、施肥时间、施肥方法等方面表现也迥然。通过本任务的学习，让学生了解不同作物施肥的策略，掌握田间管理过程中的施肥方法。

任务解析

了解不同作物对肥料的需求，掌握肥料品种、施肥量、施肥时间、施肥方法。

🗄 知识储备

1 不同作物施肥概述

有机蔬菜的栽培需要施用大量的有机肥料，以逐渐培养土壤优良的物理、化学性状，从而有利于蔬菜根系的生长以及微生物的繁殖。肥料可分为基肥和追肥两种。基肥在蔬菜种植前施用，一般野菜类蔬菜多在全园撒施后播种或定植，也可按行距条施后整地做畦，然后定植。基肥主要包括家畜粪、家禽粪、绿肥、豆饼以及工厂未经污染的有机废弃物。追肥一般使用于生长期较长的蔬菜，因固态肥料的肥效较缓，通常需要及时补充营养物质以满足其生理需要。追肥以液态有机肥为主，施用方法一般是将豆类或豆饼磨细后加水开沟施用。有机农场的培肥管理所用的物质，如粗有机肥、细有机肥、土壤改良剂及有益微生物的适量供应，土壤才能逐渐有机化，微生物群落也会逐渐获得改善，并可充分供应蔬菜作物所需的养分。但养分的供应应视蔬菜种类而酌情调整：叶菜类氮肥宜多，而磷、钾肥可以较少；果菜类和根茎类氮肥可以较少，而磷、钾肥宜多。

有机水果主要由水和糖组成，与其他的农作物相比，从土壤里带走相对较少的营养物质，因此，大部分果树能通过在系统中使用绿肥管理和有机物覆盖及其在栽植前使用石灰等满足养分需求。有机肥料，尤其是没有堆沤的动物粪肥，应采取土壤混施避免氮挥发。粪肥应该在收获之前至少 3 个月或 4 个月（取决于农作物类型）施入土壤。可溶解的有机肥料，如鱼乳状液、海藻肥，适宜滴灌中使用，能快速提供补充养分。允许使用茶堆肥，对疾病控制也有效。茶堆肥的准备和使用限制要和认证机构的堆肥产品有机标准一致。大多数有机施肥计划把重心主要集中在补充氮上，因为农作物需要氮数量最大。根据农作物推荐使用标准，能计算有机土壤改良物质的比率，但是应注意许多肥料推荐意见仍然是建立在假定使用合成材料上。有机系统则不同，通常使用缓慢释放的肥料而且依赖生物活动分解成能被植物吸收的形式。施用的厩肥里只有部分的氮在第一年对植物是有效的，其余的被贮存而且逐渐地释放。为此生产者会在有机管理的第一年使用氮需要量的 2 倍，之后就会有较多氮从土壤有机质中释放出来。在一个成熟的有机农业系统中，应增加营养物质和有机物质，以便维持、补充且在土壤中建立营养物质的贮存库。当以氮为基础计算肥料时，栽培者需要估计豆类绿肥和/或覆盖物的贡献值。适当施肥而且接种的地下苜蓿绿肥，在"活的覆盖"（living mulch）系统中每年每英亩（1 英亩=6.07 亩）能固定 100～200 lb（1 lb=0.453 6 kg）氮，这要取决于种植日期、天气和刈割情况，其他的豆类绿肥可能生产同样多或者更多的氮。

综合考虑肥料分析结果，当肥料不能平衡满足农作物需要时，单独以氮量计算肥料使用数量会引起问题。例如，重复使用磷酸盐含量非常高的家禽粪肥，会导致农作物污染和锌缺乏。这些问题通过定期监测和调整肥料选择及比例可以避免。

确定肥料是否充足最可靠的方法是田间观察和土壤或组织测定。产量低、树叶颜色不正常、植株生长差，可能是营养不平衡或缺乏所导致的。在大多数果树上，一般枝条伸长缓慢表明缺乏氮。越橘树新叶片叶脉间出现黄色，通常显示植株正在遭受铁缺乏。某些苹果品种上的粗皮病则表明是土壤中锰过量。叶分析测定树叶营养含量可以很好地在症状出现之前鉴定营养的缺乏或过度，通过叶片养分分析可判断植株的实际营养状况，它比土壤测试有用，土壤分析只测量土壤中有什么，可能对植物是有效的，也可能对植物是无效的。每年度的叶片分析通常是提供调整补足氮肥的最好指导。

2　有机肥施肥方法

最常用的施肥方法有撒施、条施、穴施、轮施和放射状施等。

2.1　撒施与条施

撒施是用人工或机械的方法将肥料均匀撒施于田面，一般在未栽种作物的农田施用基肥时采用。有时对大田密植的粮食作物如南方的水稻和小麦施用追肥时也用此法。撒施方法如能与耕耙作业结合，在耕地前或耕地后耙地前施肥，均可增加肥料与土壤混合的均匀度，有利于作物根系的伸展和早期吸收。但在土壤水分不足，地面干燥，或作物种植密度稀，又无其他措施使肥料与土壤混合时采用撒施田面的施肥法，往往会使肥料损失量增加，肥效降低。

条施是用人工或机械的方法将肥料成条施于作物行间土壤。一般在栽种作物后追肥时采用。对多数作物条施时，须事先在作物行间开好深 5～10 cm 施肥沟，施肥后覆土；但在土面充分湿润或作物种植行有明显土垄分隔时，也可事先不开沟，而将肥料成条施于土面后覆土。"施肥一大片，不如一条线"。一般来说，与撒施相比，条施肥效更高。因为条施肥料集中，并可与灌水措施相结合，有利于将肥料施到作物根系层，更易达到深施的目的。棉花、玉米、茶叶、烟草等作物一般为成行或单株种植，通常采用开沟条施。但若只对作物种植行实行单面条施，在施肥后的短期内，作物根系及地上部可能出现向施肥的一侧偏长的现象。在多数条件下，条施肥料先开沟，施入沟中后覆土，有利于提高肥效。干旱地区或干旱季节，条施肥料常可结合灌水后覆土。

2.2　穴施

穴施是在作物预定种植的位置或种植穴内，或在作物生长期间的苗期，按株或在两株间开 5～10 cm 深的穴施肥，施肥后覆土。穴施是一种比条施更能使肥料集中的施用方法，也是一些直播作物将肥料与种子一起放入播种穴（种肥）的好方法。对单株种植的作物，若施肥量较小并须计株分配肥料或须与浇水相结合，又要节约用水时，一般可采用穴施。

为了避免穴内肥料浓度较高伤害作物根系，若采用穴施，有机肥须预先充分腐熟，化肥须适量，且应注意施肥穴的位置和深度均与作物根系保持适当距离，施肥后覆土前尽量结合灌水。

2.3　轮施和放射状施

轮施和放射状施肥是将肥料以作物主茎为圆心作轮状或放射状施用。多年生木本作物，尤其是果树常用此法。这些作物若采用撒施、条施或穴施的施肥方法，很难使肥料与作物的吸收根系充分接触而被吸收。因为这些作物种植密度稀，如多数果树的栽植密度在60～150 株/亩，株间距离远，单株的根系分布与树冠面积大，而主要的吸收根系呈轮状较集中地分布于周边。

轮施的基本方法为以树干为圆心，在地上部树冠边际内对应的田面内，在边线与圆心的中间或靠近边线的部位挖轮状施肥沟，施肥后覆土。可围绕圆心挖成连续的圆形沟，也可间断地以圆心为中心挖成对称的 2～4 条一定长度的月牙形沟。随树龄和根系分布深度不同施肥沟的深度也有差异，一般以施至吸收根系附近又能减少对根的伤害为宜。施肥沟的面积一般比大田条施时宽。在秋冬季对果树施用大量有机肥时，也可结合耕地松土在树冠下圆形面积内普施肥料，施肥量可稍大。放射状施肥法基本方法为以树干为圆心向外放射至树冠覆盖边线开挖 4 条左右施肥沟，根据树龄、根系分布与肥料种类而定沟深与沟宽。

2.4　其他施肥方法

1）拌种法：一般情况下，根瘤菌剂施用时可与种子均匀拌和后一起播入土壤。

2）蘸秧根：对移栽植物如水稻等，对其秧根用磷肥或微生物菌剂配制成一定浓度的悬着液浸蘸，然后定植。

3）浸种法：用一定浓度的肥料溶液浸泡种子一定时间后，取出稍晾干后播种，因肥水浸种有肥育种子的作用，所以也称种子肥育法。

4）盖种肥：用充分腐熟的有机肥料或草木灰盖在开沟播种后盖在种子上面称盖种肥，有供给幼苗养分、保墒和保温作用。

5）随水浇施：在灌溉（尤其是喷灌）时将肥料溶于灌溉水而施入土壤的方法。这种方法多用于追肥。

任务操作

1　有机蔬菜种植的施肥技术

（1）施基肥

基肥是在整地做畦播种或种植前施用，此时粗有机肥、细有机肥、符合标准要求的土壤改良剂及有益微生物都应使用。有机肥料养分释放慢、肥效长，最适宜作基肥施用。在播种前翻地时施入土壤，一般称底肥，有的在播种时施在种子附近，也称种肥。

方式一：全层施用。在翻地时，将有机肥料撒到地表，随着翻地将肥料全面施入土壤表层，然后耕入土中。这种施肥方法简单、省力，肥料施用均匀。但同时存在很多缺陷。第一，肥料利用率低。由于采取在整个田间进行全面撒施，所以一般施用量都较多，但根系能吸收利用的只是根系周围的肥料，而施在根系不能到达的部位的肥料则白白流失掉。第二，容易产生土壤障碍。有机肥中磷、钾养分丰富，而且在土壤中不易流失，大量施肥容易造成磷、钾养分的富集，造成土壤养分的不平衡。第三，在肥料流动性小的温室，大量施肥还会造成土壤盐浓度的增高。该施肥方法适宜于：①种植密度较大的作物；②用量大、养分含量低的粗有机肥料。

方式二：集中施用。除了量大的粗杂有机肥料外，养分含量高的商品有机肥料一般采取在定植穴内施用或挖沟施用的方法，将其集中施在根系伸展部位，可充分发挥其肥效。集中施用并不是离定植穴越近越好，最好是根据有机肥料的质量情况和作物根系生长情况，采取离定植穴一定距离施肥，作为特效肥随着作物根系的生长而发挥作用。在施用有机肥料的位置，土壤通气性变好，根系伸展良好，还能使根系有效地吸收养分。

从肥效上看，集中施用有机肥特别对发挥磷酸盐养分的肥效最为有效。如果直接把磷酸盐养分施入土壤，有机肥料中速效态磷成分易被土壤固定，因而其肥效降低。在腐熟好的有机肥料中含有很多速效性磷酸盐成分，为了提高其肥效，有机肥料应集中施用，以减少土壤对速效态磷的固定。

沟施、穴施的关键是把养分施在根系能够伸展的范围内。因此，集中施用时施肥位置是重要的，施肥位置应根据作物吸收肥料的变化情况而加以改变。最理想的施肥方法是，肥料不要接触种子或作物的根系，距离根系有一定距离，作物生长一定程度后才能吸收利用。

采用条施和穴施，可在一定程度上减少肥料施用量，但相对来讲施肥用工投入增加。

（2）追肥

追肥分土壤施肥和叶面施肥。对于种植密度大、根系浅的蔬菜可采用铺肥追肥方式，当蔬菜长至 3～4 片叶时，将肥料晾干制细，均匀撒到菜地内，并及时浇水。主要使用人粪尿及生物肥等。对于种植行距较大，根系较集中的蔬菜，可开沟条施追肥，开沟时不要伤断根系，将肥料撒到沟内，用土盖好后及时浇水。对于种植行株距大的蔬菜可采用开穴追肥方式。另外还应根据肥料特点及不同的土壤性质、不同的蔬菜种类和不同的生长发育期灵活搭配，科学施用，才能有效培肥土壤，提高作物产量和品质。土壤追肥主要是在蔬菜旺盛生长期结合浇水、培土等进行追施。一般短期性蔬菜如小白菜、苋菜、菠菜等多数使用基肥即满足其全生长期的需要，不必使用追肥。但使用基肥时必须注意依照蔬菜种类的不同，一次性施用足量的有机肥。一些长期性蔬菜特别是全期都需肥的蔬菜如萝卜、牛蒡等应时常使用追肥，方能得到理想的产量。追肥施用量必须视蔬菜种类和生长期的不同酌量调整，通常是将约为基肥施用量 1/5 的有机肥，条施在地面距离蔬菜作物旁约 10 cm 处，或撒施在一些较为长期性的果菜类根部距离至少 10 cm。固态追肥最好选择雨后土壤潮湿时使用或于使用后酌量灌水，效果较快，如使用油粕类液肥，效果就很快。叶面施肥可在苗期、生长期选取生物有机叶面肥。

案例 1：有机胡萝卜的施肥管理

基肥：胡萝卜播种前每亩撒施有机农家肥 2 500～3 500 kg 和草木灰 100 kg，或者经有机认证的有机复合肥 300 kg。然后翻犁碎垡、做畦，畦宽 1.2～1.5 m，沟深 20～25 cm。

追肥：播种后和幼苗期要保持土壤湿润。叶片生长旺盛期和肉质开始肥大时不能缺水，应充分供给水分，否则根形瘦小；久旱后切忌灌大水，以防肉质根开裂；积水地要注意排水。胡萝卜除施足底肥外，应视苗情追 2～3 次肥。出苗后 20～25 d，即应追 1 次薄沼液，促进幼苗根系生长；定苗以后再追 1 次提苗肥，每亩追沼液 1 000 kg 或经有机认证的有机复合肥 30 kg；第 3 次在肉质根有小拇指粗时，每亩追施沼液 1 500 kg。

案例 2：有机番茄的施肥管理

育苗时的用肥：营养土按草炭：蛭石＝3：1 的比例配制，每立方米营养土中加生物鸡粪 10 kg，将催好芽的种子点入装满营养土的穴盘（72 孔），每穴一粒种子，上覆 1.5 cm 厚营养土，浇透水，放入苗床。

定植前整地施基肥：每亩施腐熟牛粪 4 000～6 000 kg，鸡粪 300～400 kg，钙镁磷肥 20 kg，钾矿粉 15 kg。

田间管理期的肥料施用：

缓苗后 10 d 左右，每亩穴施鸡粪 100 kg，并浇小水。然后松土促根控秧。白天温度 22～27℃，夜间 13～18℃。株高 15～20 cm 时吊绳、盘头、打杈。白天温度 25～30℃，夜间 15～20℃，加强通风换气。第一穗果坐住后，冬季每隔 5～7 d 浇清水一次，夏季每隔 4～5 d 浇清水一次。如果是有机生态型无土栽培每隔 1～2 d 浇水一次。根据生长期长短，每隔 10～15 d，每亩用 100 kg 鸡粪加 200 kg 水浸泡两天后的过滤液滴灌一次。或每亩穴施鸡粪 100 kg，钾肥 3～5 kg。叶面喷符合《含氨基酸叶面肥料》和《含微量元素叶面肥料》技术要求的叶面肥。

案例3：有机茄子的施肥管理

播前准备：一般取无病虫源肥沃的田园土 5 份，腐熟农家肥 4 份，砻糠灰 1 份，拌匀为营养土。另外，每立方米营养土中加入磷酸二铵 0.2 kg，充分混合、碾碎、过筛。当催芽种子 70%以上破嘴（露白）即可播种，播种前浇足底水，润湿床土深至 10 cm。水渗下后用营养土薄撒一层，找平床面，均匀撒播种子。播后覆营养土 0.8～1.0 cm。播种出苗后，棚顶须覆盖遮阳网或稻草。

苗期肥水管理：分苗缓苗后，追一次提苗肥，在苗床内撒一层肥土，配制比例为 1 份大粪干或饼肥加 1 份腐熟羊粪加 8 份细土，再加入少量草木灰，促幼苗生长及花芽分化。

定植前整地施基肥：整地增施基肥每亩施农家肥 5 000～6 000 kg，过磷酸钙 15～20 kg，再翻一遍使土粪混合均匀。基肥 2/3 撒施，1/3 集中施于定植沟中，按行距 55 cm 开沟，沟深 15～18 cm。

田间管理期的肥料施用：幼苗成活后，施 1 次提苗肥，每亩施腐熟畜粪尿 400～500 kg（氮当量 4～5 kg）。门茄瞪眼后追施腐熟的稀粪水或三元复合肥，以后每采收 1～2 次追施 1 次肥，每次每亩施 10～15 kg 三元复合肥，植株成活至开花前，一般不再灌水。开花结果期如土壤干燥，则可在晴天上午灌水，要快灌快排，并及时通风排湿。雨季应注意清沟排渍。

案例4：有机黄瓜的施肥管理

育苗时的用肥：营养土按草炭∶蛭石为 3∶1 的比例配制，每立方米营养土中加鸡粪沼渣 10 kg，将催好芽的种子点入装满营养土的穴盘（按 50 孔）或营养钵（8×8）中，每穴一粒，上覆 1 cm 厚的营养土，浇透水，放入苗床。

定植前整地施基肥：黄瓜对基肥反应良好，整地时深耕增施腐熟有机肥，每亩施 2 000 kg。

田间管理期的肥料施用：

缓苗后 10 d 左右，每亩穴施鸡粪 100 kg，并浇小水。然后松土促根控秧。白天温度 22～27℃，夜间 13～18℃。株高 10～15 cm 时吊绳、盘头、打须、打杈。植株 2～3 片真叶时，开始追有机肥。黄瓜根的吸收力弱，对高浓度肥料反应敏感，追肥以"勤施、薄施"为原则。每隔 10～15 d，每亩用 100 kg 鸡粪加 200 kg 水浸泡两天后的过滤液滴灌一次。叶面可以用符合含氨基酸叶面肥料和含微量元素叶面肥料技术要求的叶面肥进行适时喷施。

案例5：有机菠菜的养分管理

菠菜的施肥特点：菠菜生长期较短，基肥和追肥均要求施用速效性肥料，特点是氮素要充分供应。缺氮会抑制叶片的分化，减少叶片的数量，叶色发黄，降低叶片的光合能力，使其生长发育缓慢，植株矮小。一般每生产 1 000 kg 菠菜需要吸收纯氮 2.48～5.63 kg、磷（P_2O_5）0.86～2.3 kg、钾（K_2O）4.54～5.29 kg，其氮、磷、钾吸收比为（2.45～2.88）∶1∶（2.3～5.28）。

以春菠菜为例，介绍其水肥管理。春季栽培菠菜应选用耐高温，对长日照反应不敏感，抽薹晚的圆叶类品种。整地施肥：春菠菜播种早，土壤化冻 7～10 cm 深即可播种。因此，整地施肥均在前一年上冻之前进行。选择茄果类、瓜类、豆类蔬菜茬口，每亩施腐熟农家肥 4 000～5 000 kg，撒施地表，深翻 20～25 cm，然后耙平作畦。以高畦为好，有利于提高早春地温。一般畦宽 1～1.2 m、长 10～15 m、高 7～8 cm，以南北向畦为好。

田间浇水施肥：一般苗出土长到 2～3 片真叶时不浇水，有利于提高土壤温度和促进根系活动。菠菜 4～5 片真叶时，进入旺盛生长期，每亩追施 300 kg 沼液（N%=1%），以后根据土壤墒情，适量浇水，保持土壤湿润。一般浇水 2～3 次。

2 有机果树生产中的施肥技术

根据不同的果树种类施用不同的肥料及用量，具体的需要量见项目三任务 2 土壤培肥表 3-4 不同作物经济产量 100 kg、1 000 kg 的需肥量。

有机果品生产可以施用的有机肥包括：各种绿肥作物；残株、杂草或落叶及其所制成的堆肥；豆粕类或米糠；木炭、竹炭或草木灰；制糖工厂的残渣（甘蔗渣、糖蜜等）；未经化学或辐射处理的腐熟木质材料（树皮、锯木屑、木片）；海藻；植物性液肥；泥炭、泥炭苔；畜禽粪堆肥；骨粉、鱼粉、蛋壳及海鸟粪；磷矿粉、蛭石粉及珍珠岩、石粉。

深翻与施肥时期，以 8 月中下旬至 9 月上中旬为最佳时期。从施肥角度看，此时施肥可有效增加果树的贮存营养，保证树体安全越冬和翌年开花坐果。从立地条件看，正值秋高气爽，温度较高，果树光合作用较强，根系处于生长的第三次高峰期或第二次高峰期，土壤温湿度较适宜，微生物活动较旺盛，施入的有机肥有充分的腐解时间，有利于果树根系的吸收利用。有机果品生产要求不施化肥，只能选择含磷多的有机肥，就我国现有的有机肥来源看，鸡、鸭粪是富磷的，鸡粪的氮、磷、钾含量分别为 1.63%、1.54%、0.85%，鸭粪为 1.10%、1.40%、0.62%，在定植时和定植后的头两年深翻扩穴时，应选用鸡、鸭粪。

3 有机粮油类作物的施肥技术

施肥原则遵循：依据测土配方施肥结果和目标产量，合理施用氮、磷、钾肥；氮肥分次施用，根据土壤肥力和粮食品种、品质特性要求确定基准比例；加大秸秆还田力度，施有机肥。忌用没有充分腐熟的有机肥料；科学施肥与绿色增产增效栽培技术相结合。

有机粮食种植过程中，以有机肥为主，兼顾长效肥，看苗施肥，前期以长效肥为主，后期以速效肥为主；适当地进行根外追肥，结合其他栽培、植保技术进行合理施肥，促进粮食健康生长。有机粮食的施肥技术应遵循狠施基肥、巧施分蘖肥、重施穗肥。

根据作物的生长状态和土壤状况，采用不同的施肥方式，包括穴施、沟施、叶面喷施等。合理的施肥方式可以提高施肥效果，并减少肥料的浪费。

不同施肥方式和不同肥料的施用时间不同，需要在相应的生长阶段进行施肥。为了避免肥料过度浸透，最好在雨后施肥，这样能够使养分更好地渗透到土壤中。要考虑土壤性质、气候条件、作物品种和生长阶段等因素，确定更为合理的肥料用量。避免施肥过量或过低，这两种情况都会对作物的健康产生不利影响。

案例：有机大豆的施肥管理

肥料种类：以施充分发酵腐熟的有机粪肥为好，也可以施用以秸秆、落叶、湖草、泥炭、绿色植物为主的堆肥、绿肥，或施用经过认证许可在有机产品生产中使用的肥料，如有机肥、绿农肥、生物肥料等，但不能使用转基因肥料。

　　施肥数量：腐熟的有机粪肥的施用量应在每公顷 30 t 以上，如施商品有机肥，则要达到每亩 40 kg 以上，并配合施用农家肥。

　　施肥时间：农家肥在秋整地时撒于地表，随整地时与土壤拌匀，有机肥在秋季或春季起垄时施入总量的 70%，其余 30% 在播种时施入。

项目考核

　1．简述氮、磷、钾对农作物的作用。

　2．农作物营养诊断的方法通常有哪些？各有什么优缺点？

　3．简述肥料、地力、可持续农业之间的关系。

　4．试分析影响有机肥料腐熟的条件及原因，并阐述其调节措施。

　5．论述土壤培肥的基本途径。

　6．现有鸡厩肥 300 kg，请设计堆肥工艺和描述操作过程。

　7．堆肥腐熟化过程的影响因素有哪些？具体如何影响？

　8．现栽种有机芦笋，请你收集资料，设计一个施肥方案。

　9．大豆如何施用有机肥？

　10．施用有机肥应注意哪些问题？

参考文献

[1]　乔玉辉，曹志平. 有机农业[M]. 北京：化学工业出版社，2015.

[2]　杜梅香. 常用肥料及科学施用技术[M]. 兰州：甘肃科学技术出版社，2015.

[3]　杜相革，董民. 有机农业导论[M]. 北京：中国农业大学出版社，2006.

[4]　刘春生. 土壤肥料学[M]. 北京：中国农业大学出版社，2006.

[5]　郁樊敏. 有机农业与有机蔬菜栽培[M]. 上海：上海财经大学出版社，2001.

[6]　聂书海. 有机果园[M]. 石家庄：河北科学技术出版社，2020.

[7]　贾小红. 有机肥料加工与施用[M]. 北京：化学工业出版社，2002.

[8]　北京市土肥工作站. 施肥技术手册[M]. 北京：中国农业大学出版社，2010.

[9]　刘世琦，张自坤. 有机蔬菜生产大全[M]. 北京：化学工业出版社，2010.

[10]　李玉华. 有机肥料生产与应用[M]. 天津：天津科技翻译出版公司，2010.

[11]　巫东堂、程季珍. 无公害蔬菜施肥技术大全[M]. 北京：中国农业出版社，2010.

[12]　王佰成，孟祥海，张星哲，等. 土壤养分管理对作物产量与品质的影响研究[J]. 农业与技术，2024，44（4）：19-22.

[13]　邓仁菊，尹旺，罗密，等. 不同有机肥对甘薯产量、品质及土壤肥力的影响[J]. 热带作物学报，2024，45（2）：351-361.

[14]　刘雪燕. 玉米种植的土肥管理技术研究[J]. 黑龙江粮食，2024（2）：37-39.

[15]　罗晓燕. 农作物种植管理中的土壤养分平衡与肥料管理技术研究[J]. 黑龙江粮食，2024（2）：43-45.

[16]　陈泉，邵青松，叶蔓莉，等. 有机肥料对现代农业发展的风险研究及应用对策[J]. 山东化工，2024，53（4）：110-111，117.

[17] 黄星瑜，朱安繁，姚锋先，等. 有机肥替代部分化肥对油菜产量和品质、肥料利用率及土壤性质的影响[J]. 中国土壤与肥料，2024（1）：141-148.

[18] 王中华，杨青松，李晓刚，等. 生物有机肥对果园生产的影响研究进展[J]. 果树资源学报，2024，5（1）：109-114.

[19] 杨红梅，吴会文，杨丹丹，等. 果园土壤肥力提升技术措施[J]. 果农之友，2024（1）：62-65.

[20] 李燕青，李壮，李宏坤，等. 桃园养分管理与施肥技术[J]. 果树实用技术与信息，2023（12）：24-27.

[21] 叶宏斌. 有机水稻种植技术要点分析[J]. 种子科技，2023，41（18）：61-63.

[22] 戴宇，马良. 土壤养分管理和土壤健康研究进展与展望[J]. 浙江农业科学，2023，64（8）：1826-1833.

扫码查看
◉ AI农业专家
◉ 课件辅读
◉ 答案速查
◉ 案例促学

项目四　有机农业的植物保护

作物在生长发育过程中会遇到各种有害生物（病害、害虫、杂草等），要保证作物高产优质，就必须对这些有害生物进行有效防治。本项目从"呵护自然，保护植物健康"出发，按照有机标准和原则，对有机农业如何开展病虫草害防治进行了阐述，并介绍了有机蔬菜病虫草害综合防治技术。通过本项目的学习，让学生理解有机农业植物保护的基本原则、病虫草害防治的核心，掌握病虫草害防治的原理和防控措施。

任务 1　植物病害防治技术

任务介绍

植物病害对有机农业生产和食品安全造成了严重威胁，故对有机作物病害的防控至关重要。植物病害防控措施可分为植物检疫、农业防治、生物防治、物理防治和化学防治 5 种。通过本任务的学习，让学生做到科学识别、诊断植物病害，能采用综合的方法控制有机作物的病害。

任务解析

植物发生病害是因为受到病原生物或环境因素的连续刺激导致寄主细胞和组织的机能失常，在外形上、生理上、生长上和整体完整性上出现异常变化，表现一定的症状。植物病害的防治，首先需要对植物病害症状进行识别，然后对植物病害进行科学诊断，最后采用合理的方法防治植物病害。

知识储备

1　植物保护的基本原则与防治方法

1.1　植物保护的基本原则

可持续植物保护是有机农业病虫草害防治的核心，可持续发展的理念为有机农业植物保护提供认识和理论基础，又为有机农业病虫草害防治措施的安排与选择提供了基本要求。

（1）协调发展

协调发展是可持续植物保护理念的基本原则。在有机农业植物生产过程中，不施用化学农药和肥料、无残留、不使用转基因生物及其衍生物是有机农业的主要特征，如植物生长剂、生物农药等。有机农业生产方式既可提供健康营养的高质量安全食品——有机食品，推动社会生活质量的提高，也可保护和改善环境和土地，保持生态环境的平衡。

（2）生态平衡

可持续发展理念强调生态平衡，可持续的有机农业植物保护体现为最大限度地发挥种群之间的生态关系，综合和辩证地运用多种控制手段，因地、因时制宜，经济、安全、有效地进行辩证调节，将有害生物控制在阈值之下，保证环境质量、生态稳定、动植物生产力以及社会经济的协调。充分认识到天敌对害虫的调控作用也是可持续植物保护的重要理念，并充分保护和助长这种控制作用。

（3）综合治理

利用病虫害防治的阈值原理是有机农业植物保护的"黄金规则"，即只有当有害生物数量增大到一定程度，超过一定的阈值，估计由它导致的经济损失大于防治所付出的成本时，才采取防治措施，在生产中如果出现不显著的病虫密度，将容忍这种情况出现。有机农业的病虫害综合治理需体现"最优化原则"，即有效地综合各种非化学措施，以最优化的组合、最低的成本投入达到最佳的病虫害治理效果，同时保护生物资源和环境，保证农业生态的永续利用。有机农业病虫害的防治应考虑生物的、物理的、植物育种的以及农业栽培技术的综合治理措施，如选择抗性作物及品种、科学的种植制度、土肥水合理管理、保护益虫天敌、物理方法控制病虫草害等，最后才按规定使用特定的产品防治病虫。

（4）物种多样性

生态系统的稳定性直接依赖于系统结构的复杂程度以及系统内物种的多样性，多样性越高，稳定性越大。多样的物种之间相互依存和制约，形成一种缓冲和调节的兼容机制，使系统产生较强的自净和抗干扰能力，基因的异质互作也有利于提高系统的抗病、抗虫能力。可持续的有机农业植物保护的主旨是：尽量保护和增加有机农业系统的多样性，进而达到"无为而治"的效果。不使用化学农药，保护非靶标昆虫，可以有效地控制病虫的发生。

（5）规范操作

规范操作是落实可持续植物保护理念的基本保证。有机农业生产应严格按照《有机产品 生产、加工、标识与管理体系要求》收录的可以安全使用的植物保护产品，同时需要准确按照规范进行操作使用。原则上未收录的物质意味着不允许使用。多数农药的使用必须获得认证及监控机构的同意。

（6）全程监控的理念

有机农业监控是为了切实实现有机植物的保护，为有机农产品的安全和品质提供保障，对农业内部的基本管理制度以及认证机构进行有效监控。

在有机农业植物的生产过程中对肥料、农药等可能影响植物安全的投入物设置专门的机构管理，对农事活动的整个过程进行记录、分析。针对有机农产品设置编码系统，借助编码系统不仅要了解各个生产环节和各个生产批次的基本情况，还要对有机植物保护的使用情况进行及时有效的监控，从而实现有机植物全程监控的理念。

1.2 植物保护的基本方法

1）优先采用农业措施，通过合适的能抑制病虫草害发生的耕作栽培技术，如采用抗（耐）病虫品种、平衡施肥、调整播种期、覆盖、深翻晒土、清洁田园、轮作倒茬、间作套种等一系列措施等控制病虫草害的发生。

2）创造适宜的环境，保护和利用病虫、杂草的天敌，通过生态技术控制作物病虫草害的发生。

3）尽量利用灯光、色彩等诱杀害虫，采用机械和人工方式除草以及热消毒、隔离、色素引诱等物理措施，防治病虫草害。

4）特殊情况下，可采用有机认证机构允许使用的可以用来控制病虫草害的植物源、动物源、微生物源、矿物源农药。

5）不允许使用人工合成的除草剂、杀菌剂、杀虫剂、植物生长调节剂和其他农药，不允许使用基因工程生物或其产物。

2　植物病害的分类

植物病害按寄主植物的种类分为小麦病害、玉米病害、蔬菜病害、果树病害等。按发病部位分为叶部病害、根部病害等。按生育阶段分为幼苗病害、成株病害等；按病原类型分为侵（传）染性病害和非侵（传）染性病害或生理性病害。侵（传）染性病害是由病原生物引起，又可分为真菌病害、细菌病害、病毒病害、植原体病害、线虫病害等；非侵入（传）染性病害或生理性病害是由不适宜的物理和化学因子等造成。按传播方式植物病害可分为气传病害、土传病害、种传病害等。

3　植物病害的病原

病原是植物发生病害的原因，可以分为两大类：一类是非生物因素，即非生物（非传染性）病原；另一类是生物因素，即生物（传染性）病原。

（1）非生物病原

非生物（非传染性）病原主要有：营养元素供应失调，缺乏（缺素）或过剩（中毒）；水分供应失调，缺少（干旱）或过多（水涝）；温度出现失常，过低（冻害）或过高（日灼）；有害物质或有害气体、大气污染、金属离子中毒、农药中毒；土壤或灌水含盐碱较多、土壤酸碱度不适；光照不足或过强；缺氧、栽培措施不适等。

（2）生物病原

生物（传染性）病原主要有真菌、细菌、病毒、植原体、线虫等。

4　有机农业可用杀菌剂

（1）动植物源杀菌剂

许多植物、动物或昆虫来源的活性成分可用作有机农业生产体系中的杀菌剂，如从黄连和黄柏等植物中提取的小檗碱，大黄和虎杖等中提取的大黄素甲醚，蛇床子中提取的蛇床子素，以及其他提取物，如寡聚糖、一些植物油（如薄荷油、松树油、香菜油）和天然酸（如食醋、木醋和竹醋）等。此外，牛奶和蜂胶也可作为杀菌剂，卵磷脂则主要用于杀灭真菌。

（2）矿物源杀菌剂

在自然界中，有许多天然矿物可用于有机农业生产体系中病害的防治。例如一些铜盐（如硫酸铜、氢氧化铜、氯氧化铜、辛酸铜等）、碳酸氢钾、波尔多液、石硫合剂、硫黄等均用作杀真菌剂。此外,氢氧化钙和轻矿物油除具有杀虫功效外,也可用作果树(如葡萄、香蕉等)的杀菌剂。高锰酸钾既可杀灭真菌,也可杀灭细菌,但只限于在果树(如葡萄)上应用。

(3)微生物源杀菌剂

一些真菌(如白僵菌、轮枝菌、木霉菌等)、细菌(如苏云金杆菌、枯草芽孢杆菌、蜡质芽孢杆菌、地衣芽孢杆菌、荧光假单胞菌等)及其提取物,除具有杀虫功能外,还具有杀菌功能。此外,蘑菇提取物菇类蛋白多糖也是有机农业生产体系中允许使用的杀菌剂。

(4)其他来源的杀菌剂

在有机农业生产体系中,还可用乙醇、明矾、海盐和盐水等杀菌剂,其中海盐和盐水仅限于处理种子(尤其是稻谷种子)时使用。

任务操作

1 植物病害症状的识别

植物生病后所表现的病态称为症状,其中,把植物本身的不正常表现称为病状,把有些病害在病部可见的一些病原物结构(营养体和繁殖体)称为病征。凡是植物病害都有病状,真菌和细菌所引起的病害有比较明显的病征,病毒和支原体等由于寄生在植物细胞和组织内,在植物体外无表现,因此它们引起的病害无病征;植物病原线虫多数在植物体内寄生,一般植物体外也无病征,但少数线虫病在植物体外有病征,非传染性病害没有病征。

病状类型主要包括以下几种:

(1)变色

植物生病后发病部位失去正常的绿色或表现出异常的颜色称为变色。变色主要表现在叶片上,全叶变为淡绿色或黄色的称为褪绿,全叶发黄的称为黄化,叶片变为黄绿相间的杂色称为花叶或斑驳,如黄矮病、花叶病等。

(2)坏死

植物发病部位的细胞和组织死亡称为坏死。斑点是叶部病害最常见的坏死症状,叶斑根据其形状不同有圆斑、角斑、条斑、环斑、网斑、轮纹斑等,叶斑还可以有不同的颜色,如红褐(赤)色、铜色、灰色等。坏死类是植物病害的主要病状之一。

(3)腐烂

腐烂是指寄主植物发病部位较大面积的死亡和解体。植株的各个部位都可发生腐烂,幼苗或多肉的组织更容易发生。含水分较多的组织由于细胞间中胶层被病原菌分泌的胞壁降解酶分解,致使细胞分离,组织崩解,造成软腐或湿腐,腐烂后水分散失,成为干腐。根据腐烂发生的部位,分别称为芽腐、根腐、茎腐、叶腐等。

(4)萎蔫

植物因病变而表现失水状态称为萎蔫。可由各种原因引起,茎基坏死、根部腐烂或根的生理功能失调都会引起植株萎蔫,但典型的萎蔫是指植株根和茎部维管束组织受病原物侵害造成导管阻塞,影响水分运输而出现的凋萎,这种萎蔫一般是不可逆的。萎蔫可以是全株性的或是局部的,如多种作物的枯萎病、青枯病等。

（5）畸形

植物发病后可因植株或部分细胞组织的生长过度或不足，表现为全株或部分器官的畸形。有的植株生长得特别快而发生徒长；有的植株生长受到抑制而矮化，例如，植物的根癌（冠瘿）病、小麦黄矮病等。

病原物在病部表现的病征类型主要包括以下几种：

（1）霉状物

病原真菌的菌丝体、孢子梗和孢子在病部构成的各种颜色的霉层。霉层是真菌病害常见的病征，其颜色、形状、结构、疏密程度等变化很大，可分为霜霉、青霉、灰霉、黑霉、赤霉、烟霉等，如霜霉病、青霉病、灰霉病、赤霉病等。

（2）粉状物

某些病原真菌一定量的孢子密集在病部产生各种颜色的粉状物，颜色有白粉、黑粉等。如白粉病所表现的白粉状物，黑粉病在发病后期表现的黑粉等。

（3）锈状物

病原真菌中锈菌的孢子在病部密集所表现的黄褐色锈状物，如锈病。

（4）点（粒）状物

某些病原真菌的分生孢子器、分生孢子盘、子囊壳等繁殖体和子座等在病部构成的不同大小、形状、色泽（多为黑色）和排列的小点，例如炭疽病病部的黑色点状物。

（5）线（丝）状物

某些病原真菌的菌丝体或菌丝体和繁殖体的混合物在病部产生的线（丝）状结构，如白绢病病部形成的线（丝）状物。

（6）脓状物（溢脓）

病部出现的脓状黏液，干燥后成为胶质的颗粒，这是细菌性病害特有的病征，例如，细菌性萎蔫病病部的溢脓。

2　植物病害的诊断步骤

2.1　植物病害发生状况和发生环境调查

当植物生长出现异常时，应深入现场对以下情况进行调查。①发病历史，过往植物是否出现过类似的症状及发病情况；②危害植物，确定具体种类；③病害来源，确定是侵染性病害还是非侵染性病害，以便进一步诊断；④病害发展速度；⑤病害的分布特点，了解病害是单株、团状、簇状还是大面积发生；⑥环境条件与病害发生发展的关系，如温度、湿度、光照等对病害发生发展的影响；⑦经营活动与病害发生的关系，如是否近期用过农药等生产经营活动，以便判断对植物的影响。

2.2　植物症状类型观察

症状对植物病害的诊断有着重要的意义，每一种植物病害都有相对稳定的症状特点，某一类病害也有其共同的识别特征。因此，症状是病害诊断的重要依据。根据症状特点先区分出病害还是伤害，对是病害的还要区分出是非侵染性病害还是侵染性病害，然后再进一步诊断。

2.3 病原物显微镜诊断

通过前两个程序初步诊断为是真菌还是细菌类病害，然后挑取、刮取或切取病原物，在显微镜下观察，确定病原物的分类地位，引起的常见病害类型，通过查阅资料、对比，确定植物病害的种类，适合于常见病害的诊断。因植物病害存在同原异症和同症异原的现象，因此，对于疑难病害还要采取其他办法解决。

2.4 人工诱发实验

实验是从受病组织中把病原菌分离出来，人工接种到同种健康的植物上，以诱发病害的发生。如果被接种的植物产生同样的症状，并能再一次分离出来相同的病菌，这就能确定该菌就是这种病害的病原菌。这是德国动物医学家柯赫（Koch）提出来的，因此得名柯赫证病法。

3 植物病害的防治

防控有机作物病害的措施可分为植物检疫、农业防治、物理防治、生物防治和化学防治5种。

3.1 植物检疫

植物检疫（plant quarantine）又称法规防治，是由国家颁布法律，对农作物及其产品，特别是种子和苗木的调运进行检疫和管理，防止危险性病、虫、杂草人为传播蔓延。植物检疫是确保有机食品生产基地农作物生产安全的一项重要预防措施，其基本属性是其强制性和预防性。实施植物检疫的基本原则是在检疫法规规定的范围内，通过禁止和限制植物、植物产品或其他传播载体的输入（或输出），以达到防止传入（或传出）有害生物，保护农业生产和环境的目的。所谓人为传播，是指植物病原体（物）和其他有害生物除自然传播途径外，还可随人类的生产和贸易活动而传播。人为传播的主要载体是被有害生物侵染或污染的种子、苗木、农产品包装材料、运输工具等。

植物检疫的主要措施：禁止可以携带危险性很大的有害生物的活植物、种子、无性繁殖材料、植物产品、土壤入境。限制进境，提出允许进境的条件，要求出具检疫证书，说明进境植物或产品不带有规定的有害生物，其生产、检疫检验、除害处理状况符合进境条件，限制进境时间、地点、进境植物种类及数量。对于国家间和国内地区间调运的植物、植物产品、包装材料、运载工具等，在指定地点和场所进行检疫检验和处理，检疫合格者，签发检疫证书，准予调运，不合格者必须进行除害处理或退货。种子、无性繁殖材料在原产地、农产品在产地或加工地实施检疫和处理。对于引进种子、苗木、无性繁殖材料，要经过下列步骤：①经审批同意；②检疫机构提出具体检疫要求；③限制引进数量；④实施常规检疫，并在隔离苗圃中试种。对国际旅客进境时携带的植物和植物产品以及国际、国内通过邮政、民航、铁路等交通运输部门邮寄、托运的种子、苗木、植物和植物产品等，需按规定进行检疫。对新侵入和定植的病原物与其他有害生物，必须利用一切有效的防治手段，尽快扑灭。

3.2　农业防治

（1）农业防治的概念

农业防治（agricultural control）又称栽培防治（cultural control）或环境管理（management of the physical environment），是在全面分析寄主植物、病原物和环境因素三者相互关系的基础上，运用农业生产过程中的各种技术措施，创造有利于植物生长发育而不利于病害发生的环境条件，增强植物抗病性，降低病原物数量，从而使病害不能发展到流行的程度。农业防治最能体现我国"预防为主，综合防治"的植物保护方针，是我国传统农业的精华所在，也是有机农业生产中应优先采用的防治方法。农业防治不需要特殊设施，是最经济、最基本的防治方法，但单独使用时效果较低，收效较慢。农业防治主要包括抗病品种的培育与利用、生产管理、耕作制度和栽培技术等方面与植物病害防治有关的措施。

（2）农业防治的基本方法

1）选用抗病品种或抗病砧木。选用抗病品种防控植物病害是最为有效、经济和易行的措施之一。对于许多难以控制的土传病害（如香蕉枯萎病）、病毒病害以及大面积流行的气传性病害，选育和利用抗病品种可能是唯一有效的防治途径。人类利用大面积种植抗病品种的方法，有效地控制了许多大范围流行的毁灭性病害，如小麦锈病和水稻的稻瘟病等。

2）建立无病留种田，选用无病繁殖材料。许多植物病害都可经由种子、种苗进行传播。细菌性病害（如茄科植物细菌性斑点病、马铃薯软腐病）和真菌性病害（如辣椒疫病、十字花科菌核病及黑斑病等）均能通过种子、种苗进行传播。建立无病留种田，生产和使用无病种子和繁殖材料，可有效地防止病害传播和降低初侵染菌源的数量。

3）建立合理的种植制度。实行合理轮作，特别是水旱轮作，能抑制减少土壤病原物积累及减轻连作障碍。单一的种植模式为病原物提供了稳定的生态环境，容易导致病害猖獗，通过合理间作、套种和混作等，避免大规模种植单一品种，可以有效防控病害的发生。例如，玉米间作黄瓜可使黄瓜花叶病减少，在葡萄园间作黄瓜可减少葡萄褐斑病和霜霉病的发生。另外，玉米间作辣椒时，由于玉米的遮阴作用，可减少辣椒日灼病和病毒病的发生。

案例：葱、韭菜混植防治病菌

葱、韭菜等葱属（包括大蒜、分葱等）均含有多量硫化合物，这些化合物具有的强烈异臭，有抗菌作用。葱、韭菜根的位置要与混植作物根的位置相同，通过葱、韭菜等的寄生菌核菌的拮抗作用来抑制病害菌的繁殖。番茄根较深，适宜混植韭菜，定植时番茄的根须置于韭菜的根上，畦上部位也需种植韭菜以防立枯病等。根浅而广的作物如香瓜、西瓜、番瓜等也较适宜与葱混作。草莓与葱、韭菜混植时，草莓的母株即以1株伴种1棵葱，已伸长的蔓茎的伴种2棵葱；菠菜等撒播者与葱、韭菜混植，每隔30 cm纵横各种1棵葱苗为宜。

4）保持田间卫生。田园卫生措施主要包括清除收获后遗留的病株残体、生长季节及时拔除病株与铲除发病中心、施用干净肥料以及清洗农机具、工具、架材、农用塑料薄膜、仓库等，这些措施可以有效减少土壤中的病原菌基数。

①清除田间病残体：作物收获后彻底清除田间病株残体，集中深埋或烧毁，能有效地减少越冬或越夏病原体数量，这一措施对多年生作物尤其重要。果树落叶后应及时清扫果

园；冬季修剪时，要剪除病枝，摘除病果，刮除病灶。病虫严重发生的多年生牧草草场，往往采用焚烧的方法消灭地面病残株。

②生长季节消除发病中心：在生长季节，摘除病叶和消除发病中心，能阻止和减少田间再侵染来源，减缓病害流行，如番茄溃疡病、马铃薯晚疫病等。

③净肥施用：禁止使用植物病残体沤肥、堆肥，有机肥料在充分腐熟后才能施用。

④深耕与中耕除草：适时中耕和作物收获后及时深耕，既可疏松土壤、增温保墒，又可清除杂草，恶化病原体的滋生条件，还能直接消灭部分病原体。此外，许多植物病毒及其传毒昆虫介体在野生寄主上越冬或越夏，因此铲除田间杂草是减少毒源的重要措施之一。有些锈菌的转主寄主在病害循环中起着重要作用，也应当铲除。

5）加强栽培管理。病害的发生与栽培管理有着密切的关系。田间是植物病害发生的主要场所，通过合理的栽培管理措施，调节田间环境条件，使之有利于作物的生长发育而不利于病原体的繁殖与传播，从而达到有效控制病虫害发生的目的。栽培管理的主要农事操作措施概述如下。

①合理密植：田间作物合理密植，通风透气好、小环境内湿度小，不利于病原真菌孢子的萌发，有利于控制茎、叶病害的发生。密度过大则造成田间郁蔽，通风透光不良，作物徒长而抗性降低，有利于病害的发生。

②作物适期播种与采收：将播种期相对于常规作业提前或错后一段时间，使作物的感病期与病原体的大量繁殖侵入期错开，人为地给作物创造一个避病条件，可减轻病害的发生流行。例如，冬小麦早播、春小麦晚播地温高，有利于小麦出土而不利于小麦腥黑穗病病体孢子萌发，可减轻该病害发生。小麦适当推迟播种，可减轻纹枯病的发生。

③地面覆盖与生草栽培：地膜覆盖除具有控制杂草生长、提高地温、保持土壤水分、促进作物生长发育等功能外，还可以减轻一些病害，尤其是土传病害的发生。例如，地面覆盖物可阻隔植物器官（如瓜果类的果实）与地面的直接接触，从而大大减轻土传病害的发生概率；覆盖也可以大幅度降低土传病害（如甜椒疫病）经雨水传播的机会。此外，土地休闲期间，地面覆盖透明塑料薄膜还可利用太阳辐射热进行土壤消毒，杀死部分病原体。利用草生栽培防治土传性病害，其效果与地面覆盖物类似。

④加强土地肥水管理：加强土地肥水管理，可以达到培育健康土壤的目的。只有从健康的土壤中才能获得健康的植株。通过科学施肥等措施培育肥沃、健康的土壤是栽培健康植株的基础。

A. 调节土壤酸碱度：土壤酸碱度不仅影响植物对土壤中矿物质营养的吸收，从而影响植物自身的抗性，还会对病害的发生产生一定的影响。例如在酸性（pH=5 左右）土中，十字花科蔬菜的根瘤病较易发生，而当土壤 pH 升至 6.5～7.0 后病害即大为减少。相反，马铃薯的疮痂病及茄科的青枯病在碱性土壤中较易发生，如将土壤 pH 降至 5.2 左右，病害则明显减轻。

B. 科学施肥：植物的营养或土壤肥力的情况对植物的生长发育及其抗病性都有较大影响。如氮肥施用过多，作物容易徒长而有利于病害发生，如草坪褐斑病、植物病毒病、十字花科根瘤病等。但也有些病害（如草坪币斑病、马铃薯早疫病、番茄枯萎病）则在植物处于低氮情况下发生较为严重。因此，要根据作物生长的需要，合理进行施肥和追肥，培养健康植株，提高作物抗病能力。

C. 合理排灌：灌溉量过大和灌溉方式不当，不仅使田间湿度增大，有利于病害发生，而且流水还能传播病害，尤其是土传病害。最好选择晴天上午浇水，防止大水漫灌，提倡滴灌、大棚膜下微孔喷灌等先进的灌溉方式。此外，大雨后应及时排水，以免影响作物正常生长和降低作物抗病能力。

3.3 物理防治

物理防治主要用于处理种子、苗木、接穗等植物繁殖材料和土壤的病害防控。物理防治方法无公害、低成本、不污染环境，是有机农业所提倡的防控病害的措施之一。

（1）种苗热力处理

常用的种苗热力处理方法有温烫浸种，即用温水（50～52℃）对种子、种苗进行浸泡，利用温水的热力杀死种子、苗木、接穗上的病原物而不影响种子、苗木和接穗的活力。此外，也可以对种子、种苗进行热蒸汽处理，这样可杀死大部分病原体。利用热水和热空气处理感染病毒的植株、无性繁殖材料，可以治疗病毒的感染，是生产无毒种苗的主要途径。

（2）土壤热力处理

用蒸汽等对土壤进行消毒，可有效防治线虫及土传病害。土壤蒸汽消毒，无论是在温室还是在苗床中都普遍使用，通常用80～95℃蒸汽处理30～60 min，经过蒸汽处理的土壤，绝大部分病原体可以被杀死。此外，在盛夏还可以用聚乙烯薄膜覆盖潮湿土壤，利用太阳能使土表5 cm土层温度升至50℃左右，持续数天至数周，可以有效降低土壤中尖孢镰刀菌、轮枝菌病原体数量和致病能力。在中国台湾地区用这种方法防治白绢病，在日本则用来防治蔬菜由镰刀菌引起的枯萎病，均较为成功。

（3）土壤嫌气处理

土壤淹水数周至数月，可以大幅减少土壤中病原体的数量，从而减轻下一茬作物病害发生的概率。

（4）外科手术

外科手术在植物病害防治中也时有应用。例如，苹果树腐烂病是苹果生产中的一种主要病害，常造成骨干枝处树皮腐烂形成病疤，严重阻碍树体养分的输送，轻者削弱树势，重者导致整株死亡。及时刮除病疤，可防止病害的进一步蔓延；对主干上超过横径一半的病疤，采用单枝或多枝桥接，可以辅助输导养分，挽救苹果树，避免枝死树毁。

（5）汰除

用机械筛选、风选或用盐水和泥水漂选等方法汰除种子间混杂的菌核、菌瘿、虫瘿、植物病残体、病秕粒和虫卵等，可减少病原、虫源和杂草种源。

3.4 生物防治

生物防治（biological control）是利用其他对植物无害的有益微生物及其产品来影响或抑制病原体的生存、活动、繁殖、蔓延，从而降低病害的发生率或严重程度。生物防治可以改变生物种群组成成分和直接消灭病虫害，对人、畜、植物也比较安全，不伤害天敌，不污染环境，不会引起害虫的再猖獗和产生抗性，对一些病害有长期的控制作用，在土传病害、叶部病害和采后病害的防治中已有较多应用。例如，我国研制的井冈霉素（吸水链霉菌井冈变种产生的葡糖苷类化合物）已广泛用于防治水稻纹枯病和小麦纹枯病；生产上用木霉对豌豆、萝卜等的种子进行拌种可防治苗期立枯病与猝倒病；中国农业科学院生物防治研究所从淡紫链霉菌 B-7 中获得的中生菌素（农抗 751）对大白菜软腐病、马铃薯青枯病、水稻白叶枯病、小麦赤霉病等具有较好的防治效果。

3.5 化学防治

适当使用植物源农药和允许范围内的矿物源药物防治植物病害。硫黄、石灰、石硫合剂和波尔多液等矿物源农药以及从有益微生物中提取的抗生素是有机产品生产标准中允许使用的，可以在必要时作为其他防治措施的辅助措施使用。但是，要十分谨慎，注意用量，以免影响有益微生物或造成污染。大蒜、洋葱或辣椒提取物等植物性杀菌物质对叶部真菌病害有防治作用。

任务 2 植物虫害防治技术

任务介绍

农作物在生长发育过程中，甚至在产品收获后的贮藏期间，往往受到害虫的侵害而出现产量减小和品质降低，故需对植物虫害进行防治。植物虫害防控方法包括植物检疫、农业防治、生物防治、物理防治和药剂防治 5 个方面，其中植物检疫可参照植物病害防治方法。通过本任务的学习，让学生掌握植物虫害的识别、监测以及科学防治技术。

任务解析

害虫对作物的影响与害虫的数量和危害程度呈正相关，只有当害虫达到一定数量时，才真正影响作物的生理活动和生产量。害虫的防治首先在正确理论指导下识别后，应用正确的监测方法对害虫的种群动态做出正确的预测，然后采用科学的方法防治。

知识储备

1 有机农业可用杀虫剂

（1）植物源杀虫剂

植物源杀虫剂的杀虫有效成分为天然物质，施用后较易分解为无毒物质，对环境无污染。植物源杀虫剂杀虫成分的多元化，使害虫较难产生抗药性。植物源农药也有益生物（天敌）的安全。从植物中提取的用于害虫控制的物质有：楝素（苦楝、印楝等提取物）、天然除虫菊素（除虫菊科植物提取液）、苦参碱及氧化苦参碱（苦参等提取物）、鱼藤酮类（如毛鱼藤）、蛇床子素（蛇床子提取物）、植物油（如薄荷油、松树油、香菜油）、寡聚糖（甲壳素），其中植物油具有较好的杀螨效果。这些植物中提取的活性成分通过拒食、触杀、致不育等不同的方式起到防治害虫的作用。

（2）矿物源杀虫剂

有机农业生产体系允许使用的矿物来源的杀（螨）虫剂主要有石蜡油、石硫合剂、硫黄、硅藻土和黏土［包括膨润土（斑脱土）、珍珠岩、蛭石、沸石等］。此外还可以利用氢氧化钙（石灰水）进行杀虫。

（3）微生物源杀虫剂

微生物源杀虫剂可对特定的靶标生物起作用，且安全性很高，它是由微生物本身或其产生的毒素所构成。真菌、细菌、病毒等微生物及其制剂在有机农业生产体系中常用于虫害的防治，如真菌中的白僵菌、轮枝菌、木霉菌，细菌中的苏云金杆菌、枯草芽孢杆菌、蜡质芽孢杆菌、地衣芽孢杆菌、荧光假单胞菌，病毒中的核型多角体病毒、颗粒体病毒等，详见表4-1。

表4-1 微生物杀虫剂资源

类群	种数	代表
病毒生物农药资源	1 600 余种	杆状病毒、质型多角体病毒、疱病毒、虹彩病毒、细小病毒、弹状病毒、内病毒
细菌性生物农药资源	100 多种	虫生细菌、拮抗细菌
放线菌生物农药资源	14 科 56 个属	链霉菌、放线菌、拮抗放线菌
真菌生物农药资源	300 种	虫生真菌
线虫生物农药资源	700 余种	格氏线虫、斯氏线虫
原生动物生物农药资源	3 个目	新簇虫、球虫、微孢子虫
立克次氏体生物农药资源	4 个属	立克次氏体、微立克次氏体

资料来源：杜相革，董民. 有机农业导论[M]. 北京：中国农业大学出版社，2006。

（4）其他杀虫剂

除上述来源的物质外，在有机农业中还可使用软皂（钾肥皂）控制害虫、石英砂控制螨类，而二氧化碳则往往应用于贮存设施害虫的防治。

2 有机农业虫害防治可用的其他物质

（1）杀线虫剂

芥子油（芥末提取物）及从万寿菊、孔雀草等植物中提取的一些活性物质具有杀线虫的活性，可以在有机生产中应用。

（2）驱避剂

所谓驱避（repelling）是指利用一些植物的次生代谢产物（如挥发油、生物碱等活性物质）将害虫拒之门外。种植对有害生物具有驱避作用的植物（表4-2）或利用其提取物，可将害虫驱离需要保护的作物。此外，硫黄粉及硅酸钠和石英砂等硅酸盐对害虫也具有一定的趋避作用。

表 4-2　能够趋避作物害虫的植物种类

趋避植物	科别	被防除的病虫害
大茴香	伞形科	雀蛾、蚜虫
茴香	伞形科	蚜虫
胡荽	伞形科	多种虫类
芹菜	伞形科	纹白蝶
细香葱	石蒜科	蚜虫、苹果黑星病、疮痂病、野兔
大蒜	石蒜科	潜树皮害虫、象鼻虫、蚜虫等多种虫类
石蒜	石蒜科	鼹鼠、老鼠、狗、猫
薄荷类	唇形科	纹白蝶、蝇类、老鼠、蚂蚁、黄条叶蚤、蚜虫
迷迭香	唇形科	纹白蝶、胡萝卜蝇、黏虫、蜗牛、蛄蝓、苹果绵蚜
百里香	唇形科	纹白蝶
鼠尾草	唇形科	纹白蝶、胡萝卜蝇
牛膝草	唇形科	诱引豆金龟子、纹白蝶
青蒿	菊科	纹白蝶、粉虱、蛾
甘菊	菊科	疫病
金盏花	菊科	蚜虫、线虫、夜蛾、芦笋叶甲
波斯菊	菊科	多种虫类
白花除虫菊	菊科	多种虫类
苦艾草	菊科	纹白蝶、黄条叶蚤、胡萝卜蝇、蚜虫、蚂蚁、粉虱
鱼尾菊	菊科	瓜实蝇、番茄夜蛾、蚜虫、黄守瓜、金龟子
万寿菊	菊科	土中线虫、番茄粉虱、幼蛾、温室粉虱
结球莴苣	菊科	黄条叶蚤、温室多种虫类
艾草	菊科	豆金龟子、黄守瓜、瓜实蝇类、蚂蚁、蛾
大丽花	菊科	土中线虫
琉璃苣	紫草科	纹白蝶、番茄夜蛾、雀蛾
辣根	十字花科	增强马铃薯抗病力
辣椒	茄科	蚜虫、蓟马、螟虫
矮牵牛	茄科	蝇类、蚜虫、蚂蚁、豆类害虫、浮尘子
橡树	壳斗科	蛄蝓、切根虫、椿象
旱金莲	旱金莲科	蚜虫、温室粉虱、椿象、果树粉虱、棉蚜
荞麦	蓼科	叩头虫幼虫
白花天竺葵	牛儿科	豆金龟子、叶蝉
太阳麻	豆科	甘薯根瘤线虫、南方根腐线虫
野豌豆	豆科	切根虫、黏虫、鼠类

资料来源：杨洪强. 有机农业生产原理与技术[M]. 北京：中国农业出版社，2014。

（3）诱捕器、屏障及其他

在有机农业生产体系中，可以利用一些物理措施（如色彩诱器、机械诱捕器、覆盖物或网等）来进行害虫的防治。但昆虫性外激素、磷酸氢二铵等引诱剂必须严格控制在诱捕器和散发皿中。有机农业生产体系中允许在嫁接和修剪时使用蜂蜡对伤口进行处理，可以利用硫酸铁来杀灭软体动物。

🖌 任务操作

1 害虫识别

1）危害根部和根际的症状。地表根际部分皮层被咬坏；咬坏幼苗根部，根外部有蛀孔，内部形成不规则蛀道；地表有明显的隧道凸起。

2）危害树枝、树干和花茎内部的症状。枝梢部分枯死或折断，内有蛀孔及虫粪；枝干有蛀孔或气孔，有流胶现象，地表有木屑或虫粪积累。

3）危害叶部的症状。叶片表面失绿、变黄，有蜜露或黏液；卷叶或皱缩；叶片被咬成缺刻或孔洞，有丝状叶丝；吐丝将嫩梢及叶片连缀在一起；吐丝把叶片卷成筒状，或纵向折叠成"饺子"状，幼虫藏在里面危害；叶边缘向背面纵卷成绳状；幼虫潜入叶肉危害，叶表面可见隧道；幼苗的幼芽和幼叶被咬坏。

4）危害花蕾、花瓣、花蕊的症状。蛀入花蕾或花朵中危害；在花蕾表面危害；在花朵中危害花瓣、花蕊。

5）危害果实的症状。舔食果实表面，留下痕迹；钻蛀果实内部，使果实凹陷、畸形；刺吸果实汁液表面留有斑驳的麻点。

2 害虫的监测

害虫对作物的影响与害虫的数量和危害强度呈正相关，只有当害虫达到一定数量（经济阈值）时，才真正影响作物的生理活动和生产量。所以，在有机农业病虫害防治中，并不是见到害虫就喷药，而是当害虫的种群数量达到防治指标时，才采取直接的控制措施。害虫的防治首先应在正确理论指导下，应用正确的监测方法，对害虫的种群动态做出准确的预测。

（1）害虫信息素监测

害虫的信息素是由害虫本身或其他有机体释放出一种或多种化学物质，以刺激、诱导和调节接受者的行为，最终的行为反应可有益于释放者或接受者。在自然界里，大多数害虫都是两性生殖，许多害虫的雄性个体依靠雌性释放性激素的气味寻找雌虫。雌虫是性激素的释放者和引诱者，而雄虫则是接受者和被引诱者，性激素是应用最普遍的一种害虫信息素，也是有机农业允许使用的昆虫外激素。

监测害虫发生期：通常使用装有人工合成的信息素诱芯的水盆诱捕器或内壁涂有黏胶的纸质诱捕器。根据害虫的分布特点，选择具有代表性的各种类型田块，设置数个诱捕器，记录每天诱虫数，掌握目标害虫的始见期、始盛期、高峰期和分布区域的范围大小，按虫情轻重采取一定的防治措施。

监测害虫发生量：根据诱捕器中的害虫数量预测田间害虫相对量。利用信息素诱捕器作为害虫发生期和发生量预测，主要根据诱捕器每天诱捕的数量，确定田间害虫的实际发生量。

（2）黑光灯监测

光与害虫的趋性、活动行动、生活方式都有直接或间接的联系。光照因素包括光的性质（波长或光谱）、光强度（能量）和光周期（昼夜长短的季节变化）。黑光灯是根据害虫对紫外光敏感的特性而设计的，其波长为 365 nm，可诱集多种害虫，可以作为监测害虫发生的手段。

（3）取样调查

取样是最直接、最准确的害虫监测方法。其调查结果的准确程度与取样方法、取样的样本数、样本的代表性有密切的关系。田间调查要遵循 3 个基本原则，即明确调查的目的和内容；依靠群众了解当地的基本情况；采取正确的取样和统计方法。

3　植物虫害防治措施

3.1　植物虫害的农业防治

（1）选用抗耐虫的品种或砧木

培育和推广对害虫具有抗性或耐性的作物品种或砧木，发挥作物自身因素对害虫的抵抗作用，是最经济有效的防治措施。如欧洲葡萄品种易受根瘤蚜侵害，而采用抗根瘤蚜北美葡萄做砧木则可以解决这一问题。

（2）生产和种植洁净的繁殖材料

害虫会随着种子、种苗远距离传播。通过生产和种植洁净、无虫繁殖材料可有效地防止害虫传播和压低初侵染虫源。在播种前要进行晒种、温烫浸种，同时剔除带病和有虫卵的种子以及其他繁殖材料。

（3）合理轮作

合理轮作，不仅可以保证作物生长健壮，提高抗病虫能力，还能因食物条件恶化和寄主减少使寄生性强、寄主植物种类单一及迁移能力弱的害虫大量死亡。实施轮作措施时，首先要考虑寄主范围，其次是作物的轮作模式。例如，温室白粉虱嗜食茄子、番茄、黄瓜、豆类、草莓、一串红，所以，上茬为黄瓜、番茄、菜豆，下茬应安排甜椒、油菜、菠菜、芹菜、韭菜等，可减轻温室白粉虱危害。

（4）合理间作套种

间作套种可以建立有利于天敌繁殖，不利于害虫发生的环境条件，其主要机制表现为以下几种。

1）干扰寻求寄主行为

①隐瞒：依靠其他重叠植物的存在，寄主植物可以受到保护而避免害虫的危害（如依靠保留的稻茬，黄豆苗期可以避免豆蝇的危害）。

②作物背景：一些害虫喜欢一定作物的特殊颜色或结构背景，如蚜虫、跳甲，更易寻求裸露土壤背景上的甘蓝类作物，而对有杂草背景的甘蓝类作物反应迟钝。

③隐蔽或淡化引诱刺激物：非寄主植物的存在能隐藏或淡化寄主植物的引诱刺激物，使害虫寻找食物或繁殖过程遭到破坏。

④驱虫化学刺激物：一定植物的气味能破坏害虫寻找寄主的行为（如在豆科地中，田边杂草驱逐叶甲，甘蓝/番茄、莴苣/番茄间作可驱逐小菜蛾）。

2）干扰种群发育和生存

①机械隔离：通过种植非寄主组分，进行作物抗性和感性栽培种的混合，可以限制害虫的扩散。

②缺乏抑制刺激物：农田中，不同寄主和非寄主的存在可以影响害虫的定殖，如果害虫袭击非寄主植物，则要比袭击寄主植物更易离开农田。

③影响小气候：间作系统将适宜的小气候条件四分五裂，害虫即使在适宜的小气候生境中也难以停留和定殖。浓密冠层的遮阴，一定程度上可以影响害虫的觅食或增加有利于害虫寄生真菌生长的相对湿度。

④生物群落的影响：多作有利于促进多样化天敌的存在。

（5）合理密植

大多数害虫都喜欢栖息在阴暗、潮湿的地方。因此如果种植密度过大，造成田间郁闭、通风透光不良，作物徒长而抗性降低，有利于虫害发生危害，如水稻过度密植会导致稻飞虱、稻叶蝉等大量发生。

（6）保持田间卫生

搞好田园卫生对防治病虫害有特别重要的作用。深翻晒土、冬闲冻垡、中耕除草等措施，可以恶化害虫的生存条件，并能直接消灭一些害虫。枯枝、病虫枝、收割后的植物残体（如腐烂的植株和果实）也是许多害虫的栖息场所，通过清园并集中深埋或烧毁的方式可以消灭其中的虫源。

（7）加强土壤水肥管理

土壤水肥管理是有机农业生产成功非常重要的一个环节，如果土壤水肥管理恰当，不仅可以培养健康植物，提高植物对害虫的抵抗能力，还可以改良土壤性状、恶化土壤中病虫的生活条件，甚至可直接杀死病虫。

（8）适当调整栽培制度

根据作物病虫害发生规律，适当调整播种移栽日期，以回避某些虫害发生的高峰期，可以明显减轻虫害发生程度。如调节水稻移栽期，使三化螟、蚁螟孵化盛期与水稻始穗期错开，可避过螟害或减轻受害程度。

（9）切断生物链，恶化害虫营养和繁殖条件

害虫在不同季节、不同种类或不同生育时期的植物上辗转危害，成为一个生物链。如果生物链的每一个环节配合得都很好，食物供应充足，害虫危害就发生猖獗。因此采取人为措施，使其生物链脱节，就会抑制害虫发生。这对单食性、寡食性和多食性害虫都有效。生产上最为常用和有效的方式就是多样化种植与作物轮作。合理轮作，不仅可以保证作物生长健壮，提高抗害虫能力，还能因食物条件恶化和寄主减少使寄生性强、寄主植物种类单一和迁移能力弱的害虫大量死亡。轮作是防治在土壤中越冬的地老虎、金龟甲、蝼蛄等害虫的关键措施。

（10）种植诱引作物

可通过在栽培的主要作物附近种植一些副作物来诱引害虫寄生，分散害虫对主作物的危害，或者以害虫天敌的食源植物作为副作物来增加天敌族群数量，通过天敌控制害虫。例如桃园种植向日葵，可吸引桃蚜螨齐集于向日葵上，而被集中消灭；大豆或花生间种蓖麻，可使大豆田或花生田内产卵的金龟甲取食蓖麻叶后中毒死亡；大豆田边种植百日草、白玫瑰、万寿菊时可吸引豆金龟子停留而减少大豆的损失；在番茄行间套种甜玉米，可利用甜玉米诱蛾产卵而集中消灭；玉米间种南瓜，南瓜花蜜能引诱玉米螟的寄生性天敌黑卵蜂，从而有效减少玉米螟的危害。此外，麦棉套种、大蒜与油菜间种、苹果与洋葱间作等

均有防控蚜虫的作用。在棉田旁种植苜蓿可减轻金龟子的危害；桃树和草莓间作可控制草莓镰翅小卷蛾和梨小食心虫。

3.2 植物虫害的物理防治

根据害虫的生物学特性，采用声、光、颜色、气味、机械处理等物理手段隔离、诱杀害虫、切断害虫迁入途径等，可以达到保护植物、防治害虫的目的。

（1）利用害虫趋化性诱捕

利用害虫对某些物质的特殊喜好，在田间投放这些物质，并配加一定的捕杀装置诱杀或捕捉害虫。例如，利用糖醋液等昆虫趋化性物质诱杀夜蛾科害虫；利用性诱剂对雄蛾的引诱作用捕杀雄蛾。

（2）设置物理障碍

使用防虫网可以阻隔蚜虫、蓟马、螨类及其他害虫的侵入和危害。防虫网覆盖还有防暴雨冲打作用，可有效减少通过雨水传播的病害。防虫网还可通过阻隔传毒昆虫的迁飞，阻断病毒的传播。此外，果实套袋的技术也用于虫害防治，例如杨桃通过套袋可以显著减少果实蝇的危害。树干涂胶、树干涂白、掘沟等方法可阻止害虫产卵、迁移等。另外，美国利用高岭土制成的微粒膜（particle film），向作物喷洒，在叶片或果实表面形成保护膜，有效抑制了病虫害和日灼的发生。

案例1：苹果套袋防虫害

对于苹果来说，套袋时期一般掌握在谢花后 40 d 左右（生理落果后）进行，约在 5 月底至 6 月上中旬，按早、中、晚熟品种顺序套袋，金帅等品种为防治果锈，应提早在谢花后 10～15 d 进行。套袋时间要避开中午高温，以上午 8:00—11:00 和下午 2:00—5:00 套袋为好。塑膜袋透光，不影响坐果和果实发育，可用于套早、中熟品种和早套树冠内部和下部的果，套得越早，增产越明显。套袋时要按先上部、后下部，先内膛、后外围的顺序进行。如全树部分果套袋，应选树冠中部的果和下垂果套袋，而树冠外围果因光照强，易日灼要少套。套袋果应是果形端正、萼端紧闭而突出的大果，商品价值才高。套袋时要先将纸袋撑开（或吹开），使袋充分膨胀，底层通风口张开，使果实悬于纸袋中间，但不能接触纸袋。随后用纸袋一侧的金属丝扎紧袋口，以防病菌、害虫、雨水、药液进入袋内，引起烂果、果锈和脱落。套袋要注意一定要将果实套在袋的中间；封口要严，防止雨水和害虫进入袋内；用撕成条的湿玉米穗包皮绑扎塑膜袋简易可行，效果好；套袋期间若天旱、地干，一定要浇水后再套袋，以免发生日灼果。

适期摘袋是提高套袋质量的技术关键。摘袋时间要根据品种和气候条件来确定。如红色品种新红星、新乔纳金苹果等一般于采收前 15～20 d 摘袋，而在温差大或比较凉爽的地区，应于采收前 10～15 d 摘袋。红富士、乔纳金等苹果较难上色的品种，一般在采收前 30 d 摘袋，温差大或凉爽地区，采收前 20～25 d 摘袋为好。摘袋最好选择在阴天或多云天气，晴天摘袋要在温差较小的时候摘袋，以防止日灼。也可采取上午摘树冠东面和北面的袋，下午摘南面和西面的袋。双层袋应先摘除外袋，如果实较大，要先将背光面的袋撕开通风，隔 1～2 d 再摘除外袋。内袋要经 3～5 个晴天（阴雨天除外）后才能摘除。单层袋要先将背面撕开通风，3～4 d 后再全部摘除。若连续阴雨天气，摘除内袋时间可适当推迟，以防止果皮再形成叶绿素。对于非红色果实可带袋采收。套袋果比无袋果采收期应推迟 7～10 d。

案例2：刮树皮和刮涂伤口

危害果树的各种害虫的卵、蛹、幼虫、成虫及各种病菌孢子、大多隐居在果树的粗翘皮裂缝里休眠越冬，而病虫越冬基数与来年危害程度相关，需要刮除枝、蔓、干上的粗皮、翘皮和病疤，铲除腐烂病、轮纹病、干腐病等枝干病害的菌源，对果树施以刮皮术，还能促进老树更新生长。

刮皮时间宜从入冬后至第二年早春2月进行，不宜过早、过晚，以防树体遭受冻害及失去除虫治病的作用。一般来说，幼龄树要轻刮，老龄树可重刮。操作时动作要轻巧，防止刮伤嫩皮及木质部，以免影响树势。一般以彻底刮去粗皮、翘皮，不伤及青颜色的活皮为限。刮皮后，皮层要收集起来集中烧毁或深埋。刮皮后最好再喷一次倍量式波尔多液，然后对树干用净白剂（可按生石灰10 kg、食盐2 kg、硫黄粉1 kg、植物油0.1 kg及水20 kg的比例配成）刷白。

虫伤或机械创伤等伤口，是最易感染病菌和害虫最爱栖息的地方，应先刮净腐皮朽木，用快刃小刀削平伤口后，涂上5波美度石硫合剂或波尔多液消毒，大伤口还要涂保护剂，以促进伤口早日愈合。刮下的残物要清扫干净，集中烧毁。

（3）利用高温或低温灭虫

昆虫一般在45℃以上短时间内便会死亡。如通过烘土、热水浇灌、地热线加温处理消灭土壤害虫，利用温烫浸种杀灭种子中的害虫。冬季进行土壤深翻，可将其中的害虫翻于土表，利用冬季低温将其杀灭。

案例：高温闷棚

高温闷棚技术即利用设施栽培便于控制调节小气候的特点，在早春至晚秋栽培季节，对处于生长期的作物，以关、开棚的简单操作管理，提高或降低温湿度的生态调节手段，对有害生物营造短期的不适环境，达到延迟或抑制病虫害的发生与扩展的技术。适用于在作物生长期的病虫发生初始阶段。高温闷棚温度的主要调节范围为15～35℃，多数病虫害的适宜发生温度为20～28℃，靶标害虫主要是微型害虫，如蚜虫类、烟粉虱类、蓟马类、螨虫类、潜叶蝇类等。闷棚防治法的应用，防病与防虫的操作有共同点，也有较大的区别。适用于防病的是高温、降湿控病；而适用于防虫的是高温、高湿控虫，所以应用闷棚防治法需要较高的管理技巧，并应区分防控的主体靶标。

①对病害的防控操作。当早春或晚秋满足夜间棚内最低温度不低于15℃（晚上低于15℃时也可关棚调节，高于15℃时晚间不关棚或不关密棚），白天关棚保温能达到35℃以上时可少许开棚放风调节，以维持28℃以上的时间越长越好，当棚内温度低于28℃时，开棚降温、降湿，回避病虫发生的适宜温区。如果晚上温度低于15℃时，收工前再关棚保温防寒（接近15℃时不要将棚关严），每天如此操作，可明显延迟病害的发生期，减轻病害的危害。

②对微型害虫的防控操作。首先实施前注意天气预报，确认实施当天无雨（最好选择在作物也需要浇水时），并在实施前1 d，关棚试验，探测最佳的关棚时间、最高温度可否提升至最高温限及达到最高温限的时段（能达到最高温限的时间越长，控害效果越好），早上（通常是8: 00以后）阳光较好（再次确认天气预报正确，阴雨天因不利于提升温度，不宜关棚，全天开棚通风换气，降湿度，否则害虫未控好反而引发病害）开始在棚内喷水，使棚内作物叶片、土表湿润为宜，关棚提温产生闷热高湿不利于微型害虫发生的环境，杀

死抗逆性弱的害虫个体，也有些微型害虫热晕以后，掉落在叶面的水滴里淹死或掉落在潮湿的泥土表面被粘死。当棚内温度下降到 25℃ 以下时，开棚降温降湿。间隔 5～7 d 实施 1 次，视病虫发生情况，连续 3～5 次。

③注意事项。掌握好茄果瓜类的最高温限。黄瓜的最高温限在 32～35℃；番茄的最高温限在 35～38℃；辣椒的最高温限在 38～40℃；茄子的最高温限在 40～45℃。闷棚控虫，为提高效果，设定的最高温限对作物稍有影响，需要适当地补施叶面肥等措施进行调节。实施时一定要用温度计监测棚内温度，不能凭经验在棚外的感觉估算操作管理开关棚（时常容易发生误判烧苗）。在实施闷棚控害的关键时期，尤其是中午，要有人值守观察温度变化，防止天气突变（特别是多云天气突然放晴），无人在现场及时管理，引发烧苗。

（4）利用特异灯光诱杀

利用害虫的趋光性可直接诱杀，如紫光灯可以诱杀多种害虫，高压汞灯可诱杀蝼蛄、地老虎；紫外线能够杀死多种病菌。以紫光灯或高压汞灯为引诱源、辅以黄色及在灯四周配置频振式高压电网制成的各类杀虫灯，架设在距地面 3 m 左右的高度，可有效诱杀果园多种趋光性害虫，降低虫口基数。一般每台可覆盖 1 hm² 左右的果园。

案例：频振式杀虫灯诱控技术

①技术原理。杀虫灯是利用昆虫对不同波长、波段光的趋性进行诱杀，有效压低虫口基数，控制害虫种群数量。可诱杀蔬菜、玉米等作物上 13 目 67 科的 150 多种害虫，如鳞翅目害虫棉铃虫、甜菜夜蛾、斜纹夜蛾、二点委夜蛾、小地老虎、银纹夜蛾、玉米螟、豇豆荚螟、大豆食心虫等，鞘翅目害虫金龟子及茄二十八星瓢虫等，半翅目害虫盲蝽象等，直翅目害虫华北蝼蛄、油葫芦等。杀虫谱广，诱虫量大，诱杀成虫的效果显著，害虫不产生抗性，对人、畜安全，促进田间生态平衡，而且安装简单，使用方便。灯诱区害虫落卵量少，幼虫基数低。灯诱区用药时间间隔长，用药次数减少，用药量降低。常用的杀虫灯因电源的不同可分为交流电供电式杀虫灯和太阳能供电式杀虫灯等。

②挂灯高度。交流电供电式杀虫灯接虫口距地面 80～120 cm（叶菜类）或 120～160 cm（棚架蔬菜）。太阳能灯接虫口距地面 100～150 cm。

③控制面积。交流电供电式杀虫灯两灯间距 120～160 m，单灯控制面积 20～30 亩。太阳能灯两灯间距 150～200 m，单灯控制面积 30～50 亩。

④开灯时间。挂灯时间为 4 月底至 10 月底；诱杀鞘翅目、鳞翅目等害虫的适宜开灯时间：20：00 至次日 2：00。

⑤收灯与存放。杀虫灯如冬天不用时最好撤回以进行保养。收灯后将灯具擦干净再放入包装箱内，置于阴凉干燥的仓库中。太阳能杀虫灯在收回后要对固定螺栓进行上油预防生锈，蓄电瓶要每月充两次电以保证其使用寿命。

⑥注意事项。接通电源后请勿触摸高压电网，灯下禁止堆放柴草等易燃品；使用中要使用集虫袋，袋口要光滑以防害虫逃逸。使用电压应为 210～230 V，雷雨天气尽量不要开灯，以防电压过高，每天要对接虫袋和高压电网的污垢进行清理，清理前一定要切断电源，顺网进行清理。太阳能杀虫灯在安装时要将太阳能板调向正南，确保太阳能电池板能正常接收阳光。蓄电池要经常检查，电量不足时要及时充电。使用频振式杀虫灯不能完全代替农药，应根据实际情况与其他防治方法结合使用。

（5）利用颜色诱杀或驱除

利用害虫对特殊的光谱反应，可使用黄板和蓝板诱杀害虫，也可利用银灰膜或银灰拉网、挂条驱避害虫。如用黄色胶板诱杀蚜虫、白粉虱、潜叶蝇、果实蝇等害虫，用蓝色胶板诱杀棕榈蓟马，铺挂银灰网膜或将银灰色反光塑料薄膜覆盖菜地、果园、瓜田驱除蚜虫。

案例：色板诱控技术

色板上均匀涂布无色无味的昆虫胶，胶上覆盖防黏纸，田间使用时，揭去防黏纸，回收。诱捕剂载有诱芯，诱芯可嵌在色板上，或者挂于色板上。

①诱捕蚜虫。使用黄色黏板，秋季 9 月中下旬至 11 月中旬，将蚜虫性诱剂与黏板组合诱捕蚜虫，压低越冬基数。春、夏期间，在成蚜始盛期、迁飞前后，使用色板诱捕迁飞的有翅蚜，色板上附加植物源诱捕剂更好。在蔬菜地里，色板高过作物 15～20 cm，每亩放 15～20 个。应用黄板诱杀的效益与化学防控相当。

②诱捕粉虱。使用黄色黏板。春季越冬代羽化始盛期至盛期，使用色板诱捕飞翔的粉虱成虫，或者在粉虱严重发生时，在成虫产卵前期诱捕孕卵成虫。蔬菜大棚内，20～30 d 更换 1 次色板。色板上附加植物源诱捕剂的效果更好。在蔬菜地里，色板高过作物 15～20 cm，每亩放 15～20 个。

③诱捕蓟马。使用蓝色黏板或黄色黏板，在蓟马成虫盛发期诱捕成虫。使用方法同蚜虫。

④诱捕蝇类害虫。使用蓝色黏板或绿色黏板，诱捕雌、雄成虫。菜地里色板高过作物 15～20 cm，每亩放置 10～15 个。

⑤注意事项：首先，黏虫板需要合理的位置。黏虫板的位置不同，对害虫的杀灭效果也不一样。如在蔬菜栽培时，高温和低温季节，一般植株中上部尤其是生长点附近的光照、温度非常适宜，而害虫多在此取食生长点的幼嫩部位。因此，黏虫板要悬挂在靠近生长点的地方。而在夏季高温强光季节，害虫多隐蔽于植株间的阴凉地方取食，并且植株上部的高温强光也会加速黏虫板的老化速度，因此，此时期应将大部分黏虫板放置于植株行间生长点以下 15 cm 左右的位置。

其次，棚内黄板、蓝板的分布要均匀。拱棚中悬挂黏虫板时，通常采用黄蓝板相间的悬挂办法，在主钢架上悬挂上蓝板，黄板可在蓝板之间悬挂，悬挂的高度可一致，也可使黄板稍高于蓝板。黏虫板全部悬挂在两侧放风口处，一般距离植株高度 10～15 cm。这样可同时诱杀粉虱、蓟马、螨虫、蚜虫等多种害虫。

最后，通过观察粘虫情况对棚内虫口数量做好预警。悬挂黏虫板对害虫进行粘杀仅仅是其功能之一，菜农还可通过观察黏虫板上粘杀的害虫种类及数量，对棚内害虫的发生情况进行"预警"。如很多进口的黏虫板都有固定大小的方格，便于统计虫口数量。通过观察黏虫板上粘杀的不同害虫的种类和数量，可以对棚室内的害虫发生趋势提前做好判断，便于采取多种措施对害虫进行控制。

（6）利用电力杀虫

利用电流及其引起的电化学反应生成物杀灭害虫，例如向土壤中通入直流电或脉冲电流可杀灭土壤根结线虫、韭蛆、蛞蝓等害虫。土壤通电也可杀灭一些病原微生物，分解根系分泌的有毒有害物质。

3.3 植物虫害的生物防治

生物防治是利用某些生物或生物代谢产物来控制虫害的发生发展，如利用害虫天敌（昆虫）、微生物和动植物来防治害虫，其中天敌的保护和利用是害虫生物防治的核心。

（1）保护天敌

天敌（包括捕食性天敌和寄生性天敌）是抑制害虫种群数量的一个重要因素。害虫在一个地区长期存在以后，天敌的种类和数量也会增加，但由于环境条件的限制不能使天敌发展到足以控制虫害猖獗的程度，如果能采取适当的措施避免伤害天敌，并帮助天敌的繁殖就可以控制害虫的发生和危害。

1）提供和保护天敌的栖息场所。其措施主要有以下两个方面。

①优化农田生态条件，增加作物多样性。田间地头预留植物保护带，种植适量的天敌昆虫蜜源植物和中间寄主，创造有利于天敌生存和繁衍的良好生态环境。

②保证天敌安全越冬，以增加早春天敌数量。天敌昆虫的栖息场所包括越冬、产卵和躲避不良环境条件时的生活场所。多样性的作物布局或提供某些有利于天敌栖息和越冬的乔木或灌木，如大草蛉成虫喜栖于高大植物，小花蝽成虫喜欢在枯枝落叶和宿根植物的根部越冬。

2）改善天敌的生存环境，促进天敌增殖。利用伴生植物改变田间小气候，创造有利于天敌活动、不利于害虫发生的环境条件，也能起到防治虫害的作用。防护林能降低风速，增加湿度，有利于小型寄生蜂活动。甘蔗地套种绿肥，能缩小田间温度和湿度的变化幅度，为赤眼蜂活动提供有利条件，增加对蔗螟卵的寄生。白菜与玉米间作，能降低地表温度，提高相对湿度，可明显减少蚜虫发生。

3）必要时提供天敌嗜食食物。天敌的嗜食食物会随着环境和不同龄期的变化而变化，食物对天敌的发育与繁殖也有一定的影响。如草蛉1龄幼虫喜食棉蚜、棉铃虫卵，而不食棉铃虫幼虫。草蛉取食不同食物对发育历期、结茧化蛹率、成虫寿命及产卵量均有不同程度的影响。草蛉冬前取食时间长短和取食量的大小与冬后虫源基数密切相关，越冬前若获得充足营养，则越冬率和越冬后产卵量可大大提高。一些大型寄生性天敌如姬蜂，若缺少补充营养，就会影响卵巢发育，甚至失去寄生功能。因此，为了更好发挥天敌的作用，人们需要在必要时提供必要的天敌食物。一些捕食性天敌如瓢虫和螨类，在缺少捕食对象时，花粉和花蜜是一种过渡性食物。因此可以在田边适当种一些蜜源植物来吸引天敌，提高其寄生能力。伞形科植物是增殖和招引茧蜂的最佳植物。

（2）利用天敌

可通过培养、繁殖、释放、招引等途径利用天敌昆虫。

1）培养、移植和引进天敌。从害虫的原发地引进的天敌应是单食性或寡食性的天敌，要求适应能力与繁殖能力均强，与害虫的发生期和生活习性相吻合，传播速度快，搜索能力强，能突破寄主（害虫）的防御行为，以达到最好的防控效果。美国于1888年从澳大利亚引进了澳大利亚瓢虫至加利福尼亚州防治柑橘的吹绵蚧获得成功，开创了生物防治的先河。后来，美国又从我国引进了岭南金黄蚜小蜂防治柑橘介壳虫获得成功。日本从我国引进黄蚜小蜂和矢坚蚧蚜小蜂防治柑橘介壳虫也获得成功，寄生率达70%以上。我国从国外引进天敌上百次，其中，在果树上应用较好的是从美国引进的防治苹果上的李始叶螨与山楂叶螨的西方盲走螨（抗有机磷杀虫剂品系）和防治苹果全爪螨的虚伪钝绥螨。在三峡库区柑橘主产地大面积释放引进的"日本方头甲"，防治红蜘蛛、介壳虫等大量虫害的效果也很好。此外，还从国外引进了昆虫病原线虫——斯氏线虫防治桃小食心虫。

2）天敌人工繁殖与释放。可用人工的方法在室内大量繁殖饲养天敌昆虫。在害虫生活史的关键时期有计划地将适当数量的天敌释放到田间，以补充自然界天敌数量不足，使害虫在尚未大量发生危害之前受到控制。如利用赤眼蜂防治玉米螟、利用金小蜂防治红铃虫、利用蚜茧蜂防治白粉虱等都是比较成熟的生物防治技术。

3）天敌的招引与诱集。很多植食性昆虫的寄生性天敌和捕食性天敌，是通过植食性昆虫寄主植物的某些理化特性（如植物外观及挥发性物质）对天敌的感觉刺激来寻找它们的寄主和捕食对象的。例如草蛉可被棉株所散发的丁子香烯所吸引而找到所捕食的棉蚜和棉铃虫卵，花蝽可被玉米穗丝所散发的气味所引诱而找到其捕食对象玉米螟和蚜虫。另外，植物的化学物质可帮助捕食性天敌寻找猎物，例如色氨酸对普通草蛉有引诱作用，豆蚜的水和乙醇提取物对龟纹瓢虫也有引诱作用。人们可以利用天敌的这些特性，根据害虫发生程度改变天敌在农业生态系统中的数量分布。如害虫发生的初期天敌往往比较分散，此时可通过在田间喷洒一些吸引天敌的物质来主动迁移天敌，将天敌集中在吸引天敌物质处理区域，从而达到控制虫害发生的目的。

（3）利用其他生物

除天敌昆虫外，还可利用多种动植物和微生物防治害虫。

1）以植物防虫。伴生种植（companion planting）是指在田间种植某些植物，以迷惑或驱避害虫或吸引益虫的一种种植技术，常用于害虫的防治。有些伴作植物（作物）能通过它们散发的气味（植物次生代谢产物如挥发油、生物碱等）对害虫进行驱避，表现为杀死、驱避、拒食或抑制害虫正常生长发育。如在花椰菜附近种植金盏菊，可有效地防治花椰菜的甲虫从而减少产量损失；薄荷及其家族的其他成员对卷心菜害虫有驱避作用，如在菜粉蝶羽化盛期，采用挥发薄荷气味驱避菜粉蝶在甘蓝上产卵；除虫菊、烟草、薄荷、大蒜等对蚜虫都有较强的驱避作用。另外，一些伴作植物（作物）的功能则是吸引益虫，创造利于益虫生长的环境。通常花小的植物比较吸引益虫，如当归属植物、莳萝、夜来香、茴香等。

2）以动物治虫。除天敌昆虫外，鸟类、蛙类及其他动物，对控制害虫的发展也有很大作用。例如，利用灰喜鹊和啄木鸟以及果园养鸡防治果园害虫，利用蛙类捕食地面和稻田各种害虫，稻田养鱼、虾、蟹及放养鸭子等防治水稻害虫。

3）以微生物治虫。一些细菌、真菌、病毒等能使害虫患病（害虫的病原微生物），利用这些有益生物也可以达到防治害虫的目的。例如，利用苏云金杆菌制剂防治多种鳞翅目害虫，利用核多角体病毒制剂防治棉铃虫，利用真菌制剂（如白僵菌）防治烟芽夜蛾、玉米螟等。日本从金色链霉菌中获得的一种被称为杀螨素的代谢物，对红蜘蛛毒性很强。

4）干扰害虫代谢。许多植物源农药具有干扰昆虫内分泌系统、分泌蜕皮激素及保幼激素、引起不育、阻断呼吸功能和干扰昆虫中枢神经系统的作用。例如，鱼藤酮能阻断昆虫的正常能量代谢，喜树碱是有效的植物性昆虫不育剂，胡椒科植物中的胡椒酰胺类物质具有神经毒素的作用。再如，施用害虫性外激素，可迷惑雄虫，使它不能正确找到田间雌虫所在的位置，从而减少雌蛾交配率，抑制下一代害虫种群数量。

3.4 植物虫害的药剂防治

当其他防治措施仍起不到控制效果时，允许有限制地使用一些生物来源的杀虫剂、矿物源药物杀虫剂等来辅助防治害虫，如用肥皂水防治蚜虫、蓟马、红蜘蛛、白粉虱，用植物油防治叶螨、红蜘蛛等。

案例：苏云金杆菌制剂

由于苏云金杆菌体内含有杀虫的晶体毒素，而又对人、畜、植物和天敌无害，不污染环境，不易使害虫产生抗药性，以至成为国内外研究、生产和应用得最多的一种微生物杀虫剂，也是有机生产中防治害虫的重要手段。苏云金杆菌制剂主要对部分鳞翅目害虫幼虫有较好的防治效果，可用来防治菜青虫、稻苞虫、尺蠖、松毛虫、烟青虫、菜粉蝶、玉米螟、棉铃虫、稻纵卷叶螟、襄蛾、地老虎等。其杀虫原理是，苏云金芽孢杆菌经害虫食入后，寄生于寄主的中肠内，在肠内合适的碱性环境中生长繁殖，晶体毒素经过虫体肠道内蛋白酶水解，形成有毒效的较小亚单位，它们作用于虫体的中肠上皮细胞，引起肠道麻痹、穿孔、虫体瘫痪、停止进食。随后苏云金芽孢杆菌进入血腔繁殖，引起败血症，导致虫体死亡。苏云金杆菌有多种菌株，不同菌株的杀虫效果有很大差异，如欧洲目前使用较多的有 3 种菌株：*Bt var kurstakii* 主防菜精蝶；*Bt var tenebrionis* 主防菜粉蝶、夜蛾、菜蛾；*Bt var aizwawi* 主防马铃薯甲虫。

4 主要病虫害有机防控技术

4.1 蓟马

危害蔬菜的蓟马主要有棕榈蓟马和烟蓟马两种，棕榈蓟马又称瓜蓟马、棕黄蓟马，主要危害黄瓜、冬瓜、丝瓜、西瓜、苦瓜、茄子、辣椒、豆类以及十字花科蔬菜；烟蓟马又称棉蓟马、葱蓟马，主要危害葱蒜类、马铃薯等蔬菜。两者同属缨翅目蓟马科，在设施栽培环境条件下几乎周年发生，终年繁殖，但以夏、秋季危害最重。

成虫活跃、善飞、怕光，一般在早、晚或阴天取食，多数在蔬菜的嫩梢或幼瓜的毛丛中取食。一、二龄若虫在寄主的幼嫩部位爬行活动，十分活跃，并躲在这些部位的背光面，吸食汁液。

各部位叶片均能受害，但以叶背为主。以成虫和若虫锉吸植物生长点、花器，被害叶片形成密集小白点或长条形斑纹，新叶停止生长、畸形，叶片变厚、僵脆，疑似病毒病危害。幼瓜受害后亦硬化，毛变黑，造成落瓜，严重影响产量和品质。茄子受害时，叶脉变黑褐色，发生严重时，植株生长也受影响。蓟马主要在花内活动，致使花器过早凋谢。

（1）农业防治

实行 1～2 年轮作，蓟马主要为害瓜果类、豆类和茄果类蔬菜，种植这些蔬菜最好能与白菜、甘蓝等蔬菜轮作，可使蓟马若虫找不到适宜寄主而死亡，减少田间虫口密度。种植前彻底清除田间植株残体，翻地浇水，减少田间虫源。生长期增加中耕和浇水次数，抑制害虫发生繁殖。保护地育苗，采用营养土育苗或穴盘育苗。适时定植，避开蓟马的危害高峰，进行地膜覆盖。

（2）物理防治

利用成虫趋蓝色、黄色的习性，在棚内设置蓝板、黄板诱杀成虫。在自然界中，蓟马通过嗅觉对某种化合物有特殊的趋性，因此将这些化合物加在色板上，并缓释至田间，引蓟马成虫至诱捕器，并杀死这些成虫，从而减少田间虫口密度，以利于防治。目前市场上新出的蓝板+性诱剂产品，诱杀效果强，使用时撕去黏虫板上的离型纸，把微管诱芯用订书机钉在蓝板上，并用剪刀剪开其中一端封口，把蓝板插在田间，蓝板离叶面 10～15 cm，每亩 15～20 片，色板黏满虫时，须及时更换。

蓟马若虫有落土化蛹习性，用地膜覆盖地面，可减少蛹的数量。

（3）生物防治

蓟马的天敌主要有小花蝽、猎蝽、捕食螨、寄生蜂等，可引进天敌来防治蓟马的发生与危害。利用捕食螨对蓟马的捕食作用，特别是针对蓟马不同的生活阶段，以叶片上的蓟马初孵若虫以及对落入土壤中的老熟幼虫、预蛹及蛹的捕食作用，而达到抑害和控害目的，是安全持效的蓟马防控措施。蓟马的天敌捕食螨的本土主要种类有巴氏钝绥螨、剑毛帕厉螨等。

巴氏钝绥螨适用于黄瓜、辣椒、茄子、菜豆、草莓等果蔬，在 15～32℃，相对湿度大于 60%条件下防治蓟马、叶螨，兼治茶黄螨、线虫等。剑毛帕厉螨，适用于所有被蕈蚊或蓟马危害的作物，适宜 20～30℃，潮湿的土壤中使用，可捕食蕈蚊幼虫、蓟马蛹、蓟马幼虫、线虫、叶螨、跳甲、粉蚧等，在作物上刚发现有蓟马或作物定植后不久释放效果最佳。严重时 2～3 周后再释放一次。对于剑毛帕厉螨来说，应在新种植的作物定植后的 1～2 周释放捕食螨，经 2～3 周后再次释放捕食螨。

在已种植区或预使用的种植介质中可以随时释放捕食螨，至少每 2～3 周再释放一次。用于预防性释放时，每平方米释放 50～150 头；用于防治性释放时，每平方米释放 250～500 头。巴氏钝绥螨可每 1～2 周释放一次。巴氏钝绥螨可挂放在植物的中部或均匀撒到植物叶片上。剑毛帕厉螨释放前旋转包装容器用于混匀包装介质内的剑毛帕厉螨，然后将培养料撒于植物根部的土壤表面。

（4）药剂防治

蓟马初生期一般在作物定植以后到第一批花盛开这段时间内，应在育苗棚室内的蔬菜幼苗定植前和定植后的蓟马发生危害期，选用 2.5%多杀霉素悬浮剂 500 倍液喷雾防治，7～10 d 喷一次，共 2～3 次，可减少后期的危害。

在幼苗期、花芽分化期，发现蓟马危害时，防治要特别细致，地上地下同时进行，地上部分喷药重点部位是花器、叶背、嫩叶和幼芽等，地下可结合浇水冲施能杀灭蓟马的农药，以消灭地下的若虫和蛹。可选用 2.5%多杀霉素水乳剂，或 0.36%苦参碱水剂 400 倍液等喷雾防治，每隔 5～7 d 喷一次，连续喷施 3～4 次。兑药时适量加入中性洗衣粉或其他展着剂、渗透剂，可增强药液的展着性。

4.2　甜菜夜蛾

甜菜夜蛾又称贪夜蛾、白菜褐夜蛾、玉米叶夜蛾、橡皮虫，属鳞翅目夜蛾科，除危害甘蓝、青花菜、白菜、萝卜等十字花科蔬菜外，还危害莴苣、番茄、辣椒、茄子、马铃薯、黄瓜、西葫芦、豆类、茴香、韭菜、大葱、菠菜、芹菜、胡萝卜等多种蔬菜。是一种间歇性大发生的害虫，不同年份发生量相差很大。高温有利于发生，若高温来得早，且持续时间长、雨量偏少，就有可能大发生，一般 7—9 月危害较重，常和斜纹夜蛾混发。初孵化的幼虫群集叶背，拉丝结疏松网，在网内咬食叶肉，只留下表皮，受害部位呈网状半透明的窗斑小孔，干枯后纵裂。幼虫稍大后即分散活动，3 龄后将叶片吃成孔洞或缺刻，严重时仅留下叶脉和叶柄，至菜苗死亡，造成缺苗断垄至毁种。4～5 龄的幼虫昼伏夜出，具假死性，这些高龄幼虫钻蛀青椒、番茄果实，造成落果、烂果。

（1）农业防治

甘蓝、花椰菜、萝卜等蔬菜采收后，要及时清除残茬，减少虫源。在虫卵盛期结合田间管理，提倡早晨、傍晚人工捕捉大龄幼虫，挤抹卵块，这样能有效地降低虫口密度。

（2）性诱成虫

在每年发生初期，应用甜菜夜蛾性诱剂，各厂家性诱剂产品的性诱效果差异较大，要筛选应用高效诱芯，使用甜菜夜蛾诱捕器诱捕，将黑色诱芯插入诱捕器瓶顶中间槽，并旋转 90° 固定，将诱芯嵌于诱芯柄上锯槽内，呈 "S" 形固定于柄上，沿封口剪开诱芯其中的一端。将装好诱芯的瓶盖旋转固定于诱捕器上。将下部的内螺纹瓶套安装好，取一可乐瓶旋好或捕虫袋绑紧，并由铁丝穿过诱捕器边上的两孔绑在竹竿上，置于田间。诱捕器设置高度一般为 0.8～1.0 m，每 2 亩左右设置 1 个。诱捕器的设置重点应在目标田的外围，密度稍密，把虫口诱出目标田。在目标田中心部位稍稀，诱杀残存在目标区虫口，提高性诱控制作用。被捕获的死虫每隔 2～3 d 清理 1 次，诱芯每 30～60 d 换 1 次，换下的废弃诱芯要回收集中处理，不能随意丢弃在田间，否则会直接影响性诱防治的效果。

（3）灯光诱杀

利用甜菜夜蛾的趋光性，可在田间用黑光灯、高压汞灯及频振式杀虫灯诱杀成虫，降低虫口密度。在甜菜夜蛾年度发生始盛期开始至年度发生盛末期止，应用频振式杀虫灯，每天晚上开灯诱杀成虫。每 15～20 亩 1 架。灯具的安装高度应根据不同作物类型有所不同。叶菜类等低矮的作物类型 0.8～1.0 m，豇豆等棚架作物类型 1.2～1.5 m。灯具最好安装在田角边，不要安装在田中央。

（4）生物防治

甜菜夜蛾二至三龄幼虫盛发期，每亩用 20 亿 PIB[①]/mL 甜菜夜蛾核型多角体病毒悬浮剂 75～100 mL，或 300 亿 PIB/g 甜菜夜蛾核型多角体病毒水分散粒剂 4～5 g，对水 30～45 L 喷雾，用药间隔期 5～7 d，每代次连续 2 次。喷药要避开强光，最好在傍晚喷施，防止紫外线杀伤病毒活性。也可用 10 亿 PIB/mL 苜蓿银纹夜蛾核型多角体病毒悬浮剂 800～1 000 倍液，或 100 亿孢子金龟子绿僵菌悬浮剂每亩 20～33 g 喷雾，10～14 d 喷一次，共 2～3 次。

4.3　小菜蛾

小菜蛾又称菜蛾、方块蛾，其幼虫称为小青虫、两头尖、扭腰虫。属鳞翅目菜蛾科，露地、保护地都发生，主要为害甘蓝、紫甘蓝、青花菜、花椰菜、芥菜、菜心、白菜、油菜、萝卜等十字花科植物。南方 3—6 月和 8—11 月是发生盛期，且秋季重于春季。小菜

---

① PIB 是多角体（polyhedral inclusion body）的英文缩写，表示棉铃虫多角体病毒。

蛾的幼虫在苗期常集中危害。以幼虫啃食蔬菜叶片危害，1～2龄幼虫仅取食叶肉，留下表皮，在菜叶上形成透明斑，俗称"开天窗"；3、4龄幼虫可将菜叶食成孔洞和缺刻，严重时全叶被吃呈网状，甚至仅剩叶脉，影响植株生长发育或包心，造成减产。3龄后尚能向下蛀食茎秆髓部造成腐烂。虫粪污染蔬菜食用部位，降低商品价值。在苗期常集中心叶危害，影响苞心。在十字花科留种株上，危害嫩茎、幼荚和籽粒。危害白菜时，可导致软腐病的发生。当小菜蛾轻度发生时，农民往往不重视，发现危害严重时才打药防治，又由于小菜蛾对农药的抗性较强，故难以控制。在生产上应综合防治。其绿色防控方法有以下几种，可结合应用。

（1）农业防治

由于小菜蛾主要在十字花科蔬菜上发生危害，所以应尽量避免小范围内十字花科蔬菜的周年连作，从而减少虫源。蔬菜采收后及时清除田间残株老叶，或立即翻耕，减少虫源。结合田间管理，及时摘除卵块和虫叶，集中消灭。

（2）喷灌法

合理利用小菜蛾怕雨水的特点，在干旱时改浇水灌溉为喷灌方式，通过人工造雨措施可减轻小菜蛾的发生与危害。

（3）应用杀虫灯、黄板复合植物源诱剂诱杀成虫

应用频振式杀虫灯和植物源诱剂黄色诱虫黏胶板诱杀成虫，减少田间卵量。利用小菜蛾成虫的趋光性，在成虫发生期的晚间在田间设置黑光灯诱杀成虫，高度约1.5 m，灯下安装毒瓶用来杀虫，下部放水缸，开灯时间19：00—21：00，成虫对黑光灯都很敏感，特别是菜蛾科成虫，无论从哪个方向飞来的成虫碰到黑光灯的玻璃就掉入水缸，每天早上水面上都有很多成虫，多的时候达成千上万只。一般每10亩设置一盏黑光灯。

（4）性诱剂迷向法防治

在春季平均温度回升到15℃时起，在田间应用迷向型小菜蛾诱芯，干扰小菜蛾成虫交配，减少田间有效卵量，控制危害。每60 m²左右投1个诱芯。诱芯的放置高度以略高于作物叶面为宜，每60～80 d换1次诱芯，防治效果可达45%～60%。

（5）性诱剂诱捕法防治

利用性诱剂诱杀，可挂性诱器诱捕，或用铁丝穿吊诱芯（含人工合成性诱素50 mg/个）悬挂在水盆水面上方1 cm处，水中加适量洗衣粉，或悬挂自制诱捕罩，每只诱芯诱蛾半径可达100 m，有效诱蛾期1个月以上。

目前市场上已有小菜蛾诱芯配合黄板诱杀小菜蛾，安装方便，效果也较好。小菜蛾性信息素诱捕器（板）包括黄板+小菜蛾PVC微管诱芯，小菜蛾性信息素船形诱捕器+诱芯两种类型。使用时每亩用诱捕器3套，悬挂至高于作物表面20 cm处，每4～6周需要更换诱芯。以外围密、中间稀的原则悬挂。定期检查黏胶板，粘满的黏胶板需要更换。用性诱剂防治小菜蛾，在蛾峰期及田间始见卵时用药剂防治，可收到良好的防治效果，该方法对天敌安全，不影响菜田生态平衡，较单一药剂防治减少施药次数，可以降低农药残留，具有保护生态环境的优点。用性诱剂防治时宜连片使用，适当缩减药盆之间的距离，并与田间查卵相结合，掌握好药剂防治时间。

（6）微生物农药防治

在低龄幼虫发生高峰期，选高含量苏云金杆菌菌粉8 000～16 000国际单位，每亩用

量 100～200 g 或 500～1 000 倍液，喷雾。乳剂每亩用量 250～400 mL 或 300～500 倍液，喷雾。应用时注意温度，适用的温度为 20～28℃，避免在高温与低温下应用。适量加用 0.1%的洗衣粉，可增加防治效果。

还可选用 70 亿个活孢子/g 白僵菌粉剂 750 倍液，或 0.3%印棟素乳油 800～1 000 倍液、2.5%鱼藤酮乳油 750 倍液、2%苦参碱水剂 2 500～3 000 倍液、0.5%藜芦碱醇溶液 800～1 000 倍液、0.65%茚蒿素水剂 400～500 倍液、绿僵菌菌粉兑水稀释成每毫升含孢子 0.05 亿～0.1 亿个的菌液生物农药喷雾防治。

（7）应用小菜蛾颗粒体病毒制剂防治

小菜蛾颗粒体病毒可防治小菜蛾、菜青虫、银纹夜蛾等。对化学农药、苏云金杆菌等已产生抗性的小菜蛾具有明显的防治效果。防治十字花科蔬菜小菜蛾，可用 40 亿 PIB/g 小菜蛾颗粒体病毒可湿性粉剂 150～200 g/亩，加水稀释成 250～300 倍液喷雾，遇雨补喷。或每亩用 300 亿 PIB/mL 小菜蛾颗粒体病毒悬浮剂 25～30 mL 喷雾，根据作物大小可以适当增加用量。除杀菌剂农药外，其他农药可与苏云金杆菌混合使用，具有增效作用；不可与强碱性物质混合使用。

4.4 斜纹夜蛾

斜纹夜蛾又名莲花夜蛾、莲纹夜盗蛾、五花虫、花虫等。属鳞翅目夜蛾科，是一种食性很杂的暴食性害虫，可为害包括十字花科蔬菜、瓜类、茄果类、豆类、葱、韭菜、菠菜、莲藕、水芹菜以及粮食、经济作物等近 100 科的 300 多种植物。斜纹夜蛾发育最快的温度为 29～30℃，每年的 7—10 月危害最为严重，故称为高温害虫。以幼虫咬食叶片、花蕾、花及果实为害，初孵幼虫群集，2 龄幼虫逐渐分散啮食叶片下表皮及叶肉，仅留上表皮呈透明斑；4 龄以后进入暴食期，咬食叶片，仅留主脉。5～6 龄幼虫占总食量的 90%。在苞心叶菜上，幼虫还可钻入叶球内为害，蛀空内部，并排泄粪便，造成污染，使之商品价值降低。

（1）农业防治

前作收获后，要及时清除残茬，减少虫源。全田换茬时要深耕灭蛹。安排合理的耕作制度，搭配种植诱集作物，利用斜纹夜蛾嗜好在芋叶产卵的习性，诱集害虫，然后集中杀灭，可明显降低虫口基数。可利用成虫集中产卵的特点，采摘卵块；也可利用 1～2 龄幼虫群集危害的特点，摘除群集的幼虫。此外，还可采用人工捕捉大龄幼虫的方法。将上述摘除的卵块或幼虫集中销毁。

（2）性诱剂诱杀成虫

使用斜纹夜蛾性诱剂诱杀成虫，效果较好。斜纹夜蛾 6—9 月为盛发期，7—8 月危害最重，因此适宜于 6—10 月进行性诱剂诱杀。性诱剂的使用操作见本任务操作"4.2（2）"。

（3）灯光诱杀成虫

在斜纹夜蛾年度发生始盛期开始至年度发生盛末期止，应用频振式杀虫灯，每天晚上开灯诱杀成虫。每 15～20 亩 1 架。灯具的安装高度应根据不同作物类型有所不同。叶菜类等低矮的作物类型 0.8～1.0 m，豇豆等棚架作物类型 1.2～1.5 m。灯具最好安装在田角边，不要安装在田中央。应每隔 12 天收集 1 次诱杀的成虫，并清刷灯管上附着的死虫，以保持功效。

（4）糖醋诱杀成虫

利用成虫趋化性配制糖醋液（糖∶醋∶酒∶水=3∶4∶1∶2），并加少量敌百虫以诱杀成虫。

（5）生物药剂防治幼虫

应用斜纹夜蛾核型多角体病毒制剂（NPV），斜纹夜蛾对 NPV 极敏感，在多阴雨天气，1 次用药可在 1 个月连续不断造成感染斜纹夜蛾幼虫，并造成大量害虫死亡。在年度发生始盛期开始，掌握在卵孵高峰期使用 300 亿 PIB/g 斜纹夜蛾核型多角体病毒水分散粒剂10 000 倍液，每亩用量 8～10 g，每代次用药 1 次。喷药要避开强光，最好在傍晚喷施，防止紫外线杀伤病毒活性。

还可选用 2.5%多杀霉素悬浮剂 1 200 倍液、0.6%印楝素乳油每亩 100～200 mL、每克球孢含 400 亿个孢子的白僵菌每亩 25～30 g、每毫升含 100 亿个孢子的短稳杆菌悬浮剂800～1 000 倍液等喷雾防治，10～14 d 喷一次，共喷 2～3 次。

4.5 烟粉虱

烟粉虱，又称棉粉虱、甘薯粉虱，俗称小白蛾，属同翅目粉虱科，危害番茄、黄瓜、西葫芦、茄子、豆类、十字花科蔬菜等多种蔬菜。烟粉虱虫口密度起初增长较慢，春末夏初数量上升，秋季上升迅速达到高峰。9 月下旬危害达到高峰。10 月下旬以后随着气温的下降，虫口数量逐渐减少。以成虫、若虫群集嫩叶背面刺吸汁液，使叶片退绿、变黄，甚至全株枯死，严重影响产量。由于刺吸汁液，造成汁液外溢又诱发落在叶面上的杂菌形成霉斑，严重时霉层覆盖整个叶面。霉污即是因粉虱刺吸汁液诱发叶片霉层。烟粉虱 B 型的若虫所分泌的唾液能造成一些植物如西葫芦、番茄、青花菜的生理紊乱，番茄表现为不均匀成熟，青花菜表现为白茎；在西葫芦上果实表现为不均匀成熟，叶子呈现银叶反应，初期为沿叶脉变白，以后全叶变为银白色或银色。可采取隔离、净苗、诱捕、生防和调控为核心的绿色防控技术体系，兼治温室粉虱和番茄黄化曲叶病毒病。

（1）隔离

冬季寒冷和低温地区，烟粉虱在露地自然条件下不能越冬，合理安排茬口，在日光温室、塑料棚种植耐低温和烟粉虱非嗜食的蔬菜作物，如白菜、菠菜、芹菜、生菜、韭菜等，可有效抑制粉虱发生危害和有利切断烟粉虱生活年史，发挥生物阻隔、屏障的作用，从而减少虫源基数。

棚室喜温果菜（如瓜茄豆类蔬菜）周年生产，是烟粉虱嗜食和主要危害寄主，应在清园后于棚室门窗和通风口覆盖 40～60 目防虫网，阻断烟粉虱成虫迁入，免受其害，切断烟粉虱的传播途径。

（2）净苗

培育无虫苗，或清洁苗，控制初始种群密度是防治烟粉虱的关键措施。无虫苗系指定植菜苗不被粉虱侵染或带虫量很低，如大型连栋温室黄瓜、番茄苗的成虫发生基数应在0.002 头/株以下，节能日光温室、塑料棚栽培低于 0.004 头/株。只要抓住这一环节，棚室受烟粉虱危害或受害程度明显减轻，也为应用其他防治措施打好基础。

培育无虫苗的方法：北方地区冬季初春苗房无露地虫源，保持苗房清洁无残株落叶、杂草和自生苗，避免在蔬菜生产温室内混栽育苗，提倡营养钵、营养盘和栽培基质培育无虫苗。南方地区提倡采用地热线法和适期晚育苗，避开露地虫源。夏秋季苗房育苗，可适期晚播，避开炎热天气，在通风口和门窗处配有 40～60 目防虫网，苗房覆盖遮阳网，进行避雨、遮阳、防虫育苗。

（3）诱捕

研究显示烟粉虱对黄色与绿色的趋性差异显著，具有明显的趋黄性。在各种黄色中，以深黄的趋性最高，其次是浅黄、杏黄。因此，在保护地蔬菜田可悬挂深黄板诱杀作为综合防害的一项配套措施。在棚室蔬菜生长期悬挂黄色黏板，可选用规格为 25 cm×40 cm 或其他市售产品，每 10～12 m 挂一块，每亩挂 30～40 块，随着植株生长调节其高度，保持黄板下沿稍高于植株顶部叶片的部位，通常 1～2 个月更换一次，持续诱捕烟粉虱成虫监测发生动态、控制其种群增长，兼治斑潜蝇、蚜虫、蓟马等重要害虫。也可自制黏板，将 1 m×0.2 m 废旧纤维板或硬纸板用油漆涂成橙黄色，再涂上黏机油，每亩地设置 30 块以上，置于行间，与植株高度相同，诱杀成虫。当板面黏满虫时，及时重涂黏油，7～10 d 重涂一次。

（4）驱避

利用烟粉虱对银灰色的驱避性，可用银灰色驱虫网作门帘，防止秋季烟粉虱进入大棚和春季迁出大棚。或选用忌避材料，如大蒜汁液、芥末油对烟粉虱有很好的忌避作用，发生期在作物田喷施避虫。

（5）生物防治

在加温及节能日光温室、大棚春夏季果菜上，作物定植后，即挂诱虫黄板监测，发现烟粉虱成虫后，每天调查植株叶片，当烟粉虱成虫发生密度较低时（平均 0.1 头/株以下），均匀布点释放丽蚜小蜂 1 000～2 000 头/（亩·次）。将蜂卡挂在植株中上部叶片的叶柄上，隔 7～10 d 一次，共挂蜂卡 5～7 次，使成蜂寄生烟粉虱若虫并建立种群，有效控制烟粉虱发生危害。放蜂的保护地要求白天温度能达到 20～35℃，夜间温度不低于 15℃，具有充足的光照。可以在蜂处于蛹期时（黑蛹）时释放，也可以在蜂羽化后直接释放成虫。如放黑蛹，只要将蜂卡剪成小块置于植株上即可。若菜苗虫量稍高，可用安全药剂 99%矿物油乳油 300～500 g/亩对水 60 L 喷雾，7～10 d 喷雾一次，共喷 2～3 次，压低粉虱基数与释放丽蚜小蜂结合。注意不可随意提高矿物油乳油浓度，将药液均匀地喷洒在叶片背面。同时，提倡放蜂寄生粉虱若虫和悬挂黄板诱捕成虫结合应用，可提高防治效果和稳定性。

（6）调控

将合理用药技术作为烟粉虱种群管理的一项辅助性措施，包括施药适期、耐药性治理的杀虫剂选择和轮换用药三方面，将其种群数量控制在经济允许水平以下。

4.6 黄曲条跳甲

黄曲条跳甲，别名菜蚤子、地蹦子、土跳蚤、黄跳蚤、黄条跳甲等，属鞘翅目叶甲科。主要危害甘蓝、花椰菜、白菜、萝卜等十字花科蔬菜，也能危害茄果类、瓜类和豆类蔬菜。翌春气温达 10℃以上时开始取食，达 20℃时食量大增。全年以春秋两季发生严重，秋季重于春季，湿度高的菜田发生重于湿度低的菜地。

成虫和幼虫自春到秋都能危害，以苗期受害最重。成虫群集在叶上取食危害，叶片背面尤多，使被害叶片上布满稠密的小椭圆形孔洞，呈百孔千疮，严重的叶片萎缩干枯、整株死亡。除危害叶片外，该虫还时常将荫果表面、果梗、嫩梢咬成疤痕或咬断。成虫喜吃植物的幼嫩部分，作物苗期受害后不能生长，往往毁种。

幼虫生活在 5 cm 左右的土中，危害果菜类蔬菜的根，蛀食根皮，把根的表面蛀成许多弯曲的虫道，呈凹凸斑块，或蛀入根内取食，咬断须根，使叶片由内到外发黄萎蔫枯死。萝卜块根受害，造成许多黑褐色虫斑，最后使整个根系变黑腐烂，严重影响质量和产量。此外，成虫还能传播白菜软腐病。

防治黄曲条跳甲，应以农业的、物理的、生物的方法为主。并根据虫害的发生发展规律，适时用药，讲究用药方法，才能又快又好地控制。此外，既要防地上的成虫，还要特别注意防治地下的幼虫。

（1）农业防治

水旱轮作，或与非十字花科蔬菜轮作，或与紫苏等芳香类蔬菜间作或套种。种植前对土壤进行翻晒、暴晒以杀卵杀菌。彻底清除菜地残株落叶，铲除杂草，消灭其越冬场所和食料基地。有条件的菜地，每茬收获后，菜地灌水一周左右再放干整地种植。播种前每亩施入生石灰 100～150 kg，然后深翻晒土，即可消灭幼虫和蛹。

（2）物理防治

在菜园边设防虫网或建立大棚，防止外来虫源的迁入。

利用成虫的趋光性，在菜畦床上插黄板或白板，或晚上开黑光灯，诱杀成虫。或在菜畦床上铺地膜，有效防止成虫躲藏、潜入土缝中产卵繁殖。

利用黄曲条跳甲性诱剂配合黄板进行诱杀，黄曲条跳甲性信息素诱虫板（黄板+黄曲条跳甲 PVC 微管诱芯）。黄曲条跳甲嗅觉会对某种特殊的化合物产生特殊的趋性。根据这种生物特性，采用仿生合成技术以及特殊的工艺手段生产的黄曲条跳甲信息素仿生合成化合物。将合成的这种特殊的仿生化合物添加到诱芯中，安装到诱虫板上。通过诱芯缓释至田间，将黄曲条跳甲成虫引诱至诱虫板上并将其捕杀，从而减少田间虫口基数，达到生态治理的目的。使用时，每亩安放 15～20 个，悬挂至作物顶部 10～15 cm 处，定期观察诱虫板上的虫口，粘满后及时更换诱虫板。把诱芯别在黄板的小孔上，注意不要剪开诱芯的封口。

（3）生物防治

采用植物源杀虫剂烟草渣对土壤进行种前处理。可每亩用 100 亿坚强芽孢杆菌可湿性粉剂 400～1 200 g 对水浇灌根部。还可用球孢白僵菌、昆虫病原线虫等生物药剂对黄曲条跳甲虫体或虫卵进行防治。或用 0.65%茴蒿素水剂 500 倍液，或 2.5%鱼藤酮乳油 500 倍液、1%印楝素乳油 750 倍液、3%苦参碱水剂 800 倍液等喷雾防治。

根据成虫的活动规律，有针对性地喷药。温度较高的季节，中午阳光过烈，成虫大多数潜回土中，一般喷药较难杀死。可在早上 7：00—8：00 或下午 5：00—6：00（尤以下午为好）喷药，此时成虫出土后活跃性较差，药效好；在冬季，上午 10：00 左右和下午 3：00—4：00 特别活跃，易受惊扰而四处逃窜，但中午常静伏于叶底"午休"，故冬季可在早上成虫刚出土时，或中午或下午成虫活动处于"疲劳"状态时喷药。喷药时应从田块的四周向田地中心喷雾，防止成虫跳至相邻田块，以提高防效。加大喷药量，务必喷透，喷匀叶片，喷湿土壤。喷药动作宜轻，勿惊扰成虫。配药时加少许优质洗衣粉。施药应严格遵循安全间隔期。

4.7 蚜虫

蚜虫俗称蜜虫。蚜虫的种类非常多，有桃蚜、棉蚜、瓜蚜、萝卜蚜等 40 多种。几乎能以所有的蔬菜作物为寄主植物，但主要是瓜类、茄果类、十字花科蔬菜。从上半年 3 月起，随着气温的回升，蚜虫开始危害作物，并于 4 月中旬至 6 月上中旬达到高峰，下半年蚜虫的危害高峰为 8 月下旬至 11 月上旬。

蚜虫为刺吸式口器害虫，以成虫或若虫群聚在叶片背面，或在嫩茎、嫩梢等生长点，花器上刺吸汁液为害。苗期被害，植株生长缓慢、叶片卷缩、畸形，直至枯死；成株期被害，叶片卷缩，严重影响光合作用，致使叶片提早干枯死亡，导致植株不能正常抽薹、开花、结实。蚜虫仅通过其口器取汁液直接危害，分泌的蜜露滴落在下部叶片上，引起霉菌病发生，阻碍叶片生理机能，减少植株干物质的积累。蚜虫还传播病毒病，造成更大的危害。

对蚜虫要"见虫就防，治早治小"，用药一定要均匀、周到，并注意叶背喷雾，使药液接触虫体。

（1）农业防治

根据蔬菜品种布局，优先选用适合当地市场需求的丰产、优质和耐虫品种。合理安排茬口，避免连作，实行轮作和间作。经常清除田间杂草，及时摘除蔬菜作物老叶和被害叶片。对已收蔬菜的或因虫毁苗的作物残体要尽早清理，集中堆积后喷药灭杀，或集中烧毁，减少蚜虫源。育苗时要把苗床和生产棚室分开，育苗前先将其彻底消毒，幼苗上有虫时在定植前要清理干净。保护地可采用高温闷棚法，方法是在收获完毕后不急于拉秧，先用塑料膜将棚室密闭 3～5 h，消灭棚室中的虫源，避免向露地扩散，也可以避免下茬受到蚜虫危害。

（2）物理防治

1）黄板诱杀。利用蚜虫趋黄性，在大田或大棚内挂黄板诱杀，也可以将废纸盒或纸箱剪成 30 cm×40 cm 大小，漆成黄色，晾干后涂上油膏（机油与少量黄油调成），下边距作物顶部 10 cm，大棚内每 100 m 挂 8 块左右，每隔 7～10 d 涂一次油膏。

2）银灰膜避蚜。蚜虫对不同颜色的趋性差异很大，银灰色对传毒蚜虫有较好的忌避作用。可在棚内悬挂银灰色塑料条（5～15 cm 宽），也可用银灰色地膜覆盖蔬菜防治蚜虫，每亩用膜约 5 kg，或在蔬菜播种后搭架覆盖银灰色塑料薄膜，覆盖 18 d 左右揭膜，避蚜效果可达 80%以上，可减少用药 1～2 次，同时早春或晚秋覆膜还起到增温保温作用。

3）安装防虫网。保护地的放风口、通风口可以安装 25 目左右的防虫网阻隔蚜虫从外边飞入，大棚可由门进入操作，注意进、出后随手关门。无论大棚、中棚还是小棚，栽培空间均以所栽植株长成后不与防虫网接触为宜。

（3）生物防治

1）天敌治蚜。充分利用和保护天敌以消灭蚜虫。蚜虫的天敌种类很多，主要分为捕食性和寄生性两类。捕食性的天敌主要有瓢虫、食蚜蝇、草蛉、小花蝽等；寄生性的天敌有蚜茧蜂、蚜小蜂等寄生性昆虫，还有蚜霉菌等微生物。因此，在生产中对它们应注意保护并加以利用，使蚜虫的种群控制在不足以造成危害的数量之内。

2）植物源农药。植物源农药是指有效成分来源于植物体的农药，属于生物源农药中的一大类。植物体产生的多种具有抗虫活性的次生代谢产物，如生物碱类、类黄酮类、蛋白质类、有机酸类和酚类化合物等，均具有良好的杀虫活性。常用的药剂有：10%烟碱乳油 500～1 000 倍液，该药药效只有 6 h 左右，低毒、低残留、无污染，不产生抗性，成本低；1%苦参碱可溶性液剂每亩 50～120 g 喷雾防治，10～14 d 喷一次，共喷 2～3 次，有显著效果。还可选用 1%印楝素水剂 800～1 000 倍液、15%蓖麻油酸烟碱乳油 800～1 000 倍液、0.65%茴蒿素水剂 400～500 倍液、2.5%鱼藤酮乳油 500 倍液、0.65%茴蒿素水剂 400～500 倍液、0.5%藜芦碱醇溶液 800～1 000 倍液喷雾防治。

3）烟草石灰水溶液灭蚜。混合烟叶 0.5 kg、生石灰 0.5 kg、肥皂少许，加水 30 kg，浸泡 48 h 过滤，取液喷洒，7～10 d 喷一次，共 2～3 次，效果显著。

4）洗衣粉灭蚜。洗衣粉的主要成分是十二烷基苯磺酸钠，对蚜虫有较强的触杀作用，用 400～500 倍液隔 10 d 喷一次，喷 2 次，防治效果在 95%以上。若将洗衣粉、尿素、水按 0.2∶0.1∶100 的比例搅拌混合，喷洒受害植株，可得到灭虫施肥一举两得的效果。

5）植物驱蚜。如韭菜的挥发性气味对蚜虫有驱避作用，将蚜虫的寄主蔬菜与其搭配种植，可降低蚜虫的密度，减轻蚜虫的危害程度。

4.8　菜粉蝶

菜粉蝶，别名菜白蝶、白粉蝶，菜粉蝶的幼虫称为菜青虫。主要危害甘蓝、紫甘蓝、花椰菜、青花菜、芥蓝、球茎甘蓝、抱子甘蓝、羽衣甘蓝、白菜、萝卜等十字花科蔬菜，尤其偏嗜含有芥子苷、叶表面光滑无毛的甘蓝和花椰菜。以蛹越冬，大多在菜地附近的墙壁屋檐下或篱笆、树干、杂草残株等处，一般选在背阳的一面。具有春、秋两个发生高峰。

幼虫食叶，2 龄前只能啃食叶肉，留下一层透明的表皮；3 龄后可蚕食整个叶片，轻则虫口累累，重则仅剩叶脉，影响植株生长发育和结球，造成减产。虫口密度高时，幼虫啃食花蕾，造成菜株或花球腐烂。此外，虫粪污染花球，降低商品价值。在白菜上，虫口还能导致软腐病。3 龄前多在叶背为害，3 龄后转至叶面蚕食，4、5 龄幼虫的取食量占整个幼虫期取食量的 97%。

（1）农业防治

春菜收获后及时清除田间残株败叶，并耕翻土地，消灭附着在上面的卵、幼虫和蛹，压低夏季虫口密度，减轻秋菜受害程度。

春季结球甘蓝等十字花科蔬菜宜选用生长期短的品种，并配合地膜覆盖等早熟栽培技术，使收获期提前以避开菜粉蝶的发生盛期，减轻危害。

成虫盛发期，在清晨露水未干时人工捕捉，或在成虫活动时进行网捕。

（2）生物防治

注意天敌的自然控制作用，保护好赤眼蜂、微红绒茧蜂、凤蝶金小蜂等天敌。此外，还可在菜青虫发生盛期用每克含活孢子数 100 亿以上的青虫菌粉剂 500～1 000 倍液，或 10 000 PIB/mg 菜青虫颗粒体病毒·16 000 国际单位/mg 苏云金芽孢杆菌可湿性粉剂 800～1 000 倍液、16 000 国际单位/mg 苏云金芽孢杆菌可湿性粉剂 1 000～1 500 倍液、2%苦参碱水剂 2 500～3 000 倍液、0.5%藜芦碱可溶性液剂每亩 75～100 g、0.65%茴蒿素水剂 400～500 倍液等喷雾防治，10～14 d 喷一次，共喷 2～3 次。

低龄幼虫发生初期，喷洒 16 000 国际单位/mg 苏云金芽孢杆菌可湿性粉剂 800～1 000 倍液，对菜青虫有良好的防治效果，喷药时间最好在傍晚。

（3）物理防治

用防虫网全程覆盖栽培。在塑料大棚、中棚或小棚骨架上覆盖防虫网，整地时一次性施足底肥，然后播种或移栽，再将网底四周用土压实，浇水时中小棚可直接从网上浇入，大棚可由门进入操作，注意进、出后随手关门。无论大棚、中棚还是小棚，栽培空间均以所栽植株长成后不与防虫网接触为宜。适宜栽培速生叶类蔬菜或作育苗之用。

任务 3　植物草害防治技术

任务介绍

杂草往往比栽培作物具有更强的适应能力，生命力和繁殖能力强，并具有很高的遗传变异性。杂草和栽培植物争夺水分、养分、光照和空间，在农业生产中，对杂草的防控越来越受到广泛重视。通过本任务的学习，让学生能采取综合治理措施控制杂草的危害。

任务解析

杂草是农业生态系统生物多样化的组成部分，有机农业要求通过调控作物与杂草的关系来控制杂草，通过创造有利于作物而不利于杂草的环境条件，使作物生长超过杂草生长。对杂草不能采取全部清除的手段，可容忍低密度杂草。充分利用杂草做绿肥和防止水土流失，禁止使用化学除草剂控制杂草，要采取综合治理措施来控制杂草的危害。防控杂草的方法主要包括农业防治措施、物理防治措施、生物防治措施及化学措施。

知识储备

1　除草剂

有机农业生产体系中不允许使用化学合成的除草剂，但允许使用一些天然的生物除草剂，主要是真菌、细菌及其提取物，如白僵菌、轮枝菌、木霉菌等真菌和苏云金芽孢杆菌、枯草芽孢杆菌、蜡质芽孢杆菌、地衣芽孢杆菌、荧光假单胞菌等细菌。

2　有机农业的杂草观

杂草具有有害和有利的两重性。有机农业生产中禁止使用化学除草剂控制杂草，其对杂草的基本观点是：

1）干扰农业生产行为的杂草确实有多方面的危害，它们与作物争夺空间、光照、养分与水分。有些杂草与作物生长习性相似，如果不除去，则严重地影响作物生长。作物生长收获后，杂草可作为病虫的替代寄主，杂草种子混入作物中也影响产品的质量，对这些杂草应清除，但必须采用非化学方法进行控制，以免损伤土壤与作物，且低密度的杂草是可以容忍的。

2）一些杂草可以作为土壤结构与营养状况的指示器，一些有害杂草或杂草的聚集显示着田间有机物腐化过程的不适当或腐化不完全；一些杂草出现是土壤酸化的指示，通过施用石灰可控制这类杂草的生长。

3）某些杂草在维持土壤肥力，减少土壤侵蚀，提高土壤生物活性，控制害虫，提供牲畜营养方面起重要作用，这类杂草应得到保护。许多农民在休闲地允许杂草旺长，认为杂草可保护土壤与防止养分流失，起到绿肥的作用。

4）杂草控制不能全部清除。全部清除既减少了田间生物多样性也忽视了杂草的益处。相反，杂草控制要以能达到与作物间协调平衡为度。低水平的杂草不会对作物造成经济威胁，低于经济阈值的杂草没有必要控制。

任务操作

有机农业禁止使用任何除草剂。因此，除草应以农业方法和物理方法为主，如播种或移栽前，通过改善土壤湿度，创造有利于杂草快速萌发的条件，使杂草在较短时间内萌发，结合整地消灭杂草；田间使用有色地膜覆盖，不利于杂草种子萌发；农作物生长过程中，发现杂草，及时拔除，或结合中耕，消灭杂草。

1 植物草害的农业防治

草害农业防治是指利用农田耕作、栽培技术和田间管理等措施控制和减少农田土壤中杂草种子基数，抑制杂草出苗和生长，减轻杂草给农作物产量和品质造成损失的方法。农业防治是有机农业治理杂草优先采用的措施，主要是在精耕细作的基础上，采用净选种子而防止种子传播、覆盖、间作与轮作、适当密植、调节播种期、腐熟沤制农家肥料、适时翻耕、中耕除草等多种措施相结合，预防杂草的发生，控制杂草的危害。

1.1 净选种子而防止杂草种子传播

作物种子混有杂草种子是杂草传播的重要途径之一。因此播种前清除作物种子中夹杂的杂草种子，杜绝杂草种子的蔓延。施用的有机肥料必须充分腐熟，以杀死杂草种子。如需从外地引入饲用干草，必须在喂养牲畜后对其粪便进行完全腐熟，杀死绝大多数杂草种子，以避免引发新的杂草问题。

1.2 覆盖

广义的覆盖包括普通覆盖或称为死覆盖（dead mulch，用无生命的材料覆盖，也称覆盖物）和活覆盖（living mulch，种植鲜活作物覆盖，也称覆盖作物）两种方式。

（1）通过覆盖物覆盖控制杂草

覆盖物一般可用木屑、剪草、松针、树皮、作物秸秆等作为材料。覆盖不仅可以抑制杂草萌发阻止杂草生长，使土壤保持冷凉、湿润，而且当覆盖材料腐烂时，还可以改善土壤理化性状，提高土壤肥力。此外，塑料薄膜覆盖也可以起到控制杂草生长的作用。作物行间用黑色塑料薄膜覆盖，不仅可以减少杂草生长，还可以减少水分蒸发。如用无色塑料薄膜覆盖，除上述功能外，还可起到缩短早熟作物的生育期并提早上市的作用。

（2）种植覆盖作物控制杂草

覆盖作物（cover crop）是一种用来保护土壤免受侵蚀，控制杂草生长，同时又能增加有机质的作物。种植覆盖作物即所谓的生草栽培，常用覆盖作物主要是豆科作物（如白三叶、草木樨、苜蓿等），豆科作物除起到普通覆盖作物的功能外，还具有固氮功能。禾本科作物（如黑麦、野牛草、早熟禾等）也可作为覆盖作物。覆盖作物除具有控制杂草、增加土壤有机质、提高土壤肥力等功能外，还可以减少水土流失，吸引益虫和缓和地温变化等。

1.3 作物轮作、间作与套种

作物轮作也是减少杂草生长、控制杂草危害的有效方法。例如，秋季在果园播种毛叶苕子，翌年春夏毛叶苕子可覆盖裸地，使杂草难以生长。红洋葱种于桃树旁可使周围的苔藓生长减少。高粱等对杂草有抑制作用。小麦大豆间套模式、玉米大豆间套模式，在免耕条件下能控制杂草的危害。

1.4 改进播种和栽培技术

（1）种植前清除杂草

作物播种、移栽前对田块进行翻耕、灌溉使杂草萌芽，然后再翻耕一次，清除萌发的杂草。

（2）调整播种期

通过适当调整播种期也可以起到抑制杂草生长的作用。如果作物发芽恰好与杂草第一次萌发的出现期吻合，杂草与作物之间的竞争就会非常激烈。此时若采用推迟播种期，使杂草第一次萌发后就将其除掉，可大大降低杂草密度和降低杂草后期的生活力。

（3）合理密植

裸露的土地最易长出杂草。增大播种密度、缩小作物的行距、改直播为移栽等方法，均可让作物迅速占领空间，减少杂草对营养、水分、光照的争夺，从而抑制杂草的生长。但要注意合理密植。此外，在作物生长的前期到中期也要特别注意避免田间出现大片空白裸地。

（4）增强作物生长势

加强田间管理，特别是肥水的管理，促进作物生长发育，以苗压草，是农业防治杂草的重要措施。因此培育生长旺盛的目标作物可有效地控制杂草的生长。

（5）深耕与浅耕相结合

采取深耕与浅耕相结合的耕作制度，有利于控制杂草。对一、二年生杂草，前茬收获后进行浅耕灭茬，给杂草种子创造良好的发芽条件，然后结合播前整地予以铲除，或深耕将发芽的杂草种子深埋地下，使之窒息死亡。在多年生杂草发生严重地区，冬前深翻，可使地下根茎暴露于地表而冻死、干死。

（6）准确把握除草时机

作物生长早期比较脆弱，不能形成对杂草的竞争优势，而杂草生长早期为主要养分吸收期，对养分的吸收效率较作物高。此外，每株作物一般能产生几百颗种子而每株杂草能产生成千上万颗种子，且除草越晚，所需劳力越多，对作物造成的影响也越大。因此，要及时清除杂草，尽可能多的杂草种类萌发而不威胁作物时为最佳除草期，这时除草可降低除草次数。

1.5 利用堆肥控制杂草生长

将杂草堆制成堆肥也是防控杂草的有效方式。堆肥堆制过程产生的高温可杀死杂草及动物粪便中的杂草种子和一些病虫休眠体，可避免大量作物残体翻入土壤中产生毒素的潜在危害，可提高土壤肥力，改善土壤结构，增加土壤微生物活动力，从而提高作物对杂草的竞争能力和对病虫的抵抗能力。堆肥不仅可增加土壤有机质含量，使土壤疏松，还可使杂草易于拔除。

2 植物草害的生物防治

有机作物草害生物防治是利用农业生态系统中的昆虫、病原微生物、动植物等生物，通过相生相克关系，将杂草控制在经济危害水平以下的一种杂草防治措施。杂草的生物防治主要是对一些单食性、寡食性昆虫和寄生性高度专化的病原物的利用。现阶段，杂草生物防治技术的研究开发还相对落后，但这是有机农业生产者进行杂草有效治理的重要技术途径，有广阔的应用前景。

2.1 以草食动物治草

如稻田养鱼、稻田养鸭的种养结合是最成功的以草食动物治杂草的实例。如 40～50 只成年鸭子一天放养 3 h，连续放养 3 d，则可为 1 000 m² 的水稻田除草。此外，许多鹅等多种动物具有偏食性，它们往往只爱取食某种或某类植物，可利用这一特点防治农田杂草，例如鹅只爱取食马唐、狗尾草、稗草等禾本科杂草而不伤害栽培区的草莓和棉花，可在棉田和草莓园放养鹅控制杂草。

2.2 以植物防治杂草

自然界许多植物可通过其强大的竞争作用或通过向环境中释放某些具有杀草作用的化学作用物来遏制杂草的生长。例如，黑麦草、大麦、小麦、燕麦、烟草等作物及许多绿肥都有抑制杂草的作用，秋麦可以有效地抑制匍匐冰草，小麦提取物显著抑制白茅、反枝苋、繁缕等杂草的生长。再如，在果园种植百喜草、毛叶苕子、紫云英等绿肥作物，不仅可保水保肥，还可防止果园杂草滋生。此外，稻田放养绿萍，可抑制大量杂草发生。

2.3 以虫治草

单食性或寡食性昆虫和其他生物也可以起到生物防治杂草的作用。广泛分布于农田、果园、茶园、沟渠、堰塘等的杂草空心莲子草，传统的化学防治和物理防治不仅投资大，而且不环保、不省力。为有效遏制水花生的蔓延，宜昌市农业生态与资源保护站积极探索生物防治技术。2013 年，从广西南宁引进专一性且对环境安全的天敌昆虫叶甲，通过放飞叶甲取食空心莲子草，防治效果良好。但用来防治杂草的昆虫必须满足以下 4 个条件：① 寄主专一性强，只伤害靶标杂草，对非靶标作物安全；②生态适应性强，能够适应引入地区的多种不良环境条件；③繁殖力高，释放后种群自然增长速度快；④对杂草防治效果好，可很快将杂草的群体水平控制在其经济危害水平以下。

2.4 以菌治草

和农作物一样，杂草也经常会因受到病原微生物的侵害而染病死亡，利用这些杂草上的病原物可有效抑制杂草危害。以菌治草就是利用真菌、放线菌、细菌、病毒等病原微生物或其代谢产物来防除和控制杂草的治理措施，分为经典方式和淹没式。

（1）经典方式

经典方式是指从杂草原产地引入与杂草协同进化的高度专一的病原物来防治外来恶性杂草，例如成功利用白粉菌控制田旋花、利用锈菌控制金合欢等杂草。

（2）淹没式

淹没式是指利用菌物除草剂防治杂草，一般使用本地产的多主寄生的死体营养植物病原菌或专性寄生菌，采用淹没式施放策略去除本地杂草。例如，20 世纪 60 年代我国就成功利用鲁保 1 号（胶孢炭疽菌菟丝子转化型）成功防治菟丝子，80 年代新疆哈密植物检疫站使用生防剂 F798（镰刀菌）有效控制了瓜田列当（*Orobanche* spp.）。

3 有机作物草害的物理防治

在作物生长的幼苗期，杂草和作物都处于幼嫩状态，但此时杂草对养分的吸收效率较作物高，如不清除则会与作物争夺养分，影响作物生长，且除草越晚所需劳动力越多，对作物生长的影响也越大。无论是有机农业生产还是常规农业生产，都应大力提倡使用物理和机械的除草方式。例如，在杂草结籽之前用手拔草或用锄头锄草；在不同年度和杂草生长不同时期，经常使用圆盘犁和不伤根部的清扫犁等机械除草方式效果更好。此外，火焰灭草、太阳能除草、电热处理等技术也可用于防治杂草。

4 低毒除草剂防治草害

在有机农业生产中，不能使用化学合成的除草剂，但允许使用一些天然的物质作为除草剂。从植物当中提取的生物除草剂（如醋酸、丁香油、百里香油和稻糠等），正在逐渐应用于农业生产中杂草的防治，但要注意其使用成本、使用浓度和使用时间等。在草坪管理中，玉米蛋白粉是一种有效的自然控制手段，可以抑制杂草的生长。

任务 4　有机蔬菜病虫草害综合防治技术

任务介绍

有机农业是推动我国农业发展的主要动力，有机蔬菜是有机农业领域的重要组成部分。为保证有机蔬菜的健康生长，必须对其进行病虫草害防治工作。通过本任务的学习，让学生掌握茄果类蔬菜、瓜类蔬菜、豆类蔬菜、绿叶菜类蔬菜的病虫草害防治技术；做到因时、因地制宜，采取科学合理的防治方法，在保证农产品产量的同时，确保农产品质量安全。

![folder icon] **任务解析**

有机蔬菜生产应从"作物-病虫草害-环境"整个生态系统出发，综合运用各种防治措施，创造不利于病虫草害滋生和有利于各类天敌繁衍的环境条件，保持农业生态系统的平衡和生物多样性，减少各类病虫草害所造成的损失。

![icon] **知识储备**

1 植物保护的分类

农作物的植物保护主要包括病害、虫害和草害的控制三部分。

（1）病害防治

病害分为侵染性病害和非侵染性病害。侵染性病害是农作物在一定环境条件下受病原物侵染而发生的。防治措施必须从三方面考虑：培育和选用抗病品种，提高农作物对病害的抵抗力；防止新的病原物传入，对已有的病原物或消灭其越冬来源，或切断其传播途径，或防止其侵入和侵染；通过栽培管理创造一个有利于农作物生长发育而不利于病原物生长发育的环境条件。非侵染性病害（生理性病害）是由不良环境条件影响引起的。因此，对于非侵染性病害，防治措施是消除不良环境条件，或增强农作物对环境条件的抵抗能力。

（2）虫害防治

一种害虫的大量发生和严重危害，一定有大量害虫来源，有适宜的寄主和适合的环境条件。害虫防治措施的原则是：防止外来新害虫的侵入，对本地害虫或压低虫源基数，或采取有效措施把害虫消灭于严重危害之前；培育和种植抗虫品种，调节农作物生育期避开害虫危害盛期；改善农作物生态系统和改变农作物生物群落，恶化害虫的生活环境。

（3）草害防治

有机农业禁止使用任何除草剂。因此，除草应以农业方法和物理方法为主，如播种或移栽前，通过改善土壤湿度，创造有利于杂草快速萌发的条件，使杂草在较短时间内萌发，结合整地消灭杂草；田间使用有色地膜覆盖，不利于杂草种子萌发；农作物生长过程中，发现杂草，及时拔除，或结合中耕，消灭杂草。

2 有机蔬菜病虫草害防治原则

（1）综合防治原则

在有机蔬菜病虫草害防治工作开展的阶段中，相关工作人员需要保证防治工作的全面性和有效性，严格按照综合防治的基本原则，工作开展过程中从全方位、全角度出发，利用各种手段加强防治。随着现阶段科学技术的不断进步和发展，防治手段也在创新和完善，在这样的背景下，综合运用农艺防治、物理防治、生物防治以及化学防治等多种防治方法能有效地抑制病虫草害的出现，通过创造不利于病虫草害生长的空间环境，提高有机蔬菜生长的实际效率。

（2）科学防治原则

有机蔬菜的种植阶段，因为外界环境因素的改变，导致蔬菜出现病虫草害的问题，这是植物生长的必然规律。因此，在防治工作开展的过程中，相关人员需要从植物生长的阶段中，不断找寻生长规律，按照科学防治的基本原则深入探究病虫草害发生的原因，从源头治理，进而有效降低病虫草害实际发生的概率。

任务操作

1 茄果类蔬菜病虫草害综合防治

（1）农业防治

菜田冬耕冬灌，将越冬害虫源压在土下，冬季白茬土在大地封冻前进行深中耕，有条件的耕后灌水，能提高越冬蛹、虫卵死亡率。

苗期，播种前清除病残体，深翻减少菌、虫源；幼苗期，育苗用无病苗床、苗土，培育无病壮苗，露地育苗苗床要盖防虫网，保护地育苗通风口要设防虫网，防止蚜虫、潜叶蝇、粉虱进入危害传毒，出苗后要撒干土或草木灰填缝。加强苗期温、湿度管理，适当控制浇水，保护地要撒干土或草木灰降湿；摘除病叶，拔除病株，带出田外处理；及时分苗，加强通风；选择排水良好的地块作苗床，施入的有机肥要充分腐熟，采用营养钵育苗、穴盘基质育苗，出苗后尽可能少浇水，在连阴天要注意揭去塑料覆盖，苗床温度白天控制在25～27℃，夜间不低于15℃，逐步通风降湿。在苗床内喷1～2次等量式波尔多液。苗期施用艾格里微生物肥，有利于增强光合作用和抗病毒病能力。茄子可采用嫁接育苗，防治黄萎病，接穗用本地良种，砧木用野茄2号或日本赤茄，当砧木4～5片真叶、接穗3～4片真叶，采用靠接法嫁接。

定植至结果期，选无病壮苗，高畦栽培，合理密植。施足腐熟有机肥，定植后注意松土，及时追肥，促进根系发育。定植缓苗后，每隔10～15 d用等量式波尔多液喷雾。覆盖地膜可减轻前期发病。及时摘除病叶、病花、病果，拔除病株深埋或烧毁，决不可弃于田间或水渠内。及时铲除田边杂草、野菜。及时通风、降湿、降温，控制浇水，禁止大水漫灌，最好采用软管滴灌法，提倡适时灌水，按墒情浇水，减少灌水次数，田间出现零星病株后，要控水防病，棚室更应加强水分管理，务必降低湿度，通风透光，改进浇水方式，推行膜下渗灌或软管滴灌，应选择晴天的上午浇水，浇水后提温降湿。

（2）实行轮作

与非茄科作物实行3年以上轮作，或水旱轮作1年，能预防多种病害，推广菜粮或菜豆轮作。

（3）种子处理

选用抗病、耐病、高产优质的品种，各地的主要病虫害各异，种植方式不同，选用抗病虫品种要因地制宜，灵活掌握。种子消毒，可选用1%硫酸铜液浸种5 min。浸种后均用清水冲洗干净再催芽，然后播种。用10亿个/g枯草芽孢杆菌可湿性粉剂拌种（用药量为种子质量的0.3%～0.5%），可防治枯萎病。

（4）土壤及棚室消毒

棚室消毒，即在未种植作物前，对地面、棚顶、顶面、墙面等处，用硫黄熏蒸消毒，每100 m³空间用硫黄250 g、锯末500 g混合后分成几堆，点燃熏蒸一夜。在夏季高温季节，深翻地25 cm，每亩撒施500 kg切碎的稻草或麦秸，加入100 kg熟石灰，四周起垄，灌水后盖地膜，保持20 d，可消灭土壤中的病菌。

（5）物理防治

田间插黄板或挂黄条诱杀蚜虫、粉虱、斑潜蝇。银灰色反光膜对蚜虫具有忌避作用，可在田间用银灰色塑料薄膜进行地膜覆盖栽培，在保护地周围悬挂宽 10～15 cm 的银色塑料挂条。在害虫卵盛期撒施草木灰，重点撒在嫩尖、嫩叶、花蕾上，每亩撒灰 20 kg，可减少害虫卵量。在保护地的通风口和门窗处罩上纱网，可防止白粉虱和蚜虫等昆虫飞入。为了减轻马铃薯瓢虫对茄子的危害，可在茄田附近种植少量马铃薯，使瓢虫转移到马铃薯上，再集中消灭。

（6）诱杀成虫

用黑光灯、频振式杀虫灯、高压汞灯等诱杀大多数害虫。斜纹夜蛾、小老虎等，可用黑光灯诱杀和糖、酒、醋液诱杀两种，后者是用糖 6 份、酒 1 份、醋 3 份、水 10 份，并加入 90%敌百虫 1 份均匀混合制成糖酒醋诱杀液，用盆盛装，待傍晚时投放在田间，距地面高 1 m，第二天早晨，收回或加盖，防止诱杀液蒸发。棉铃虫，可在成虫盛发期，选取带叶杨树枝，剪下长 33 cm 左右，每 10 枝扎成一束，绑挂在竹竿上，插在田间，每亩插 20 束，使叶束靠近植株，可以诱来大量蛾子，隐藏在叶束中，于清晨检查，用虫网震落后，捕捉杀死或用黑光灯诱蛾。

（7）生物防治

可利用自然天敌，如释放赤眼蜂等，将工厂化生产的赤眼蜂蛹，制成带蜂蛹的纸片挂在菜田内植株中部的叶片内，用大头针别住即可，每亩放 5 点。定植前喷一次 10%混合脂肪酸水剂 50～80 倍液。防治棉铃虫，用 2 000 单位的苏云金杆菌乳剂 500 倍液，或喷施多角体病毒，如棉铃虫核型多角体病毒等，与苏云金杆菌配合施用效果好。每亩用苏云金杆菌 600～700 g，或 0.65%茴蒿素水剂 400 倍液，或 2.5%苦参碱乳油 3 000 倍液喷雾防治温室白粉虱，也可用 20%～30%的烟叶水喷雾或用南瓜叶加少量水捣烂后 2 份原汁液加 3 份水进行喷雾。此外，还可选用以下生物药剂如鱼藤酮、苦参碱、藜芦碱、印楝素等防治病虫害。

（8）其他可选用无机铜制剂等

硫酸铜浸种：先用清水浸泡种子 10～12 h 后，再用 0.1%硫酸铜溶液浸种 5 min，捞出拌少量草木灰，防治种传甜（辣）椒疫病、炭疽病、疮痂病、细菌性叶斑病，茄子枯萎病、番茄枯萎病、褐色根腐病、叶霉病。

石硫合剂：用 30%固体石硫合剂 150 倍液喷雾，可防治白粉病、螨类。

波尔多液：用 1∶1∶200 倍液，防治辣椒褐斑病、叶斑病、霜霉病、黑斑病、炭疽病、叶枯病、疮痂病，茄子褐纹病、绵疫病、赤星病，番茄早疫病、晚疫病、斑枯病、灰霉病、叶霉病、果腐病、溃疡病。

氢氧化铜：用 77%氢氧化铜可湿性粉剂 400～500 倍液，防治甜（辣）椒的褐斑病、白斑病、叶斑病、黑斑病，茄子疫病、果腐病、软腐病、细菌性褐斑病。用 77%氢氧化铜可湿性粉剂 400～500 倍液，在初发病时，每株灌 0.3～0.5 L 药液，可防治茄子青枯病，番茄的青枯病、疮痂病、细菌性的斑疹病和髓部坏死病。

（9）杂草防治

防止肥水混入。制备有机肥时，使其完全腐熟，杀死肥源中杂草种子。

覆盖除草。可采用黑色塑料薄膜覆盖。

种植绿肥除草。休耕时，种植一茬绿肥，在绿肥未结籽前翻入土中作为肥料。

间作除草。茄果类蔬菜生长前期，在行间种植速生叶菜类蔬菜，充分利用空地，防止杂草生长。

人工除草。作物封行前，结合中耕除草。

机械除草。定期用除草机除去田块周边杂草。

2 瓜类蔬菜病虫草害综合防治（以黄瓜为例）

（1）合理轮作

合理轮作，选择 3～5 年未种过瓜类及茄果类蔬菜的田块、棚室种植，可有效减少枯萎病、根结线虫及白粉虱等病虫源。

（2）土地及棚室处理

消灭土壤中越冬病菌、虫卵，入冬前灌大水，深翻土地，进行冻垡，可有效消灭土壤中有害病菌及害虫。春季大棚栽培，提早扣棚膜、烤地，增加棚内地温。选用流滴薄膜。棚室栽培的要对使用的棚室骨架、竹竿、吊绳及棚室内土壤进行消毒。在播种、定植前，每亩棚室可用硫黄粉 1～1.5 kg、锯末 3 kg，分 5～6 处放在铁片上点燃熏蒸，可消灭残存在其上的虫卵、病菌。

（3）种子处理

播种前对种子进行消毒处理。可用 55℃温水浸种 15 min。用 100 万单位硫酸链霉素 500 倍液浸种 2 h 后洗净催芽可预防细菌性病害。还可进行种子干热处理，将晒干后的种子放进恒温箱中用 70℃处理 72 h 能有效防止种子带菌。

（4）嫁接育苗

可防止枯萎病等土传病害的发生。如培育黄瓜，砧木采用黑籽南瓜、南砧 1 号等。嫁接苗定植，要注意埋土在嫁接口以下，以防止嫁接部位接触土壤产生不定根而受到侵染。

（5）培育壮苗

育苗床选择未种过瓜类作物的地块，或专门的育苗室。从未种植过瓜类作物和茄果类作物的地块取土，加入腐熟有机肥配制营养土。春季育苗播种前，苗床应浇足底水，苗期可不再浇水，可防止苗期猝倒病、立枯病、炭疽病等的发生。适时通风降湿，加强田间管理，白天增加光照，夜间适当低温，防止幼苗徒长，培育健壮无病、无虫幼苗，苗床张挂环保捕虫板，诱杀害虫。夏季育苗，应在具有遮阳、防虫设施的棚室内育苗。

（6）田间管理

定植时，密度不可过大，以利于植株间通风透气。栽培畦采用地膜覆盖，可提高地温，减少地面水分蒸发，减少灌水次数。棚室内栽培，灌水以滴灌为好，或采用膜下暗灌，以降低空气湿度。禁止大水漫灌。棚室内浇水，寒冷季节时应在晴天上午进行，浇水后立即密闭棚室，提高温度，等中午和下午加大通风，排除湿气。高温季节浇水，在清晨或下午傍晚时浇水。采收前 7～10 d 禁止浇水。多施有机肥，增施磷、钾肥，叶面补肥，可快速提高植株抗病力。设施栽培中，棚室要适时通风、降湿，在注意保温的同时，降低棚室内湿度。冬春季节，开上风口通风，风口要小，排湿后，立即关闭风口，可连续开启几次进行。秋季栽培，前期温度高，通风口昼夜开启，加大通风，晴天强光时，应覆盖遮阳网遮阳降温。及时进行植株调整，去掉底部子蔓，增加植株间通风透光性。根据植株长势，控制结瓜数，不多留瓜。

（7）清洁田园

清洁栽培地块前茬作物的残体和田间杂草，进行焚烧或深埋，清理周围环境。栽培期间及时清除田间杂草，整枝后的侧蔓、老叶清理出棚室后掩埋，不为病虫提供寄主，消灭侵染源。

（8）日光消毒

秋季栽培前，可利用日光能进行土壤高温消毒。棚室栽培的，利用春夏之交的空茬时期，在天气晴好、气温较高、阳光充足时，将保护地内的土壤深翻 30～40 cm，破碎土团后，每亩均匀撒施 2～3 cm 长的碎稻草和生石灰各 300～500 kg，再耕翻使稻草和石灰均匀分布于耕作土壤层，并均匀浇透水，待土壤湿透后，覆盖宽幅聚乙烯膜，膜厚 0.01 mm，四周和接口处用土封严压实，然后关闭通风口，高温闷棚 10～30 d，可有效减轻菌核病、枯萎病、软腐病、根结线虫、红蜘蛛及各种杂草的危害。

（9）高温闷棚

黄瓜霜霉病发生时，可采用高温闷棚抑制病情发展。选择晴天中午密闭棚室，使棚内温度迅速上升到 44～46℃，维持 2 h，然后逐渐加大放风量，使温度恢复正常。为提高闷棚效果和确保黄瓜安全，闷棚前一天最好灌水提高植株耐热能力，温度计一定要挂在龙头处，秧蔓接触到棚膜时一定要弯下龙头，不可接触棚膜。严格掌握闷棚温度和时间。闷棚后要加强肥水管理，增强植株活力。

（10）物理诱杀

1）张挂捕虫板。利用有特殊色谱的板质，涂抹黏着剂，诱杀棚室内的蚜虫、斑潜蝇、白粉虱等害虫。可在作物的全生长期使用，其规格有 25 cm×40 cm、13.5 cm×25 cm、10 cm×13.5 cm 3 种，每亩用 15～20 片。也可铺银灰色地膜或张挂银灰膜膜条进行避蚜。

2）张挂防虫网。在棚室的门口及通风口张挂 40 目防虫网，防止蚜虫、白粉虱、斑潜蝇、蓟马等进入，从而减少由害虫引起的病害。

3）安装杀虫灯。可利用频振式杀虫灯诱杀多种害虫。

（11）生物防治

有条件的，可在温室内释放天敌丽蚜小蜂控制白粉虱虫口密度，即在白粉虱成虫低于 0.5 头/株时，每株释放丽蚜小蜂"黑蛹"3～5 头，每隔 10 d 左右放一次，共 3～4 次，寄生率可达 75%以上，防治效果好。宜采用病毒、线虫、微生物活体制剂控制病虫害。可采用除虫菊素、苦参碱、印楝素等植物源农药防治虫害，如用除虫菊素防治蚜虫。防治黄守瓜，可在黄瓜根部撒施石灰粉，防成虫产卵；浸泡的茶籽饼（20～25 kg/亩）调成糊状与粪水混合淋于瓜苗，毒杀幼虫；烟草水 30 倍液于幼虫危害时点灌瓜根。也可选用鱼藤酮防治瓜类蔬菜蚜虫、菜青虫、害螨、瓜实蝇、甘蓝夜蛾、斜纹夜蛾、蓟马、黄曲条跳甲、黄守瓜等害虫；蛇床子素防治黄瓜白粉病；丁子香酚防治瓜类霜霉病、灰霉病、白粉病；儿茶素预防黄瓜黑星病等。

（12）杂草防治

可参照茄果类蔬菜病虫草害防治。

3 豆类蔬菜病虫草害综合防治

（1）农业防治

建立无病留种田，选用抗病品种；与非豆类作物如白菜类、葱蒜类等实行 2 年以上轮作。加强田间管理，适时浇水施肥，排除田间积水，及时中耕除草，提高田间的通风透光性，培育壮株，提高植株本身的抗病能力。发现病株或病荚后及时清除，带出田外深埋或烧毁。收获后及时清洁田园，清除残体病株及杂草。

（2）物理防治

采用人工摘除卵块或捕捉幼虫等措施防治甜菜夜蛾和斜纹夜蛾。在甜菜夜蛾、斜纹夜蛾、豆野螟的成虫发生期，使用糖醋液进行诱杀。有条件的可安装黑光灯、频振式诱虫灯杀灭多种害虫。使用性诱剂杀成虫；在蚜虫、美洲斑潜蝇、豌豆潜叶蝇、白粉虱成虫发生期，用黄板涂凡士林加机油、诱蝇纸或黄板诱虫卡诱杀成虫；还可利用银灰膜驱避蚜虫，也可张挂银灰膜条避蚜。

（3）生物防治

利用有益的微生物和昆虫防治病害。利用生物菌肥防病。积极保护利用天敌防治病虫害。有条件的可释放丽蚜小蜂控制粉虱。利用无毒害的天然物质防治病虫害，如草木灰浸泡可防治蚜虫。

可以使用印楝素、除虫菊素防治蚜虫，切断病毒病的传播途径，再用植物病毒疫苗、菇类蛋白多糖等控制病毒病的发生发展。针对立枯病，可选用木霉菌进行防治。生长中期，要注意根腐病和枯萎病等的防治，可选用竹醋液、健根宝等。生长中后期，要特别注意豆荚螟、红蜘蛛、煤霉病等的防治，可选用白僵菌、波尔多液等进行防治。在有机豆类蔬菜生产上，药剂尽量轮换作用，每个药剂一季最好控制使用一次。一旦发现病虫害，要尽早防治，发生严重时，要缩短防治间隔时间。

（4）无机铜制剂及其他制剂防治病害

波尔多液：用 1∶1∶200 倍液，防治菜豆炭疽病、豇豆煤霉病等。

氢氧化铜：用 77%氢氧化铜可湿性粉剂 400～500 倍液，防治菜豆角斑病、豇豆轮纹病等。用 600 倍液，防治菜豆斑点病。

碱式硫酸铜：用 30%碱式硫酸铜悬浮剂 400 倍液，防治菜豆细菌性叶斑病，豇豆角斑病、细菌性疫病等。

豆类蔬菜的草害防治可参照茄果类蔬菜病虫草害综合防治。

4 绿叶菜类蔬菜病虫草害综合防治

（1）农业防治

从无病株上采种，选用无菌且抗病虫性好的种子。种子在 55℃恒温水中浸 15 min。重病地实行 2～3 年轮作。发病初期摘除病叶及底部失去功能的老叶，带出田外深埋。避免大水漫灌，露地栽培雨后及时排水，控制田间湿度。施足底肥。排开播种，培育壮苗。加强肥水管理，促进根系发育和植株旺盛生长，以提高植株的抗病力。采用覆膜栽培，带土定植，地膜贴地或采用黑色地膜；夏秋栽培时，采用覆盖遮阳网或棚膜上适当遮阳。露地种植采用与甜玉米或菜豆（4～6）∶1 间作，改善田间小气候；注意适时播种，出苗后小水勤灌，勿过分蹲苗。

（2）物理防治

有条件的可设防虫网，防止害虫进入。用黄板诱杀蚜虫、粉虱、斑潜蝇等。用灭蝇纸诱杀潜叶蝇成虫，每亩设置 15 个诱杀点诱杀。或悬挂 30 cm×40 cm 大小的橙黄色或金黄色黄板涂黏虫胶、机油或色拉油，诱杀潜叶蝇、蚜虫。或用银灰色地膜驱避蚜虫，兼防病毒病。

（3）生物防治

用植物源农药，如用 1%苦参碱水剂 600 倍液或鱼藤酮喷雾，或用草木灰浸泡后的滤液叶面喷雾防治蚜虫，沼液或堆肥提取液也可用来防治蚜虫。在甜菜夜蛾卵孵化盛期用 8 000 国际单位/μL 苏云金杆菌可湿性粉剂 200 倍液喷雾防治。

案例： 上海奉浦蔬菜园艺场是我国较早开始有机蔬菜生产的基地，从 2000 年开始有机蔬菜生产，总结出一套有效的有机蔬菜病虫草害综合防治方法，简称"十字法"，就是"防""避""引""盖""调""诱""封""工""准""药"。"防"就是以农业防治为主，主要通过作物轮作、间作，使用抗性强的品种，综合应用各农业的物理的、生物的防治措施，创造一个不利病虫滋生而利于其天敌繁衍的生态环境。如茄子田间种小麦，可吸引蚜虫到小麦上，既可减轻蚜虫对茄子的危害，又可吸引天敌吃蚜虫，减少蚜虫危害。选择抗病虫品种，如番茄选用 906、908 粉红番茄，黄瓜以荷兰、以色列种、津杂系统黄瓜为主，茄子选择汇丰一号及日本圆茄，青菜选用矮抗青、华王青菜，甘蓝选择寒光、日本七草等品种，此外也可种些野生蔬菜如观音菜、马兰、枸杞等。再如选择腐熟的肥料，深根松土，清洁田园等措施都是值得采用的。"避"就是避开发病高峰期种植和葱蒜类作物间作等。如番茄可提前种植，高温来临之前采收完毕，就避开了很多病害的发生。绝大多数作物中可套种、间种少量葱蒜类作物，这样既不影响主要作物产量，又可达到驱避很多害虫的目的，减少危害。"引"就是利用趋性灭虫，用糖醋液诱集黏虫、甜菜夜蛾等，方法是按一定距离将糖醋液钵放置于菜田。10～15 d 换一次糖醋液。另外可利用昆虫的趋光性灭虫，如在田间悬挂 20 cm×20 cm 的黄板，涂上机油或悬挂黄色黏虫胶纸诱杀蚜虫、美洲斑潜蝇，也可用银灰色地膜或棚田四周挂银色膜条来驱避蚜虫危害。又如在 1～2 hm² 地中挂一盏频振式杀虫灯。"盖"就是利用防虫网覆盖防虫。在夏秋季多种蔬菜害虫旺发阶段，用防虫网全程覆盖能有效地隔离小菜蛾、斜纹夜蛾、甜菜夜蛾、菜青虫、蚜虫，从而减轻危害。防虫网的目数为 20 目，若采用银灰色网则更佳。"调"就是要调节好保护地内的温度、湿度，使之有利于作物生长发育而不利于病虫发生。"诱"就是利用性诱剂灭虫，将 8 个左右性诱剂用铁丝穿成串，然后置于盛有水的塑料盆上，水中加入适量洗衣粉，每相距 15 m 左右放一个，每半月左右添加一次洗衣粉。防治小菜蛾一般在 4 月中旬至 11 月效果较好，防治甜菜夜蛾与斜纹夜蛾一般于 6 月至 11 月效果较好。"封"就是高温季节进行土壤消毒。一般在大棚前茬收获后进行大水漫灌，然后于畦上覆盖塑料，利用夏季太阳光高温消毒 24 h 以上，5～7 d 后进行翻耕，可起到杀菌杀卵作用。在杂草清除中，选用黑色或黑白双色地膜覆盖茄果类、瓜类、生菜等，可消灭田间杂草。"工"就是利用人工中耕除草和拔草，用人工捕捉害虫。"准"就是要加强对病虫害发生的预测预报工作，根据预报可准确用药。"药"就是采用生物农药防治病虫。用苏云金杆菌防治菜青虫、小菜蛾。用小苏打防治瓜类白粉病、豆类锈病，如奉浦园艺场用 0.2%～0.25%小苏打和 0.5%乳化植物油溶液喷雾，对黄瓜白粉病治疗效果为 88%、预防效果为 71.88%，对秋豇豆锈病防治效果明显。采用植物农药苦参碱防治菜青虫、小菜蛾、蚜虫、粉虱、红蜘蛛等效果也比较明显。另外，有一些土农药对多种虫害有一定效果，如生姜大蒜水可防红蜘蛛，新鲜苦瓜汁可防地老虎等。

项目考核

1. 有机生产中植物保护需要满足哪些原则？
2. 植物病状有哪些表现？
3. 农业防治植物病害的基本方法有哪些？
4. 植物源杀虫剂的优势有哪些？试举出 3 种实例。
5. 解释间作为何是控制害虫的有效方法。
6. 简述小菜蛾的为害状，并给出有机农业种植模式下的防治方法。
7. 试述杂草对于有机作物生长的危害。
8. 列举 5 种以上有机生产中控制杂草的措施。
9. 瓜果类蔬菜病害、虫害和草害的综合控制措施有哪些？
10. 查找资料给出有机小麦病害、虫害和草害的综合控制措施。

参考文献

[1] 杨洪强. 有机农业生产原理和技术[M]. 北京：中国农业出版社，2014.

[2] 王迪轩. 有机蔬菜科学用药与施肥技术[M]. 北京：化学工业出版社，2019.

[3] 席运官，钦佩. 有机农业生态工程[M]. 北京：化学工业出版社，2002.

[4] 席运官，张纪兵，汪云岗. 有机农业技术与食品质量[M]. 北京：化学工业出版社，2012.

[5] 杜相革. 有机农业原理和技术[M]. 北京：中国农业大学出版社，2008.

[6] 杨普云，赵中华. 农作物病虫害绿色防控技术指南[M]. 北京：中国农业出版社，2012.

[7] 徐映明，朱文达. 农药问答精编[M]. 北京：化学工业出版社，2011.

[8] 傅建炜，陈青. 蔬菜病虫害绿色防控技术手册[M]. 北京：中国农业出版社，2013.

[9] 廖华明，宁红，秦蔡. 茄果类蔬菜病虫害绿色防控技术百问百答[M]. 北京：中国农业出版社，2010.

[10] 高振宁，赵克强，肖兴基，等. 有机农业与有机食品[M]. 北京：中国环境科学出版社，2009.

[11] 乔玉辉，曹志平. 有机农业[M]. 北京：化学工业出版社，2015.

[12] 杜相革，董民. 有机农业导论[M]. 北京：中国农业大学出版社，2006.

[13] 杨洪强. 有机园艺[M]. 北京：中国农业出版社，2005.

[14] 钟莉传. 有机产品标准与生产技术[M]. 北京：中国农业大学出版社，2019.

[15] 杨佳佳，闫春霞. 有机蔬菜病虫草害防治技术分析[J]. 农机与农艺，2022（4）：69-71.

[16] 赵海燕. 有机蔬菜生产中病虫草害防治对策探析[J]. 现代园艺，2020（4）：55-56.

[17] 刘秀培. 有机蔬菜病虫草害防治措施[J]. 江西农业，2018（24）：25.

[18] 王玲. 园林植物病害发生的特点及诊断[J]. 内蒙古林业调查设计，2016（6）：98-99.

项目五　有机农产品种植生产技术

本项目主要介绍有机种植业的生产过程。有机种植业包括粮食、蔬菜、水果、茶等的生产。粮食包括水稻、小麦、玉米等，蔬菜和水果的种类就更多了。由于篇幅有限，我们在这里不能一一介绍，只是选取其中有代表性的作物作为案例，来说明有机种植业生产过程中，如何贯彻有机农业的原则，实施有机农业的技术标准。通过本项目的学习，学生能真正理解如何将有机农业种植主要管理技术，有机农业种植中的养分管理、植物保护等要求和原则贯彻到具体的生产实践中。

任务 1　有机粮食生产技术

任务介绍

有机农业的核心在于农作物的生长过程基本不用化学农药和合成肥料，而是按照自然规律使用天然有机肥，有机水稻、玉米、小麦作为一种重要的粮食作物，其种植过程中遵循严格的有机标准，大大降低了农药残留和化学添加物对人体健康的潜在风险。同时，生态农业技术通过维护和恢复农田生态系统的平衡，增强了土壤的生物活性，进而提高了作物的营养价值和口感。通过本任务的学习，让学生掌握我国重要粮食产品——水稻、小麦和玉米的有机生产技术。

任务解析

有机粮食生产首先选择适宜的产地，然后选用优良的种子进行播种或培育，整个过程中采用合理的种植管理制度，收获经初级处理后得到有机粮食。

任务操作

1　有机水稻生产技术

水稻在我国北方和南方均可种植。在规划有机稻适栽区时，基地选点一般应远离工矿区和公路、铁路干线，避开工业和城市污染源的影响，同时有机稻生产基地应具有可持续生产的能力。目前，推广的稻田养鱼、蟹稻共生、虾稻共生、鳝稻共生、泥鳅水稻共生等模式都已具备有机水稻生产条件，在生态环境较好的地区，推广这些栽培模式既可保证一定的有机水稻生产面积，又可获得较高的经济效益。

1.1 产地要求

产地周边 5 km 以内无污染源，上年度和前茬作物均未施用化学合成物质；稻农种稻技术好，自觉性高；交通条件好，排污方便，旱涝保收；土壤具有较好的保水保肥能力；土壤有机质含量 2.5%以上，pH 为 6.5～7.5；光照充足；空气质量、农田灌溉水质及土壤质量符合有机农业对产地环境的基本要求。

从有机稻栽培所需的环境条件看，除大部分山区较适宜外，目前平原湖区的几种种养共生模式也是可行的。山区的种植模式类型主要有一季稻区、油稻区、绿肥稻区等，平原湖区的类型模式主要是稻田种养结合型。种养结合型模式以养为主，以种为辅，因此，大田内不用或少用化肥，绝对不用农药，水土基本无污染。从目前看，这种模式生产的水稻可以成为平原湖区有机稻生产的基础，但必须具备优越的生态环境条件和高标准的水源。

1.2 品种选择

有机稻栽培依据规定必须使用已通过审定，适合当地环境条件的优质高产、抗逆性好、抗病虫能力强、耐贮存的品种。

在我国南方地区，早稻品种目前可选用舟优 903、嘉育 948、鄂早 16、嘉育 202、中鉴 100 等，中稻品种目前可选用扬稻 6 号、鉴真 2 号、鄂中 4 号、扬辐糯 4 号、鄂荆糯 6 号等品种，一季晚稻品种目前可选用鄂香 1 号等，双季晚稻品种目前可选用金优 928、金优 12、湘晚粳 13、鄂晚 9 号等。

在我国北方地区，根据当地积温等生态条件对品种的要求，选用熟期适宜的优质、高产、抗病和抗逆性强的品种。第一、第二积温带选用主茎 12～14 叶的品种；第三、第四积温带选用 10～11 叶的品种，保证霜前安全成熟。第一年的种子可从有关科研单位或专业种子公司提供，从第二年起，在有机农场自繁提纯。要保证品种的多样性，严禁使用转基因品种。

种子质量按《粮食作物种子 第 1 部分：禾谷类》（GB 4404.1—2008）要求，纯度不低于 99%，净度不低于 98%，成苗率不低于 85%（幼苗），含水量不高于 14.5%。不允许使用包衣种子。

若从外地引种，严禁从有水稻象甲、水稻细菌性条斑病等检疫对象发生的种子繁育基地引种；从国外引种，则严格按照农业农村部发布的《国外引种检疫审批管理办法》执行，以保护本地水稻生产的安全。

1.3 培育壮秧

种子处理有关内容如下。

（1）晒种

播种前将种子摊晒 12 d，提高种子发芽率和发芽势。

（2）种子消毒

将晒好的种子用 1%的生石灰水浸泡 1 d。浸种时使石灰水高出谷种 10 cm。

（3）育秧方式

旱育秧可以旱地直播或塑料软盘育秧，也可以在水田实行塑料软盘水整旱育。

（4）秧田与大田比例

旱地直播按 30 m² 净面积秧床播 1 kg 杂交稻种或 2 kg 有机常规稻种，栽 1 亩大田。塑料软盘育秧一般每亩需 361 孔软盘 50 个左右，每孔播杂交稻种 1～2 粒，播有机常规稻种 2～3 粒，也可根据大田所需栽插密度计算育秧盘数。一般每亩塑料软盘秧苗可抛或插 50 亩大田。

水育秧按亩秧田播 7.5 kg 杂交稻种或 15 kg 有机常规稻种，可栽 7.5 亩大田。

（5）整地与培肥

1）旱育秧：冬翻冬凌或播前 20 d 进行翻耕，每平方米施腐熟厩肥 5 kg。播种前 2～3 d 再次耕耙，并施入腐熟人粪尿 1 担/30 m²，做到田平土细，按 1.3 m 宽厢面开沟。

2）水育秧：如果是专用秧田，实行冬翻冬凌或播种前半个月左右结合耕整按每亩施入 2 000 kg 农家肥，播种前 3～5 d 按每亩施入 750 kg 腐熟人粪尿再次耕整，做到田平泥烂，按 1.3～1.5 m 宽开沟分厢。

（6）播期与秧龄

早、中、晚稻的播期不同，在早稻播期上，南方湖北采取先播迟熟，后播早熟，先插早熟，后插迟熟，也就是说，越早熟品种越要注意短秧龄；中稻播种期要注意避开高温阶段抽穗扬花，特别是不耐高温的品种以及易出现高温的区域，必须把预防高温热害，提高结实率，提高稻米品质作为一项重大措施；晚稻播种期在长江中下游地区十分重要，要根据品种的安全齐穗期倒推最佳播种期。至于最佳插秧期一般是在气温许可或适宜的情况下，早插比晚插好，软盘抛秧的秧苗叶龄以 3 个叶左右为宜，最迟抛栽期的秧苗高度不超过 20 cm，晚稻抛栽秧龄不超过 25 d（抛栽秧苗一般小苗比大苗效果好）。

我国南方除广东、广西、海南外，早稻一般在 3 月中下旬播种，晚稻 6 月中下旬播种。

（7）浸种催芽

将消毒处理过的种子进行浸种，当种子吸足水分后便进行催芽，催芽标准一般为破胸露白。长江中下游早稻、中稻催芽实行保温催芽，晚稻催芽实行"三浸三滤"（昼浸夜滤）。

（8）播种

将已露白的谷种均匀撒播，播种量根据品种特性、秧龄长短、育秧期间的气温高低而定。一般早稻气温较低，保温育秧的播量稍大一点，中、晚稻育秧气温较高，播量少一点，常规稻稍高一点，杂交稻分蘖力强，播量可少一点。

（9）苗床管理

早春气温低于 12℃时，秧床要盖膜保温。播种至 1 叶 1 心苗床密闭，保温保湿，2 叶 1 心开始通风炼苗，使膜内温度保持在 25℃左右，日均气温稳定在 12℃以上时，昼夜通风炼苗，并逐步揭膜，防止失水，青枯死苗。

1）管水：旱育秧从播种到立针现青不浇水。现青后，床面发白变干，应及时在早、晚喷水，切忌大水漫灌；水育秧，播种到现青，保持沟中有水，厢面无水，现青后，厢面保持薄水层。

2）施肥：以腐熟稀人粪尿为主。2 叶 1 心时施好断奶肥。旱育秧按 50 kg/30 m²，水育秧按 250 kg/亩；移栽前 5 d 施好送嫁肥，旱育秧按 80 kg/30 m²，水育秧按 400 kg/亩。

3）病虫防治：苗期应加强草、禽害防治，病虫害以防为主，山区要注意稻瘟病防治，晚稻要防好稻蓟马，移栽时要做到带药出嫁（病虫害具体防治方法见大田病虫害防治）。

1.4　栽培技术

（1）大田耕整

在耕整大田之前，首先对田间杂草，残茬进行清除，减少田间杂草和病虫基数，再通过耕耙、耖等田间作业，达到土壤松软，耕层活化，田平泥烂，真正做到灌水棵棵到，排水满田跑，同时田面平整，也可提高秧苗成活率。

（2）施好施足底肥

结合耕整，每亩施入各类农家肥 2 500 kg 作底肥。底肥的主要品种有堆肥、沤肥、厩肥、沼气肥、绿肥、作物秸秆肥、泥肥、饼肥、草木灰。

有机肥料的施用技术：绿肥是红花草籽压初花、兰花草籽压盛花，把绿肥全部翻压在土下，然后翻耕耙匀，压青后 10～15 d 插秧；秸秆、落叶、山草、青蒿和人粪尿及少量泥土混合堆制发酵分解后作基肥；菜籽饼、花生饼、大豆饼等饼粕是高含氮量的植物性有机质肥料，需经腐熟后施用或在水稻移栽前 10 d 结合耕整一并施下。

禁止使用的有机物有城市垃圾和污泥、医院的粪便垃圾和含有害物质的垃圾及各类可能引起污染的废弃物。

（3）移栽

1）起秧：无论是旱育秧（包括软盘育秧）还是水育秧，都必须是当天起秧当天移栽到大田不过夜。

2）栽插密度：根据早、中、晚稻及常规稻和杂交稻等不同类型，同时按照不同分蘖能力，土壤的肥力水平安排不同的密度。早稻品种：常规稻 3.0 万～3.5 万蔸/亩，杂交稻 2.5 万蔸/亩。中稻（二季晚）品种：常规稻 2.0 万～2.5 万蔸/亩，杂交稻 2.0 万蔸/亩。双晚品种：常规稻 3.0 万～3.5 万蔸/亩，杂交稻 20 万～2.5 万蔸/亩。

杂交稻每蔸插一粒谷苗，常规稻每蔸插 2～3 粒谷苗。

栽植方式可因地制宜，灵活掌握。但都必须是秧苗随取随栽，不插隔夜秧，移栽入泥浅，密度要均匀。免耕抛秧的密度应比翻耕抛秧的密度增加 10%。

（4）大田管理

1）管水：常规管水是浅水（2 cm）插秧，寸水（4 cm）返青，浅水（1.5 cm）分蘖，适时晒田，复水后浅水勤灌，深水（5 cm）孕穗，抽穗扬花若遇高温可灌 5～7 cm 深水降温，灌浆期间干干湿湿，收获前 3～5 d 断水。对有二次灌浆特性的品种，要干干湿湿到成熟。

2）追肥：返青后，每亩施腐熟人粪尿（或沼液）8～10 担作分蘖肥；晒田复水后，每亩施腐熟饼肥 80 kg，草木灰 50 kg 作穗肥。

3）中耕除草：插秧后 5～7 d 待秧苗返青后，结合追施分蘖肥进行第一次中耕，分蘖末期进行第二次中耕，把杂草消灭在萌芽状态，同时促使秧苗平衡生长。

4）晒田：晒田的原则是：苗到不等时，时到不等苗，常规稻每亩 30 万～35 万苗，杂交稻每亩 22 万～25 万苗即开始晒田，若是抛秧栽培，晒田时间应提早到要求苗数的 80%。晒田程度要看田、看天、看苗。看田是说该田的泥脚深浅，田底肥瘦。深泥脚肥田则晒得重一些，浅泥脚瘦田则晒得轻一些。看天是说在晒田期间的天气状况，天气好太阳大则晒田时间短一些，天气不好，晒田效果差，则相对晒田时间就长一些。看苗就是对旺苗田重晒，弱苗田轻晒。总体来讲是因田制宜，灵活掌握。

1.5 病虫草害的防治

水稻有机栽培病虫草害的防治应以农艺措施为主，综合防治病虫草害。如调节水稻分蘖期，错开抽穗期与三化螟发生期，减轻螟害；水稻移栽前捞除水面漂浮物，减轻纹枯病危害；稻田放养鸭子除虫灭草；结合中耕，控制苗期草害；保护和利用天敌控制虫害；选用抗病良种，加强肥水调控，提高水稻抗逆力；做好病虫害和天敌的系统调查和预测预报工作，一旦发现天敌数量指标不能控制虫害时，应适时采用生物杀虫剂防治。田间中、后期的残留杂草，主要靠人工除草。以下按病虫草害分述如下。

（1）病害防治

有机稻与常规稻生产过程中的主要病害大致相同，主要有水稻稻瘟病、纹枯病、恶苗病等。有机稻病害防治应以选用抗病品种和采用农业防治为主，药剂防治为辅，通过培育壮苗以达到抗病的目的。

水稻纹枯病主要通过改善水稻的生长环境，控水控肥，通风透光，选用抗病品种的方法进行防治。打捞菌核，并带出田外深埋，减少菌源。加强栽培管理，灌水做到分蘖浅水、够苗露田、晒田促根、肥田重晒、瘦田轻晒、长穗湿润、不早断水、防早衰，要掌握"前浅、中晒、后湿润"的原则。

水稻稻瘟病的防治首先要选择好抗病品种，目前生产上应用的很多水稻品种对稻瘟病有良好的抗性，如粳稻 6 号、黄金晴等。在必要时也可喷药保护，如每隔 2 周喷 1 次石硫合剂，连续喷 3～4 次，能较好地预防稻瘟病等水稻病害的发生与蔓延。

采用 50～55℃热水进行种子消毒，防治水稻恶苗病、干尖线虫病等病害。

（2）害虫防治

1）做好虫害的监测。水稻的虫害主要有螟蛾类、飞虱类、象甲类等。在水稻生长期间，利用多种手段做好害虫监测和预报工作。如利用诱蛾灯（黑光灯+白炽灯+性诱剂）既可杀死部分螟蛾类害虫，又可作为虫害发生的监测器。

2）生物防治。在水稻螟虫卵孵化高峰前连续释放螟黄赤眼蜂 2～3 次；在卵孵化高峰期，喷施 *Bt* 剂，每公顷使用 750 g *Bt* 粉，连续使用 3 次以上，可有效调控螟虫类害虫的危害。稻飞虱的防治可通过稻田养鸭来控制，在飞虱迁飞降落开始就放鸭子，连续放 1 周以上，既可除虫，又可除草。利用 *Bt* 孢子菌粉，每公顷用 750 g 兑水稀释 2 000 倍喷洒，可以防治对苏云金杆菌最为敏感的稻苞虫、稻螟等；用 400～600 倍液防治稻纵卷叶螟、稻苞虫。

3）物理防治。根据昆虫的趋光性，利用诱蛾灯可杀灭大部分的水稻螟，控制虫害的发生。

4）药剂防治。来自天然的植物源、矿物源农药和传统的有机农业药剂是有机农业生产过程中允许使用的物质。控制有机稻的虫害，目前使用较多的主要有植物源的苦参碱制剂、印楝素、除虫菊等和矿物源的矿物油及天然硫黄等。

（3）草害防治

有机稻的草害防除主要通过人工除草、稻田养鸭、稻田养鱼和科学轮作等来完成。利用稻田养鸭或稻田养鱼的方法来消灭杂草时，由于在水稻生长期间是汛期，因此，要在稻田四周拉上篱笆等保护设施来保护鸭或鱼。同时避免平行生产中使用化肥、农药、除草剂等给有机稻带来的影响。

1.6 收获、干燥和贮藏

（1）收获

当稻谷色泽变黄，80%以上的米粒已达到玻璃质，籽粒充实饱满坚硬，含水量17%～20%，茎秆含水量60%～70%时，为适宜收获期。有机水稻收获应使用专用工具，并做到同一品种单独收获贮运。收获过程中应防止禁用物质的污染，确实无法实现收获工具专用，应在工具用于有机水稻收获前进行彻底清洗。

（2）干燥

有机水稻收获后可采用机械低温干燥。无机械烘干条件的，应在清洁干净、无污染的场地自然晒干。严禁在公路或粉尘、大气污染场所晒谷。

（3）贮藏

贮藏有机稻谷（米）的仓库应清洁卫生，无有害生物、无有害物质残留，7 d 内未经任何禁用物质处理过。允许使用常温贮藏、温度控制、干燥等贮藏方法。有机产品尽可能单独贮藏，若与常规产品共同贮藏，应在仓库内划出特定区域，并采取必要的包装、标签等措施，确保有机产品和常规产品的识别。

2 有机小麦生产技术

小麦是我国重要粮食作物，常年播种面积、产量分别占粮食总量的25%和22%左右，全国商品小麦的常年收购、销售和库存量均占粮食总量的 30%左右。发展有机小麦生产，对改善小麦营养品质和加工品质，满足人们生活水平日益提高的需要，具有十分重要的意义。

2.1 产地要求

综合考虑农业生态环境条件，宜选择在小麦主产区，种植区域地势平坦，土层深厚，肥力较高，有机质含量丰富，通气性与保水性能良好，有灌溉条件，公众的环境意识强，科学种田水平比较高，在耕作与管理技术上，按照有机食品要求操作，生产出符合有机食品标准的小麦产品。

2.2 品种选择

小麦品种的生态区域性比较强，要因地制宜选择优质、高产、抗逆性强的优良品种。品种要广泛适应有机小麦生产基地的气候、土壤、耕作制度和栽培条件。全国冬小麦生产区域的黄淮海和长江流域，可因地制宜选用豫麦 34、郑麦 9023、豫麦 18、豫麦 47、新麦 18、京 9428、轮选 987、藁 8901、邯优 3475、晋太 170、宁麦 9 号、扬麦 13、扬辐麦 2 号、皖麦 38、济麦 19、济南 17、济麦 20、烟农 19、小偃 22、陕 253、鄂麦 14、鄂麦 17、川麦 42、绵阳 29 等优质高产品种。这些品种的生产潜力大，产量可达 6 000 kg/hm² 以上；品质比较优，分别达到国标强筋、中筋和弱筋小麦质量标准；适应性广、抗逆性比较强。

播种前进行种子精选，采取风选、机械精选，筛选出籽粒饱满的大粒种子，晒种 2～3 d，增强种子活力，提高种子的发芽势和发芽率。

2.3　栽培技术

（1）土壤条件

小麦对土壤条件的适应性较广，但要生产高产优质有机小麦，还应具备良好的物理、化学特性，土地平整、耕层深厚、结构良好、有机质和养分含量丰富、排灌水方便、保水力强的中性黏质壤土。

小麦根系入土深度可达 100 cm 以上，70%的根量分布在 5～40 cm 的土层内。要求土层厚度不低于 100 cm，耕作层在 20 cm 以上，地下水位在 80 cm 以下。土壤不黏重板结，具有团粒结构或良好的粒状结构；土壤松紧度适宜；固、液、气三相比协调，能促进小麦根系生长。有机质含量在 1.2%以上，含氮 0.08%以上，每千克土含碱解氮 100 mg、有效磷 10 mg，速效钾 10 mg 以上。最适宜的土壤酸碱度是 pH 6.8～7.0，呈中性。

（2）精细整地

整地质量直接影响小麦播种、出苗及生长，是培育壮苗的基础。通过精细整地为小麦创造水、肥、气、热协调的土壤环境。稻田种麦，要在水稻生育后期及时开好田间排水沟，采取间隙灌溉的方法保持稻田干干湿湿状态，稻谷收获后，土壤处于宜耕期内进行耕整。对中稻田采取先翻耕炕土，促进土壤熟化，接近种麦时再浅耕、细耙；对晚稻田实行边收稻谷边耕整，细耕细耙，也可采取少、免耕整地技术。旱地耕整要以保墒为重点，先深耕灭茬炕土，雨后细耕细耙保墒，整好待播地。南方长江流域麦区推广深沟窄厢，厢面宽度 200～250 cm，厢沟宽 15～20 cm、深 25 cm，腰沟宽 25 cm、深 30 cm，围沟深 40～50 cm，沟直底平。北方麦区干旱少雨，整地时应以保墒提墒为重点，推广畦田化种植，畦面土壤细平，高差不超过 3 cm。

（3）配方施肥

小麦生长发育需要多种营养元素。在施肥技术上，按小麦的需肥规律和土壤供肥能力，测土配方施肥。小麦对氮、磷、钾的吸收数量，受品种类型、产量水平、土壤肥力、栽培措施等因素的影响，一般每生产 100 kg 小麦籽粒，需纯氮 3 kg、五氧化二磷 1 kg、氧化钾 2～4 kg。微量元素中对钼反应敏感，小麦田土壤缺钼时，常造成植株矮小，穗小、粒少，产量低。

有机小麦生产在施肥上，应遵循以有机肥为主、底肥为主的原则。适宜使用的优质有机肥有堆肥、厩肥、腐熟人畜粪便、沼气肥、绿肥、腐殖酸类肥料、腐熟的作物秸秆和未经化学方法处理的饼肥等。允许限量使用的化肥及微量元素肥料有磷矿粉、硫酸钾、氯化钾、氯化钠、硫酸钾镁、钙镁盐和硫酸铜、硫酸锌、硫酸锰、钼酸铵、氯化铁、硼砂等。可将有机肥和磷肥、钾肥及各种微量元素肥料全部作底肥，氮肥的 70%作底肥，30%作追肥。施肥数量可按下列公式计算：

$$施肥量 = \frac{[计划产量对某要素需要量（kg/hm^2）] - [土壤中某要素提供量（kg/hm^2）]}{[施用肥料中某要素的含量（\%）] \times [肥料利用率（\%）]}$$

对某要素的需要量由目标产量×每千克产量对养分的需要量测算出来。

土壤中某要素提供量可由土壤某一元素的速效含量与耕层土壤重（15×10^4 kg）的乘积求出。

肥料利用率的计算：磷肥为 20%～30%，钾肥为 50%～70%；有机肥为 20%～25%。

根据上述公式及参数，可大体上确定达到计划产量目标所需施用的氮、磷、钾数量。一般生产 4 500～5 250 kg/hm² 小麦，需底施有机肥 150 m³/hm²，饼肥 900 kg/hm²，磷矿粉 1 050 kg/hm²，硫酸钾 300 kg/hm²，硫酸锌 15 kg/hm²，钼酸铵 300 g/hm²。

（4）适时播种，合理密植

1）确定适宜的播种期。小麦适宜播期应根据种子发芽对温度的要求、品种特性、当地气候条件及栽培制度而定。小麦种子发芽、最适温度为 15～20℃，10℃ 以下发芽缓慢，容易感染病害，降低发芽整齐度和出苗率。多年的实践结果，冬性品种 17～18℃、半冬性品种 15～16℃、春性品种 13～14℃ 为适宜播种温度。一般小麦播种到出苗所需积温量为 120℃ 左右，出苗后到冬至主茎每生长一片叶，平均约需 75℃ 积温，这样冬前壮苗需要总积温数量：冬性品种为 7.5×75+120=682.5℃，半冬性品种为 6.5×75+120=607.5℃，春性品种为 532.5℃。冬小麦生产区，由北向南的适宜播种期：冬性品种在 10 月上旬、半冬性品种 10 月中旬、春性品种 10 月下旬至 11 月初，同纬度地区海拔每升高 100 m，播种期可提前 1 d。

2）确定适宜的种植密度。有机小麦的适宜密度，应以培育健壮的个体和建立合理的群体结构为原则，保证实现一定的基本苗数、冬前分蘖数、年后最大分蘖数及适当的有效穗数。在采用精播、半精播或早稀肥控技术的条件下，掌握冬性品种、分蘖力强的宜适当稀植，春性品种、分蘖力弱的密植，合理的群体结构动态指标是基本苗 $150×10^4$～$225×10^4$/hm²，冬前群体总茎蘖数 $750×10^4$～$1 050×10^4$/hm²，年后群体最大总茎数 $1 050×10^4$～$1 350×10^4$/hm²，成穗数 $420×10^4$～$600×10^4$/hm²。

3）确定适当的播种量。依据种植密度、土壤墒情、种子发芽率等，确定出实际的播种量。正常情况下，田间出苗率在 80% 左右；整地质量好，土壤墒情足，田间出苗率可达 90%；土壤干旱出苗率可能在 70% 以下。实际播种量可按下列公式计算：

$$播种量（kg/hm^2）=\frac{计划基本苗数（×10^4/hm^2）}{每千克种子粒数×种子净度（\%）×发芽率（\%）×田间出苗率（\%）}$$

4）提高播种质量。在精细整地的基础上，做到定量下种，落籽均匀，播种深浅适宜。推广机械条播有利于改善田间通风透光条件，建立合理的群体结构，行距 20 cm，播种深度一致，控制在 3～4 cm，土壤墒情好宜浅播，墒情差可适当深播，下种均匀，不漏播、不重播。如用撒播种植方式，则要掌握好撒种时的步行速度与撒种数量，确保种子落地均匀，播种后细耙盖籽。

（5）开好沟渠，科学排灌

长江流域麦区，要注重开好田内厢沟、腰沟和围沟，并与田外排水渠道相配套，防止春季麦田渍害；北方麦区着重抓好抗旱保墒，适时浇灌、节约用水。

1）小麦需水特性。小麦在生长过程中，消耗的水分通过植株蒸腾和土壤蒸发两种途径实现，其中，植株蒸腾量占蒸发量的 60%～70%，土壤蒸发量占蒸发量的 30%～40%。小麦生育前期由于植株小，地面裸露部分大，以土壤蒸发为主；生育中期和后期，植株蒸腾成为麦田耗水的主要途径，一般小麦以拔节抽穗至成熟两个阶段耗水量最多；其次是冬前分蘖期。如果冬前分蘖期缺水，将显著降低成穗数；孕穗期缺水则明显降低每穗粒数；

灌浆期缺水影响植株正常生理过程，降低粒重。实施科学管水，是有机小麦生产中降低耗水系数，提高水分利用率，达到高产高效的一个重要环节。同时，对小麦生产过程减少土壤中水分及灌水的渗漏损失，进而减少肥料的淋溶，对保护生态环境具有重要作用。

2）麦田灌溉。掌握小麦需水特性，根据不同地区降水规律，找出当地小麦需要灌水时期。从全年大范围降水分布情况看，秋冬季节多数年份少雨干旱，播种时要保证土壤有足够的水分，满足发芽对水分的要求，力争达到一播全苗，为壮苗打好基础。北方麦区在小麦拔节、孕穗、灌浆成熟阶段，常发生干旱，土壤缺水发生裂缝，对穗粒重影响很大，根据天气预报情况，及时进行抗旱浇水，采取喷灌或软管浇灌为佳，能节约用水，提高水分利用效率。

3）麦田排水。南方麦区春季降水量比较多，长江流域3—5月，降水量在400 mm左右，有些年份可达500 mm，如果排水不良，就会造成小麦湿害和渍害。例如，对小麦来说，由于降水过多，地下水位升高，土壤含水量增加，超过麦田最大持水量的85%，小麦根系因缺氧而呼吸不良，生活机能衰退，甚至死亡。遇到天气猛晴，叶片因水分供应不足而死亡，籽粒灌浆不饱满，对小麦产量和品质有较大的影响。防止渍害的有效措施是开好麦田一套排水沟，即田内厢沟、腰沟、围沟和田间排水渠。沟渠标准是：深度分别为25 cm、30 cm、40 cm和60 cm，沟渠相通，雨停田间无渍水。

（6）因苗管理，培育壮苗

有机小麦生产的田间管理，要做到看苗情长势、叶色变化、生长发育进程快慢、土壤养分和水分供应状况，因地因苗分阶段采取相应的管理技术，达到培育壮苗、生产出优质高产、有机小麦产品的目标。

1）出苗分蘖阶段的生育特点和田间管理

生育特点：出苗分蘖阶段指的是播种到拔节。生育特点是生根、出叶、分蘖、分化幼穗。以营养生长为主，正常情况下，小麦出苗后20 d幼苗3叶1心开始分蘖，冬至前后达到分蘖高峰。越冬期间各器官进入缓慢生长阶段，北方冬麦区地上部出现停止生长，立春后随气温上升，分蘖再次进入旺盛生长期的现象，通常称为返青期，拔节时分蘖逐渐停止发生，进入两极分化，一部分成为有效穗，另一部分死亡。

此阶段在保证苗全、苗齐的基础上，争取早分蘖、早发根，促进壮苗安全越冬。

壮苗标准是，麦苗叶、蘖和次生根的同伸关系正常，冬至时单株茎蘖数3~4个，绿叶5~6片，次生根4~5条，群体茎蘖数900×10⁴/hm²，叶面积系数0.7左右；旺苗的分蘖数多，叶片嫩绿肥大，群体茎蘖总数1 000×10⁴/hm²以上，叶面积系数1.5以上。

管理措施：小麦播种出苗时要认真检查苗情，对出苗不齐的及时催芽补种，少量缺苗的采取移密补稀，浇足定根水；中耕松土除草；因苗适时适量追肥；冬至前后普追一次腊肥；严重受旱麦田，及时抗旱浇水；适时压麦促根壮苗，越冬期间对壮苗和旺苗用石磋压麦，控制地上部生长，促进根系深扎，具有防冻保苗缩短茎基部一二节间长度、提高分蘖成穗率、预防倒伏等作用。北方麦区要适时浇灌冻水，时间以日平均气温稳定在3~4℃，夜冻昼消为最佳时期，具有平抑地温、保护麦苗安全越冬的作用。

2）拔节孕穗阶段的生育特点和田间管理

生育特点：拔节孕穗阶段属于营养生长与生殖生长并进时期。早春气温上升到10℃以上时小麦开始拔节，茎秆迅速伸长，分蘖出现两极分化，随着生长发育进程，逐渐由营养生长为主转向以生殖生长为主，以幼穗分化为中心，叶、根同时生长。

此阶段目标是促使营养生长和生殖生长达到"两旺"，个体与群体协调发展，植株健壮，秆粗、穗多、穗大。

管理措施：一是看苗追施返青拔节肥。施肥时间掌握在主茎基部第一节间基本固定，第二节间伸长，叶龄 8.5～9 片。壮苗少施，弱苗多施，旺苗不施。孕穗期有脱肥现象的麦田，可在小麦植株旗叶露尖时追施充分腐熟的人粪尿。北方冬麦区在返青期可进行顶凌耙压，起到保墒和促进麦苗早发稳长的作用。二是防除杂草。一般在 2 月中旬至 3 月中下旬，普遍进行 1～2 次人工中耕除草，确保田内无草害。三是清沟排渍。南方麦区开春以后，降水量增多，要注意搞好清沟排渍，疏通沟渠，降低地下水和田间湿度，抑制和减轻病害。北方麦区要适时抗旱浇水，拔节孕穗期是小麦需水临界期，耗水量明显增多，土壤含水量低于田间最大持水量的 70%时要及时抗旱浇水。四是适时防治病害。重点是小麦条锈病、白粉病和纹枯病。掌握在麦田出现中心病团时，使用农用抗生素、矿物源农药中的硫制剂、铜制剂等，兑水喷施到植株下部。

3）抽穗成熟阶段的生育特点及田管措施

生育特点：小麦抽穗以后，进入开花受精、籽粒灌浆阶段，是以生殖生长为中心的时期。生长中心转向籽粒发育，是决定每穗粒数和穗粒重的关键时期。

此阶段目标是延长叶片功能期，改善叶片的光合性能，防止植株早衰和贪青晚熟，促进光合产物向籽粒中运转。蜡熟期良好的长相是植株正常落黄，茎秆逐步显出油黄色，单茎有 1～2 片绿叶，麦穗粗壮，芒张开角度较大，未发生倒伏。贪青型植株颜色暗褐，成熟延迟，或发生倒伏；早衰型植株矮小、色淡黄，无光泽，成熟期提早。

管理措施：一是根外喷肥。每公顷用腐熟的沼气肥液 300 kg 兑水 450 kg 或用 2%草木灰加磷矿粉加硫酸钾浸出液 750 kg 喷施 1～2 次；既可以增加植株营养，延长叶片功能期，增加干物质积累，并向穗部运转，提高穗粒重，又能预防"干热风"危害。二是合理排灌。小麦抽穗后，生理需水量大，同时气温升高，使抽穗到灌浆期成为小麦一生中需水的第二个高峰期。若田间土壤水分不足，应抗旱浇水。南方麦区可采取沟灌，随灌随排；遇到连阴雨，要及时清沟排渍；北方麦区实行软管畦灌。三是防治病虫。小麦生育后期的主要病虫有赤霉病、锈病、白粉病、黏虫、蚜虫。以农业防治为主，辅助药剂防治。防治病害可用农用抗生素、可湿性硫制剂、铜制剂等，防治黏虫可用频振式杀虫灯进行灯光诱杀成虫，每 4 hm² 麦田架设一只，夜间开灯，白天收虫；防治蚜虫可用黄板黏捕方法。

2.4　有机小麦的收获

（1）适时抢收

小麦适宜收获时间的范围较窄。收获过早，籽粒和茎秆含水量高，难以脱粒，麦堆容易发热。收获过晚，成熟过度，收获时茎、穗容易折断，使产量、品质和麦收工效均受到影响。只有适期收获，才能保证丰产丰收。

小麦适宜收获期，应为蜡熟末期。因籽粒重量以蜡熟后期最高，籽粒养分含量如蛋白质和淀粉也以蜡熟期为最高，小麦蜡熟末期的植株形态特征是叶片变黄，茎秆接近全部变黄，仅最上一节略带绿色，90%以上的麦穗颖壳已全部失绿变成黄色，籽粒蜡状较硬。

（2）机械收脱

小麦的收获方法有多种。对地势平坦、地块比较大的麦田，实行联合收割机收获，割麦脱粒可一次完成，既快又好；丘陵地区，地块小的可采用小型割麦机收割，或人工收割，避开中午高温时段打捆，以免折断麦穗。人工收割的小麦，要使用脱粒机脱粒，不能在公路上用石磙碾压。

3　有机玉米生产技术

3.1　产地要求

（1）产地环境条件的基本要求

产地气候条件：无霜期 110 d 以上，年大于 10℃活动积温 2 100℃以上，年降水量 500 mm以上。产地土壤元素位于背景值正常区域，周围没有重金属矿山，无农药残留污染，土质肥沃，有机质含量 3%以上，pH 为 6.5～7.5。

（2）选地、选茬与整地

1）选地。选择耕层深厚、肥力较高、保水、保肥及排水良好、旱涝保收的地块。

2）选茬。选择前茬未使用长残留农药的大豆、小麦、马铃薯或肥沃的玉米茬等茬口。

3）耕整地。实施以深松为基础，松、翻、耙结合的土壤耕作制。伏秋翻整地：耕翻深度 20～23 cm，做到无漏耕、无立垡、无坷垃，翻后耙耢，及时起垄镇压。耙茬深松整地：一般适用于土壤墒情较好的大豆、马铃薯等软茬，先灭茬，深松垄台，然后耢平，起垄镇压，严防跑墒。深松整地，先松原垄沟，再破原垄台合成新垄，及时镇压。

3.2　品种选择及种子处理

（1）品种选择

根据有机食品玉米生产区域的生态条件，选用审定推广的优质、抗病虫害和抗逆性强、高产、生育期所需活动积温比当地常年活动积温少 100～150℃的优良品种。黑龙江省第一积温带可选用丰禾 10、金玉 1 号等品种，第二积温带可选用四单 19、东农 250、龙单 13 等品种，第三、第四积温带可选用东农 248、海玉 6、绥玉 7 等品种。

（2）种子质量

种子纯度和净度不低于 99%，发芽率不低于 90%，含水量不高于 14%，质量达到国家种子分级标准二级以上。

（3）种子处理

1）晒种：播前 15 d 将种子晾晒 2～3 d。

2）试芽：播前 10 d 进行 1～2 次发芽试验。

3）浸种催芽：将种子放在水中浸泡 8～12 h，然后捞出置于 20～25℃室温条件下进行催芽。每隔 2～3 h 将种子翻动一次，在种子露出胚根后，置于阴凉处炼芽待播。

4）菌肥拌种：经认证的有机微生物肥料可用于拌种，也可作基肥和追肥施用，施用时应严格按要求操作。

3.3 播种

（1）播期

地温稳定在5～6℃时抢墒播种。黑龙江省第一积温带4月20—30日播种；第二积温带在4月25日—5月5日播种，第三、第四积温带在4月30日—5月10日播种。

（2）种植方式

采用清种或通透栽培方式种植。

（3）播种方法

人工催芽栽种的，土壤含水量低于20%的地块坐水埯种，土壤含水量高于20%的地块可直接埯种；垄上机械精量点（穴）播的，可在成垄地块，采用机械精量等距点播。播种做到深浅一致，覆土均匀，埯种地块播后及时镇压；坐水埯种地块播后隔天镇压；机械播种随播随镇压。镇压后播深达到3～4 cm，不漏压，不拖堆。

（4）播种密度

1）清种：株型收敛品种，每公顷保苗5万～5.5万株；株型繁茂品种，每公顷保苗4.5万～5.0万株。

2）通透栽培：株型收敛品种，每公顷保苗5.5万～6.5万株；株型繁茂品种，每公顷保苗5.0万～5.5万株。依据品种及种植密度等要求确定播种量。

3.4 田间管理

（1）查田补种（栽）

出苗前及时检查发芽情况，如发现粉种、烂芽，要准备好补种用种或预备苗；出苗后如缺苗，要利用预备苗或田间多余苗及时坐水补栽。

（2）间苗、定苗

玉米3～4片叶时，要将弱苗、病苗、小苗去掉，一次等距定苗。

（3）铲前深松、趟地

出苗后要进行深松或铲前趟一犁。头遍铲趟后，每隔10～12 d铲趟一次。整个生育期做到三铲三趟。

（4）水肥管理

1）追肥。玉米5片叶时每亩施入沼液1 500 kg，对弱苗采取偏施肥和浇水等补救措施；抽雄前（播后50 d左右，能用手捏到雄穗时）每亩追施经过有机认证的商品有机肥100 kg。

2）中耕锄草。结合追肥进行中耕、培土和锄草。

3）浇水。土壤水分苗期宜控制在16%～18%，拔节前16%左右，拔节期18%左右，抽雄吐丝期18%～22%，以后保持在18%～22%。具体来说，在植株7片叶时，进行1次浇水施肥，以保证正常拔节，该措施可增加玉米穗穗长；在植株13片叶时，再进行1次浇水施肥，以保证正常抽雄吐丝，可增加玉米穗穗粗。

（5）去分蘖：玉米产生分蘖后，要及时除去，也有多穗现象，一般只保留第1穗，除去第2穗，否则，玉米穗会长得较小。

（6）虫害防治

虫害防治以物理和人工防治为主。

1）黏虫。6月中下旬，平均100株玉米有50头黏虫时达到防治指标。进行人工捕杀。

2）玉米螟。频振式杀虫灯防治：当地玉米螟成虫羽化初始日期，每晚21时到次日早4时开灯诱杀，小雨仍可开灯。

3）赤眼蜂防治。于玉米螟卵盛期在田间一次或两次放蜂，每公顷放蜂22.5万头。

（7）草害防治

结合铲趟和中耕，采用人工除草和机械除草相结合的方法。8月上、中旬，放秋垄拿大草1～2次。种植抑制有害杂草的作物和使用轮作、休耕技术控制杂草；允许使用生草、秸秆和可生物降解的材料覆盖。

3.5 收获

（1）鲜食玉米

一般在吐丝后22～28 d采收：过早收获的玉米籽粒内容物含量少，口感不好，过晚收获其品质大幅下降。玉米鲜穗采摘后，仅能存放1～2 d，因此需及时加工，一般应在采摘后12 h内完成加工。采收所用的用具必须是洁净无污染的，采收下来的甜玉米必须盛装在清洁的容器中，对不同生产区的产品予以分装并用标签区别标记。

（2）普通玉米

采收时间一般在9月末至10月初，在玉米完熟后期，以黑层出现、乳线消失、苞叶枯松为收获标准，选在晴天收获。采取秸秆人工收获或机械收获，不可地面堆放。收获后要及时进行晾晒。籽粒含水量达到20%以下时脱粒，脱谷损失率不超过2%，脱粒后的籽粒要进行清选。

4 有机花生生产技术

4.1 产地选择

有机花生生产基地的选择主要应综合考虑以下因素：

1）产地要有良好的生态环境条件，远离污染源，上年度和前茬作物均未使用化学合成物质。

2）应选择地势平坦、土层较厚、土质肥沃、干时不板、湿时不黏、质地疏松、耕性和排水良好、旱能浇、涝能排、不内涝、不干燥的沙质壤土。

3）轮作。为减轻病虫草等的危害，有机花生不能重茬，要选择生茬地或与大豆、甘薯、马铃薯、萝卜等多种作物有计划轮作。

4）产地空气质量、农田灌溉水质及土壤质量符合有机农业对产地环境的基本要求。

4.2 选种及播种

（1）种子选择及处理

选用通过国家或省级部门审（鉴、认）定或登记的，常规技术育成（未采用转基因或辐射技术），且适应性良好，株型紧凑，结荚集中，抗逆性较强，抗病虫性强，内在和外观品质优良的品种。种子质量达到纯度≥98%，净度≥99%，发芽率≥95%（幼苗），含水量≤13%。播种前对种子进行下述处理。

播种前 15 d，将种子荚果晾晒 2 d，晾晒后对种子进行果选，去掉杂果、烂果、秕果；其后进行仁选分级，去掉杂仁、虫仁、秕仁、霉仁，选用籽粒饱满的种仁拌花生根瘤菌粉，每公顷用种量为根瘤菌粉 300～500 g，加清水 100～150 mL 调成菌液，均匀地拌在种子上备播。

（2）播种

通常在 5～10 cm 地温连续 5 d 稳定在 15℃以上时，抢墒或造墒播种。播种要求土壤相对含水量为 60%～70%，可先起垄覆膜，垄距 80～85 cm，垄高 10～12 cm，垄顶面宽 50 cm，边台 10 cm，大行距 50 cm，小行距 30 cm，根据品种株高和分枝数多少确定密度，一般 12 万～15 万株/hm²。播前种子每穴播 2 粒种子，播深 3～5 cm。

4.3　田间管理

（1）覆膜和除草

为了控制杂草和提高产量，可选用聚乙烯吹塑型无药黑色膜或无药无色增温膜覆盖。放苗时开的膜孔要用土盖严，以保证除草和增产效果。

（2）适时撤土和培土

花生伏果为过熟果，由早期花形成，亦属无效果。露地花生可在初花期进行中耕撤土控针，加大果针与地表的距离，推迟果针入土时间，再于下针盛期进行培土迎针，花生封垄时，划锄垄沟，能起到减少伏果、预防烂果、增加饱果的作用。

（3）合理施肥

一般花生目标单产 4 500～6 000 kg/hm² 时，应施优质土杂肥 60～75 t/hm²，如果土杂肥不足，可结合使用 750～1 500 kg/hm² 生物有机肥；要达到单产 6 000～7 500 kg/hm² 时，施肥量在上述基础上递增 30%左右。土杂肥可于深耕时铺施，生物肥撒于播种沟内。同时，也可配施适量的农用石灰、硫酸钾、天然磷酸盐和微量元素矿盐。

（4）及时排涝

多雨年份，花生徒长，可人工摘除主茎与主要侧枝生长点，抑制生长。注意摘除部分的大小，以刚去掉生长点为宜。在中后期遇汛期，要健全排涝系统，以免烂果。

（5）收集残膜

地膜覆盖田，花生收获后，如不收集残膜，将造成土壤、环境和产品污染。据试验，覆膜一年的花生田全部地膜留在地里，下茬花生减产 12.7%；覆膜二年的花生田全部地膜留在地里，花生减产 17.0%。因此，覆膜有机花生田应在收获前 15 d 左右，人工将残膜拣净，返销回收。

（6）适时收获

收获过早影响产量，过晚部分荚果出现伏果和芽果，影响质量和产量。最佳收获期为茎蔓变黄，大多数花生荚果网纹明显，荚果内海绵层收缩并有黑褐色光泽，籽粒饱满，果皮和种皮基本呈现固有的颜色。收回的荚果及时晒干，确保不霉变，干后（含水量低于 9%）入库，按有机食品要求妥善保管。

（7）防止黄曲霉毒素污染

一要选用抗病品种；二要在生长后期（收获前 4～6 周）预防干旱；三要晾晒使花生

含水量低于 9%，降低入库时水分含量；四要降低贮藏环境温度、湿度和氧气浓度。

4.4　病虫害防治

（1）地下害虫

花生常会受到蛴螬等地下害虫的危害，其防治方法主要有：①冬季深耕或麦收后浅耕灭茬，造成不利于蛴螬生存的环境，同时耕翻也能起到机械杀伤的作用；②结合翻耕或收获时人工随犁拣拾幼虫或成虫；③在越冬时蛴螬等地下害虫密度大的田块，播种期可适当推迟，使较多幼虫老熟后下移化蛹，减轻危害；④采用黑光灯、榆树枝、杨柳枝诱杀金龟子，减少虫源基数；⑤在幼虫孵化盛末期（山东在 6 月中下旬前后）将白僵菌菌粉 30 kg/hm^2 对土顺垄撒放或在垄两侧沟放至花生收获期。

（2）蚜虫

主要防治措施有：①利用蚜虫对黄色的趋性，在田间设置用深黄色调和漆涂抹的黄板，形状不拘（一般边长 40 cm 左右），面上抹一层机油，设置高度 1 m 左右，每隔 30～50 m 设一个，诱蚜效果较好；②用软皂液喷洒叶背面，或者用石灰+食盐水喷洒，防蚜效果均在 90%以上。

（3）鳞翅目害虫

中后期可能会有棉铃虫、造桥虫等害虫发生，可采用的防治措施有：①利用成虫的趋光性，每 3 hm^2 安装一盏杀虫灯诱杀；②在低龄幼虫发生期（山东主要是 6 月下旬至 7 月上旬），喷洒 *Bt* 制剂；③在成虫发生初期用木醋或竹醋水溶液喷于叶面，每隔 5 d 喷一次，连喷 3 次，可有效驱避成虫，降低虫口密度，减轻幼虫危害。

（4）病毒病

花生病毒病主要有轻斑驳、黄花叶、普通花叶、芽枯等不同类型的病害。除芽枯病主要由蓟马传播外，其他几种病毒病害均通过种子和蚜虫传播。防治措施主要有：一是采用无病毒种子，杜绝或减少初侵染源。无病毒种子可采取隔离繁殖的方法获得。二是选用豫花 1 号、海花 1 号、豫花 7 号等感病轻和种传率低的品种，并选择大粒花生作种子。三是推广地膜覆盖技术，地膜具有一定的驱蚜效果，可以减轻病毒的传播。四是及时清除田间和周围杂草，减少蚜虫等传毒媒介的来源。五是做好病害检疫，禁止从病区调种。六是药剂治蚜虫和蓟马传毒媒介。

（5）叶斑病

花生叶斑病以黑斑病和褐斑病为主。防治措施主要有：①轮作花生叶斑病的寄主比较单一，与其他作物轮作，可有效地控制病害的发生，一般轮作周期应在 2 年以上。②选用耐病品种。虽然目前生产上还没有高抗叶斑病的品种，但品种间的耐病性差异较大，一般叶片厚、叶色深的品种较抗病，在河南重病区宜选用豫花 1 号、海花 1 号、豫花 4 号和豫花 7 号等耐病性较强的品种。③减少侵染源。在花生收获后及时清除遗留田间的带有病菌的残体，不要随意乱抛、乱堆。对有病菌残体的地块应及时翻耕，以加速残体的分解，防止病菌再侵染花生。④药剂防治。当主茎叶片发病率达到 5%～7%时，用波尔多液（硫酸铜：生石灰：水为 1：2：150）或 0.3°Be 的石硫合剂叶面喷雾。另外，还可用干草木灰+石灰粉混合，趁早晨露水未干撒于叶面。以上药剂能兼治花生倒秧病等多种病害。

任务 2　有机蔬菜生产技术

任务介绍

有机蔬菜是指按照有机农业生产标准和规范，在生产过程中遵循自然规律和生态学原理，不使用化学合成的农药、肥料、除草剂和生长调节剂等物质及基因工程生物及其产物，采取一系列可持续发展的农业技术，协调种植平衡，维持农业生态系统持续稳定，且经过有机认证机构鉴定认可，并颁发有机证书的蔬菜产品。有机蔬菜种类繁多，其生产技术各有特点。尽管技术措施不尽相同，但在产地环境条件、生产用种、用肥以及防治病虫害等方面，有许多共同的技术标准和要求。通过本任务的学习，使学生掌握有机芦笋、有机西蓝花、有机茄子、有机黄瓜、有机大蒜等几类常见有机蔬菜的生产技术。

任务解析

有机蔬菜生产首先应合理选择生产基地，经检测合格后，选择抗病优质的蔬菜品种和种子，经播种或育苗后，采用科学的栽培管理制度，得到有机蔬菜。

知识储备

1　产地要求

有机菜园应当建立在肥力较高的土壤上，以轻壤土或砂壤土为佳，要求熟土层厚度不低于 30 cm，土壤质地疏松，有机质含量高，没有特殊障碍（如地下水位过高、土壤含盐量过高、pH 不适宜等）。基地的土壤肥力需要在检测各项指标的基础上，根据各因素的重要性进行综合评价，有机菜园的土壤肥力建议达到高肥力水平，若土壤肥力较低，则要增施有机肥，积极培肥地力，保证有机蔬菜生产的持续进行。

2　品种选择

在有机蔬菜栽培中必须选用抗病优质的蔬菜品种。品种的抗病性较强，可以减轻防治病害的压力。只要注意病害发生环境的控制并加强栽培管理，即可实现在不用农药的条件下控制病害的发生，保证基本产量，降低生产成本。

3　种植制度

有机蔬菜生产基地应采用包括豆科作物或绿肥在内的至少 3 种作物进行轮作；在 1 年只能生长一茬蔬菜的地区，允许采用包括豆科作物在内的两种作物轮作。

合理轮作、发展间套作是有机蔬菜生产中一项重要的技术措施。有机蔬菜间作、套作的基本原则如下。

1）利用生长"时间差"。选择作物生长前期、后期或利于蔬菜生长但不利于病虫害发生的季节套作。

2）利用生长"空间差"。选用不同高矮、株型、根系深浅的作物间作、套种。

3）利用引起病虫害的"病虫差"。在确定间作套种方式时，为避免病虫害的发生和蔓延，不宜将同科的蔬菜搭配在一起或将具相同病虫害的作物进行间作、套种。

4）利用病虫发生条件的"生态差"。综合"土壤-植物-微生物"三者关系，运用植物健康管理技术原理，选择适宜作物间作套种。一方面利用不同科属作物对养分种类的吸收不完全一致的特点，有利于保持地力和防止早衰；另一方面也使病原菌和害虫失去寄主或改变生存环境，减轻、消灭相互间交叉感染和病虫基数积累，使病虫害发生危害轻。此外也可利用不同作物喜阴、喜光等特性，达到阴阳互利。

间作、套种的类型主要有以下几种。

1）菜菜间作、套种。葱蒜类同其他科蔬菜间作；番茄和甘蓝套种；平菇与黄瓜、番茄、豆角间作等。

2）粮菜间作、套种。玉米与瓜果等蔬菜间作、套种，如玉米行内种黄瓜，可防止黄瓜花叶病发生；玉米行内栽种白菜，可减少白菜的软腐病和霜霉病的发生。

3）果菜间作、套种。葡萄与蘑菇、草莓间作栽培，枣树与豆类、西瓜等蔬菜间作。另外，还有桃与草莓间作、山楂与蔬菜间作、大棚杏与番茄间作栽培等。

4）花菜间作、套种。万寿菊、切花菊、郁金香、菊花、玫瑰等与蔬菜间作、套种。如万寿菊等与蔬菜间作后，可预防多种虫害。

5）草生栽培，即在作物的行间种植各种杂草或牧草，以增加生物的多样性，减少蒸发，保护天敌，培肥土壤，防治病虫杂草等。在日本的许多果园和菜地普遍种植苜蓿属植物红三叶草，生长到 30 cm 左右时进行割草作业，留 2～5 cm 长的基部，其他部分做堆肥后还田，以改善土壤结构提高土壤肥力。

6）林菜间作、套种。分林菌类、林菜类间作、套种等。

蔬菜间作、套种组合适宜情况参见表 5-1。

表 5-1　蔬菜间作、套种组合适宜情况

蔬菜	宜间作、套作作物	不宜间作、套作作物
番茄	洋葱、萝卜、结球甘蓝、韭菜、莴苣、丝瓜、豌豆	苦瓜、黄瓜、玉米
黄瓜	菜豆、豌豆、玉米、豆薯	马铃薯、萝卜、番茄
菜豆	黄瓜、马铃薯、结球甘蓝、花椰菜、万寿菊	洋葱、大蒜
毛豆	香椿、玉米、万寿菊	
（甜、糯）玉米	马铃薯、番茄、菜豆辣椒、毛豆、白菜	
南瓜	玉米	马铃薯
马铃薯	白菜、菜豆、玉米	黄瓜、豌豆、生姜
青花菜	玉米、韭菜、万寿菊、三叶草	
萝卜	豌豆、生菜、洋葱	黄瓜、苦瓜、茄子
菠菜	生菜、洋葱、莴苣	黄瓜、番茄、苦瓜
生姜	丝瓜、豇豆、黄瓜、玉米、香椿、洋葱	马铃薯、番茄、茄子、辣椒
洋葱	生菜、萝卜、豌豆、胡萝卜	菜豆

有机蔬菜栽培中间作、套种要注意的问题如下：

1）注意合理组配。在蔬菜的组配中必须考虑植株高矮、根系深浅、生长期长短、生长速度的快慢、喜光耐阴因素的互补性，选择能充分利用地上空间、地下各个土层和营养元素的作物间作、套种，并尽量为天敌昆虫提供适宜的环境条件。

2）注意种间化感作用。蔬菜在生长过程中，根系常向土壤中排出一些分泌物，如氨基酸、矿物质、中间代谢产物及代谢的最终产物等。不同种类的蔬菜，其根系分泌物有一定的差异，对各种蔬菜的作用也不同。因而在安排间作、套种组合方式时，要注意蔬菜间的生化互感效应，尽量做到趋利避害。只有掌握各类作物分泌物的特性，进行合理搭配、互补，才能达到防病驱虫的目的。

3）搞好病虫害的预测、预报。掌握作物病虫害发生规律、主要种类，危害、不危害的作物等情况。在此基础上，选择适宜作物间作、套种，注意在同一间作、套种组合方式中，各种蔬菜不能有相同的病虫害。

4）加强田间管理。注意协调作物对光、肥、水需求的矛盾。注意选择高产、易种（省工省力、病虫害轻）或肥水管理相近的作物间作、套种，并采用大、小畦或大、小行间作，适当加宽行距、缩小株距等方式，合理进行间作、套种。

5）培肥土壤。选择豆科蔬菜及绿肥等能利用根瘤菌固氮的作物间作、套种，有利于培肥土壤。

除了轮作、间作、套种外，其他系列的栽培技术也都需要有目的地综合运用。通过调整作物合理布局，选择适宜播种期、培育壮苗、嫁接换根、起垄栽培、地膜覆盖、合理密植、优化群体结构、合理植株调整等技术，创造一个有利于蔬菜生长发育的环境条件，使作物生长健壮，增强抗病虫杂草的能力，以达到优质、高产、高效的目的。

任务操作

1 有机芦笋生产技术

芦笋（*Asparagus officinalis* L.）又名"石刁柏"，以刚生出的嫩茎做蔬菜食用，质地脆嫩清香，是具有防癌、防病、抗衰老功效的新型药膳保健蔬菜，在国内外备受消费者的青睐。

（1）品种选择

选用抗病、萌芽早、生长速度快、嫩茎粗且匀称、头部鳞片紧密的绿芦笋和白芦笋兼用品种。种子应来自有机芦笋生产基地。若从市场上无法获得有机种子，可以选用未经禁用物质处理过的常规种子，但应制订获得有机种子的计划。禁止使用经禁用物质和方法处理的种子。种子纯度≥95%，净度≥97%，发芽率≥80%，水分≤8%。

（2）育苗

1）种子处理

用25～30℃温水浸种2～3 d。每天换清水2～3次。在浸种过程中，不得添加任何化学合成药剂。

2）催芽

种子吸胀后于25～28℃水中浸泡36 h，中途冲洗1～2次，同时换水。种子吸胀后于25～28℃条件下保湿催芽，每天用清水洗1～2次，种子40%～50%露白后即可播种。

3）育苗方式

采用营养钵育苗。营养土一般用过筛非种植芦笋的客土和腐熟有机肥配制而成，客土和腐熟堆肥或厩肥的比例为 3∶1（以体积计）。营养钵要求高 7～10 cm，上口径 7～10 cm。采用苗床育苗应做到表平土细，无坷垃，耕深 25～30 cm，畦边做宽 25～30 cm，高 20 cm 的土垄，整平畦面，每亩施有机肥 2 000～3000 kg。

4）播种

播种头天将营养钵浇足底水，播种时先在营养钵中间扎一个小孔，再将单粒已萌动种子播入小孔，随即盖上营养土，厚度为 1.5～2 cm。播种浇水，土壤相对湿度 60%～70%。

5）苗期管理

播种后要充分浇水，苗期土壤相对湿度 60%～70%，出苗后可适量施用高效有机肥提苗，防止烧苗，勤拔杂草，注意防治病虫害。

（3）开挖种植沟

开挖种植沟前应深耕整平，然后再开挖种植沟。按照行距开 40～70 cm 宽、40 cm 深种植沟，宜南北向开挖，挖沟时上、下层泥土应分开，回填时将上层熟土与基肥分层填入种植沟。开沟后每亩施有机肥 2 000～3 000 kg，菜枯饼 50 kg，生石灰 45 kg，起垄时先在大棚两头量好位置，每条沟用绳子拉两根线后清沟。畦面整成两边高、中间低呈"M"形，便于以后补肥，畦面高度 20 cm。

种植沟整成中间高，两边低的小拱形（板瓦形），移栽前灌水使其沉落，以备定植。种植田四周应开挖排水沟，使其排灌方便。

（4）移栽

1）移栽时间

营养钵育苗：一般播种后 60～80 d，芦笋苗长至 3～5 支地上茎，5～8 条贮藏根叶即可带土移栽。

露地育苗：一般是春季播种，早秋定植；秋季播种，翌春定植。

2）种植密度

行、株距：宽行 140～150 cm、窄行 60～80 cm，株距 25 cm，每亩植 2 000～3 000 株。

3）移栽方法

移栽前将苗按大小分级，壮苗和弱苗分开移栽，不宜混栽，移栽深度为 5～15 cm。栽时要求贮藏根要伸展，移栽后要浇透水确保成活。

（5）田间管理

1）留母茎

应依据不同采收方式、笋龄、时期和根盘大小适量留母茎。

根据不同笋龄、时期和根盘大小适量留母茎，选粗壮嫩茎留母茎，春季留茎 3～5 根、夏季留 5～8 根，留母茎采笋时，田间应打木桩并用绳子将植株固定或适时封顶以防倒伏，适时打顶（1.6 m 打顶）。

2）培土

在采收芦笋时期视土壤情况分次培土，使墒面上窄下宽，墒面宽 30～45 cm，下宽 45～60 cm，高度 25～30 cm。

3）中耕除草

结合追肥中耕除草，保持土壤疏松，中耕时应避免伤及地下嫩茎和根系，适量覆土，采用人工勤锄方式除草。

4）整拔清园

留母茎前、采笋期间及冬季地上部枯萎后应及时将病枯枝及残茬拔除，并带离芦笋地集中销毁，夏季（8月中旬）换茎，冬季（1月上旬）清园。

5）水分管理

浇水应根据作物生育期、降雨、土质、地下水位、空气和土壤深度状况而定。

幼苗期：移栽后及时浇水，浇水原则为"勤浇少浇"，使土壤持水量保持在60%左右。

采笋期：留母茎时土壤相对湿度保持在50%左右。留母茎采笋时土壤相对湿度保持在70%左右。留母茎前（采光头笋）采笋时，土壤相对湿度保持60%左右。

休眠期：植株休眠前灌透水一次，但田间不宜积水。

植株休眠前浇一次透水，防止田间积水，使用滴灌（水肥一体化）。

6）施肥

基肥：每亩在种植沟内施腐熟有机肥2 000～3 000 kg。年施两次，即冬笋采收结束后施第一次，6—7月拔除老茎清园施第二次。

追肥：追肥用量和时间应根据土壤肥力、生育时期和生长状况而定，但每季应施一次。苗期注意平衡施肥。

（6）病虫害防治

茎枯病、茎腐病、根腐病等病害的防治主要通过选择地势高、排水良好的地段栽培，以减少病害的发生。土壤消毒、适时摘心、雨季要注意排涝，防止田间积水。清洁田园，割除病茎，浇毁或深埋。田间覆盖地膜，控制氮肥，防止生长过旺。设施栽培只要保持田间通风和大棚覆盖完整，很少发生茎枯病。

虫害主要通过田间挂银灰色反光膜避蚜防病毒，安装黑光灯、高压汞灯、频振式杀虫灯诱杀害虫成虫，田间插设杨树枝把、谷草把诱集黏虫，设黄板诱杀蚜虫、白粉虱等。

草害防治主要采取覆盖地膜、种养结合（养鹅除草）、机械打草、人工除草等措施。

（7）采收

根据不同栽培方式适时适量采收，芦笋应在出土后至笋头散开前采收。采收后应放于阴凉处并在2 h内送往加工厂。采收时间：2月中旬—11月初，240～260 d。

采收方法：采取拔、割采收方式。

2　有机西蓝花生产技术

西蓝花（*Brassica oleracea* L.var. *italica* Plenck）又名绿花菜、青花菜，以绿色花球供食用。因其风味好，营养价值高，深受国内外消费者的喜爱。花球由短缩的花枝和花蕾聚合而成。以秋、冬季栽培为主，春季也可栽培，夏季栽培困难。

（1）品种选择

西蓝花品种多为杂交而成，依定植至收获天数多少通常分为特早熟（60 d以内）、早熟（60～70 d）、中熟（70～90 d）、晚熟（90 d以上）四大类。品种选择应根据种植季节而定，按种植季节不同分为秋冬季西蓝花（夏秋季播种、冬春季采收）和春西蓝花（冬春季播种、春夏季采收)。秋冬季西蓝花播种适期:特早熟一般在 7 月下旬,早熟在 8 月上旬,中熟在 8 月中下旬,晚熟在 9 月上中旬。春西蓝花品种:优秀(1 月中下旬播种,4 月底至 5 月初采收)、蔓陀绿(12 月中旬播种,4 月下旬采收)。

(2)育苗

育苗方式:采用穴盘保温育苗,叶龄 4.0～5.0 叶,秧龄 45～50 d。

苗床整理:选用畦面平坦、取水方便而又不受淹的田块,采用穴盘育苗。基质选用草炭和珍珠岩,二者比例为 3:1。

(3)定植

1)整地施肥

为了满足西蓝花前期早发快长及各生长期对肥料的需求,不仅需要选择保水保肥性强、疏松肥沃的壤土,还需要选择充分腐熟的优质有机肥作为基肥。定植前 15 d 翻耕,在整地过程中,基肥可以翻入土壤中层,要求每亩施有机肥 1 500～2 000 kg。实际上,西蓝花对硼肥具有较大的需求量,每亩需要施加硼砂 0.5 kg。整地要求深沟高畦,畦宽连沟 2 m,沟宽 0.3 m,并要开好深腰沟。

2)定植

密度:每亩种 2 200～2 400 株,即每畦 4 株,株距 0.50～0.55 m。

种植:种植可全天进行,大小苗要分开。对边耕边种畦面松散而干燥的田块,应先种苗,待墒情好转时再盖膜并破膜出苗;对种时畦面紧实、墒情较好的田块,要先盖膜后种苗。

选膜:薄膜要选用抗戳拉能力较强的优质产品,规格为厚度 0.014 mm、宽度 2 m。

盖膜:盖膜时,薄膜四周封土要实,植株周围也要用土封好,但中间部分尽量少盖泥。

(4)肥水管理

西蓝花对氮的需求最高,钾次之,具体施肥时可根据西蓝花不同生长发育期的需肥特性针对性采取施肥措施。西蓝花的生长周期可分为苗期、莲座期、花蕾期及花球形成期 4 个阶段。西蓝花在生长前期对于氮、磷、钾等元素需求不高;莲座期后直至花蕾中后期,对于各种营养物质的需求将不断升高,此时需要补充大量的营养物质以使得花球吸收充分的营养而饱满;花球形成期是西蓝花生长过程中最重要的时期,对磷、钾元素的需求量非常高,因而应及时补充磷、钾肥。另外,还应在这个时期对西蓝花补充适量的微量元素,以保证西蓝花健康生长。

西蓝花定植后至花球成熟阶段一般需要追肥 3 次。莲座期要求施有机堆肥或者沼液肥适量(相当于每亩硫酸钾 5～6 kg、尿素 10～11 kg),以达到促进花蕾分化、花芽和花球形成的目的;花球形成初期施肥量略高于莲座期,以达到防止花茎空心、促进花球快速膨大的目的;花球形成中期,施肥量同莲座期。

雨水较多时,除浇好定根肥水外,一般无须再浇灌水,但应注意做好清沟排水工作。

(5)病虫害防治

褐茎病是系霜霉病菌危害所致。可用石硫合剂 600～800 倍液防治 2 次,防病效果可达 90%。

(6)采收

1)适时采收。当花球大小达收购标准时就应采收,采收应分期分批进行,晴热天一般在上午 9 时前结束采收,阴雨天可全天采收。

2）采收方法。用菜刀或西蓝花收割专用刀收割。收割时花茎长度应不短于18 cm，且要带叶平割，花球撕去大叶后用塑料筐及时装运到加工企业，严防损伤、污染或失水变质。

3　有机茄子生产技术

茄子（*Solanum melongena* L.）产量高，适应性强，供应期长，我国广泛栽培，为夏、秋季主要蔬菜。长江流域从5—6月可持续采收至7—8月，甚至8—9月。茄子不仅可以炒食，而且可制茄干、茄酱及腌渍等。

（1）品种选择

常见品种如北方地区有北京的六叶茄、天津的大民茄、辽宁的辽茄3号、吉林的长茄1号、黑龙江的齐茄3号、内蒙古的内茄2号、山东的鲁茄2号、济南长茄、河南的安阳大红茄、新乡糙青茄等20多个。长江流域及其以南地区有苏崎茄、紫长茄、湘杂1号、6号、湘早茄、上海条茄、鄂茄1号、黑丰长茄等。大体上，北方多为圆茄类型，南方多为紫长茄类型。不同产区应根据各自的实际与需求，选择适应性和抗性强的品种。

（2）育苗

随着工厂化穴盘育苗技术在我国的应用与推广，提倡直接采用经过认证机构认证的商品有机穴盘苗。

1）育苗设施与育苗床土准备

采用塑料大棚（中棚）套小拱棚设施育苗。育苗场地要求阳光充足、地势高燥、水源充足、排灌两便、无连作病害，土质要求疏松、肥沃、富含有机质。育苗用床土应提前准备。按土壤50%～70%，河泥、塘泥、腐熟厩肥20%～30%，草木灰5%～10%，腐熟人粪尿5%～10%的比例配制育苗用床土，另外掺入一定量的煅烧磷酸盐，在夏季高温季节，择晴天将床土平摊水泥地上，厚5～10 cm，利用日光消毒1周后备用。

2）浸种催芽

播种前，先将种子用50～55℃温水浸种15～20 min消毒，并不断搅拌。然后，将种子立即移入30℃温水中，继续浸种12～24 h，其间换清水1次。之后，置30℃下保湿催芽，5～6 d出芽。催芽过程中，翻动种子数次，并用25℃清水淘洗1～2次。

（3）苗床播种

长江流域一带，茄子育苗播种期可为10月中旬至11月上中旬。每亩大田约需种子50 g，每10 m² 苗床可撒播种子110～140 g。苗床宜按2 m（包沟）宽开厢作畦，其中畦沟宽50 cm，深15～20 cm。畦面整平、细碎后，铺育苗用床土，厚6～8 cm，并轻轻压实。然后充分浇透底水，并保证不同部位水分分布均匀（可在浇水前于畦面四周起5～8 cm高的小垄拦水）。待底水下渗后，再撒一层细土，即可播种。播种后，再盖细碎床土一层。最后在畦面覆盖一层地膜，并覆小拱棚。播种工作宜于晴天上午进行，以利升温。

（4）苗期管理

1）播种至齐苗：重点是保温、保湿。密闭苗床，大棚、小拱棚均不通风。棚内温度以25～30℃为宜。开始出苗后，揭去地膜，并撒消过毒的细碎干床土，防止床面板结和开裂，降低温度。无论阴天、雨天还是晴天，小拱棚上的保温草帘都应早揭晚盖，以增加光照。这也是整个苗期管理过程中的一条原则。

2）齐苗到分苗前：此期中心是降温通风，防止徒长、倒苗和冻害。昼温以22～25℃

为宜，夜温以 16～20℃ 为宜。气温低时，除夜晚在小拱棚上覆盖草帘外，还可采用双层薄膜覆盖。此期也可在苗床上撒覆细碎干床土，每次 0.5 cm 厚，效果良好。要求及时剪除伤病苗、畸形苗，幼苗过弱时，可用含氨基酸叶面肥料进行追肥。

3）分苗：可分苗 1～2 次，一般 1 次即可。分苗 2 次者，分别于 1～2 片真叶、3～4 片真叶时进行，时间为 2 月中旬至 3 月上旬，或将第一次分苗提早到 11—12 月进行。分苗工作宜择晴朗、无风天气及冷尾暖头天气，在中午温度较高时进行。分苗前 2～3 d，宜将棚温降低 3～5℃，进行低温锻炼，并于分苗前一天或当天上午浇水一次，便于取苗，少伤根系。第一次分苗行距 15 cm，株距 8 cm 左右；第二次分苗行株距均为 15 cm。用营养钵分者，营养钵直径宜 8 cm 左右。要求随起苗、随分苗，分苗后立即盖塑料小拱棚和大棚，保持土壤、空气湿度。分苗 2～3 d 内，均以保湿为主，幼苗中心叶开始生长时，再揭膜通风降湿。

4）分苗后到定植前：此期天气变化大，重点是改善光照、营养等条件。要求密切关注天气预报，及时通风降温或覆盖保温，防止 35℃ 以上高温伤害和 5℃ 以下低温伤害。早揭晚盖草帘、薄膜，增加光照。苗床基肥不够、幼苗过弱时，可追肥一次，每亩宜用腐熟人粪尿 100 kg，加水兑成 10% 的肥水浇施。定植前 15 d 左右开始降温，在不受冻害的前提下夜温可尽量降低，至定植前 3 d 左右（应无霜冻）时，夜间可完全不盖。从定植前 10 d 左右开始，减少浇水次数。降温控水的目的是炼苗，增强秧苗适应大田环境的能力。需要注意的是炼苗时要防冻避雨，防止过度低温或干旱抑制幼苗发育，甚至使苗老化。

茄子秧苗已现花蕾或少数秧苗已开花时为适宜定植苗龄。

5）苗期病虫鼠害防治：猝倒病、立枯病通过加强种子和苗床消毒，加强苗期温、湿度管理等措施预防，发病时及时拔除病株；沤根通过防止低温和高湿来防治；鼠害通过密闭苗床四周来防止老鼠进入及放置鼠夹捕杀等措施防治；蜗牛主要采用人工捕杀。

（5）大田准备

有机茄子栽培以排水良好的肥沃砂质壤土为宜。整地时，应做好田园清洁，耕深宜为 25 cm 以上，耕耙 2～3 次，并充分冻垡。选地势高燥、排灌便利地块，深耕冻垡。基肥每亩宜施腐熟人粪尿 2 000 kg，或腐熟大豆饼肥 160 kg，或腐熟花生饼肥 180 kg 或腐熟棉籽饼肥 330 kg，以及磷矿粉 60 kg 和硫酸钾 10 kg，施肥后耕翻耙平。按 1.2～1.3 m 包沟开厢，沟宽 40 cm，畦面宽 80～90 cm，畦高 15 cm。要求畦面平整，土块细碎，并覆盖地膜。施肥、整地、盖膜工作要求连续操作，并于 3 月中旬完成。

（6）大田定植

大田定植时期宜为 3 月下旬至 4 月上旬，择冷尾暖头天气进行。每畦 2 行，行距 45 cm，株距 40 cm。浇清水或 10% 稀薄腐熟人粪尿水定根，并随即用土封严定植孔周围薄膜。

（7）大田管理

1）肥水管理。缓苗至开花期适当控水，门茄坐果后浇水量适当加大。对茄和四门斗茄结果时期为植株生长结果盛期，应保证水分灌溉。若田间因雨积水，要及时排尽。追肥施用应符合《有机产品 生产、加工、标识与管理体系要求》（GB/T 19630—2019）的规定。对于从开花到果实商品成熟需 30 d 左右的品种，可于开花初期追肥一次，每亩用腐熟人粪尿 150 kg 兑水稀释后浇施植株根际。此外，还可叶面喷施 1% 草木灰水浸出液，或质量符合技术要求的含氨基酸或含微量元素的叶面肥。

2）植株调整。茄子一般不行整枝，只抹去门茄以下近根部附近的几个侧枝，以利通风。有时，门茄下有一侧枝长势较旺，也可留之结果。对于展开 30 d 以上的老叶，可摘除部分。结果后期或拔秧前 15～20 d，可采取打顶措施。

3）病虫害防治。褐纹病和绵疫病宜用 1∶1∶200 波尔多液喷雾一次预防。黄萎病宜用有效浓度 200 mg/kg 的抗霉菌素 120 药液，于播种和大田定植前处理土壤，每亩用药 300 kg，抑制病害发生，或于发病初期用 50%多硫悬乳剂 500 倍液灌根一次，每株 0.5 L，安全间隔期 10 d。采用抗病砧木嫁接育苗，也是防治黄萎病的有效措施。

虫害可用频振式杀虫灯、黑光灯、高压汞灯、双波灯等诱杀，还可用昆虫性信息素、黄板或白板诱杀。小地老虎等宜用黑光灯诱杀成虫。红蜘蛛和茶黄螨宜用苦参碱 0.2%水剂 300～400 倍喷雾防治，安全间隔期 20 d。蚜虫等宜用苦参碱 1%水剂 600～700 倍喷雾防治，安全间隔期 20 d；或用 2.5%乳油鱼藤酮 400～500 倍喷雾防治，安全间隔期 30 d。田间铺挂银灰膜也可驱除蚜虫。

（8）采收

实际生产中，采收期主要由栽培者根据经验决定。一般可看萼片与果实相连的地方，此处有一丛白到淡绿色的带状环（俗称"茄眼睛"）。该带状环宽，则表示果实生长快；若环带不明显，则表示果实生长缓慢，为适宜采收期的标志。

4 有机黄瓜生产技术

黄瓜（*Cucumis sativus* L.）又名胡瓜，以幼果为产品器官，生食、熟食、腌制均可，产量高，供应期长，品种丰富，我国南北均广泛栽培，为主要的瓜类蔬菜之一。

（1）大田准备

要求富含有机质、肥沃而保水保肥力强的土壤，以黏质壤土为宜。土壤适宜 pH 为 5.5～7.6。绿肥作物宜在整地 20 d 以前直接翻压还田。整地前宜充分冻垡或晒垡，并清除前茬残体，耕深为 20 cm 以上。基肥宜每亩施用腐熟厩肥 2 500～3 000 kg、草木灰 100 kg 或硫酸钾 15 kg。宜采用深沟高畦，畦面宽 80～90 cm，畦沟宽 40 cm，畦沟深 20～25 cm。

根据生产目的及设施条件可分为冬春早熟栽培、春季早熟栽培、春季露地栽培、夏秋露地栽培等。冬春黄瓜前茬以选择用肥较多的白菜、甘蓝类为宜；夏秋黄瓜前茬选择豆类、葱蒜类、绿叶菜类为宜。

（2）品种选择

宜选用的黄瓜品种如津研 7 号、津春 5 号、津优 4 号、津美 1 号、中农 13 号、鄂黄瓜 1 号、华黄 2 号、新泰密齿刺、早青 2 号、鲁黄瓜 1 号、龙杂黄 1 号等近 30 种。各有机食品产区可选择应用。

（3）育苗

1）营养土配制。宜采用无菌菜园土或肥沃的大田土 4～5 份，加腐熟土杂肥 5～6 份，每 1 m³ 肥土加钙镁磷肥 3 kg、硫酸钾 0.3 kg，充分混合，配成育苗营养土，堆放备用。每亩需营养土 2.6～3.0 m³。钙镁磷肥与硫酸钾应分别符合《有机产品 生产、加工、标识与管理体系要求》（GB/T 19630—2019）的技术要求。播种前一个月，将苗床深翻炕晒，充分耙匀。播种前宜将营养土均匀铺垫，或用 8 cm×8 cm 营养钵装入 3/4 的营养土后排放于苗床上。冬春及春季黄瓜需用塑料大中棚或小拱棚保温育苗，夏秋黄瓜需用荫棚降温育苗。

2）种子处理。先用 50～55℃ 热水浸种 20 min，不断搅拌，再用 30℃ 温水浸种 5 h，然后取出沥干，用干净布袋包好，在 25～30℃ 的温度下催芽 2 d 左右。催芽期间，每隔 12 h 清洗一次，当有 70% 的种子发芽时，即可播种。

3）播种。播种前，苗床或营养钵应浇足底水，待水下渗后撒一层细土。播种时，将种芽朝下，均匀播在苗床上或营养钵正中，播后覆盖 1 cm 厚的培养土。冬季播种后应覆盖地膜和盖好大棚，保持棚内空气昼温 25～30℃、夜温 20℃ 以上，地温 20～25℃。夏秋季播种后宜遮阴，畦面上盖稻草或遮阳网降温保湿。

4）苗期管理。春季黄瓜播种后 2～3 d（出苗率达 70% 以上）时揭去地膜，加大通风，适当降低苗床的温度和湿度，昼温 10～20℃，夜温 10～14℃。第一片真叶出现时，宜将夜温提高至 12～16℃。第一片真叶平展后，昼温 25～28℃，夜温 14～16℃，逐渐降至 8～10℃。夏秋黄瓜出苗后及时除去畦面上的覆盖物。春播黄瓜苗期要控制浇水；夏秋播黄瓜苗期要保持土壤湿润，浇水宜在清晨和傍晚进行。

（4）大田定植

春季苗龄 30～35 d，夏季苗龄 15 d 左右，即 3 叶 1 心时带土移栽。移栽前 1 d，宜用清水或 5%～10% 腐熟稀薄粪水浇透苗床或营养钵，待叶面水分干后起苗。大田定植密度宜为株距 23～25 cm，行距 45～50 cm。春季宜选晴天无风时进行定植，夏秋季宜在傍晚进行定植，要求边起苗、边定植、边浇定根水。

（5）大田管理

1）温湿度管理。春季采用大棚栽培时，定植后宜闭棚 2～3 d，以利提高地温。棚内气温宜保持昼温 25～30℃，夜温 20～22℃；缓苗后气温宜为昼温 25℃ 左右，夜温 15℃ 左右。28℃ 时开始通风，降至 20℃ 时闭棚。随气候变暖，加大通风量，宜于 4 月中旬揭开大棚裙膜，留顶膜。

2）插架绑蔓。植株高 10～15 cm 时，进行插架，架材高宜 2.0 m 以上，每穴一根。蔓长 30 cm 绑一道，以后每隔 3～4 节绑一道。

3）追肥。缓苗后 10 d 左右，每亩穴施鸡粪 100 kg，并浇小水。然后松土促根控秧。白天温度 22～27℃，夜间 13～18℃。株高 10～15 cm 时吊绳、盘头、打须、打杈。植株 2～3 片真叶时，开始追有机肥。黄瓜根的吸收力弱，对高浓度肥料反应敏感，追肥以"勤施、薄施"为原则。每隔 10～15 d，每亩用 100 kg 鸡粪加 200 kg 水浸泡两天后的过滤液滴灌一次。叶面可以用符合含氨基酸叶面肥料和含微量元素叶面肥料技术要求的叶面肥进行适时喷施。

4）灌溉。春季大棚黄瓜在移栽后 5～7 d 浇一次缓苗水，根瓜坐瓜后浇一次水，始收期 5～7 d 浇一次水，盛瓜期 3～4 d 浇一次水，采收后期减少浇水次数。浇水后要加强通风排湿。

春季露地黄瓜移栽成活后浇 1～2 次缓苗水，坐瓜前控制浇水，结果期增加浇水量。浇水可采取引水浸灌，随灌随排。雨水较多时应加强清沟排渍。夏秋黄瓜要注意保持土壤湿润，小水勤浇。结果期结合追肥及时灌水，灌水宜在早晚进行，随灌随排。

5）中耕除草。在黄瓜生长前期，要适时中耕，宜结合进行除草。中耕宜先深后浅，并适当培土。

6）病虫害防治。病害防治措施主要包括：前茬作物收获后及时清洁园田，深翻冻垡晒垡晒田，每亩施入石灰 50～75 kg；及时排除渍水，适时摘除下部老叶、病叶；采取黑籽南瓜嫁接换根栽培，控制枯萎病、疫病的发生；大棚黄瓜采取 45～50℃高温闭棚 2 h，再逐步敞开通风，防治黄瓜的霜霉病、白粉病、炭疽病、白粉虱等；及时清除中心病株，减少病源，减轻霜霉病、炭疽病、疫病发生。枯萎病可每亩用 2%农抗 120 水剂 200 mL 对水稀释后喷雾。霜霉病、炭疽病、白粉病等可用 50%春雷氧氯铜（加瑞农）可湿性粉剂 800 倍喷雾，安全间隔期 10 d。

虫害可用频振式杀虫灯、黑光灯、高压汞灯、双波灯等诱杀，还可用昆虫性信息素、黄板或白板诱杀。蚜虫等可用苦参碱 1%水剂 600～700 倍喷雾防治，安全间隔期 20 d；或用 2.5%乳油鱼藤酮 400～500 倍喷雾防治，安全间隔期 30 d。田间铺挂银灰膜亦可驱除蚜虫。

（6）采收

黄瓜一般在谢花后 8～10 d 采收。前期每隔 3～4 d 采收一次，盛果期 1～2 d 采收一次。采收过程中要轻拿轻放，避免损伤瓜条。采收后用洁净水清洗干净，置阴凉处晾干。有机食品黄瓜的包装应符合《有机食品生产技术准则》的相关规定。

5 有机大蒜生产技术

大蒜（*Allium sativum* L.），又名蒜，其幼苗、花茎和鳞茎分别称青蒜、蒜薹和蒜头，均可食用。不仅用以佐餐，还可做各种腌渍品、调料和大蒜粉等。其所含蒜素成分有很强的抑菌和杀菌性能。

（1）品种选择

大蒜品种依蒜瓣大小可分为大瓣蒜和小瓣蒜，依蒜薹发达与否可分为有薹蒜和无薹蒜，依熟性可分为早、中、晚熟等。一般根据皮色分为白皮蒜和红皮蒜。白皮蒜蒜瓣小、瓣多，品种如山东苍山大蒜（晚熟、有薹）、湖北吉阳大蒜（晚熟、有薹）、枝州白皮大蒜（有薹）、上海无薹大蒜、狗牙蒜（晚熟、有薹）、来安大蒜（早熟、有薹）、内蒙古白皮蒜（有薹）；紫皮蒜蒜瓣大、瓣少，品种如成都二水蒜（中熟、有薹），陕西蔡家坡红蒜（中熟、有薹）、湖北襄樊红蒜（中熟、有薹）、内蒙古紫皮蒜（晚熟、有薹）、内蒙古红皮蒜（晚熟、有薹）、黑龙江宁蒜 1 号（晚熟、有薹）、河北定县紫皮蒜（早熟、有薹）、山东嘉祥大蒜、苏联蒜（早熟、有薹）等。各地应根据当地环境条件、品种特性等因素确定适宜的品种。

（2）大田准备

对土壤要求不严，但以富含腐殖质而肥沃的壤土为宜，适宜大蒜生产的土壤 pH 为 5.5～6.0。基肥每亩施肥量指标为氮 8.6 kg、磷 7.4 kg、钾 8.6 kg。宜每亩施腐熟人粪尿 1 000 kg、磷矿粉 50 kg 和硫酸钾 7.5 kg，或腐熟鸡粪 370 kg、磷矿粉 25 kg 和硫酸钾 7.5 kg，或腐熟猪厩肥 1 300 kg 和磷矿粉 25 kg，或腐熟牛厩肥 1 800 kg 和磷矿粉 25 kg。整地前，清除前茬残体。犁、耙数次，作深沟高畦，畦宽 1.5～2.0 m 为宜，要求土块细碎，畦面平整。春播地区要求冬前耕耙整地、作畦或打垄，冻前灌水，保持底墒。

（3）种蒜准备

1）种蒜选择。为选留种蒜，一般应在上季产品收获时，根据品种特征，先在田间选植株、选蒜头；播种前再次选蒜瓣，选择健壮无病虫危害，形正饱满的蒜瓣做种，并对选中蒜瓣按大小分级。

2）种蒜处理。为促进发芽，提早供应，可进行种蒜播前处理，打破休眠。方法：剥蒜皮，即剥除部分或全部蒜皮，以利水分吸收，气体交换，促进早发芽；浸泡，即将蒜瓣置水中浸泡 1～2 d，待其吸水后播种；低温处理，即将蒜瓣置 0～4℃下处理 30 d。

（4）大田播种

1）播种时期。南方秋播，华北可秋播或春播，东北春播。秋播宜在 9—10 月，翌年 5—6 月收获蒜头。春播时间宜为 2 月下旬至 4 月下旬，6 月下旬至 7 月上中旬收获蒜头，愈北愈迟。长江一带，秋播时间常因栽培目的不同而不同。作蒜头栽培者，9 月中下旬播种，翌年 6 月上中旬采收。作青蒜栽培者，可在 8 月中旬开始播种，当年 11—12 月开始采收。武汉地区凉棚大蒜栽培时，可在 7 月播种，播后设凉棚遮阴；作青蒜栽培，可在 8 月中下旬播种；作蒜头栽培，可在 9 月上中旬播种。原则上，在适宜播种期内，宁早勿晚。

2）播种方法。要求根据蒜瓣按大小级别，分别播种。收蒜头者，行距 15～25 cm，株距 10～15 cm，每亩种蒜用量宜为 50～125 kg；收青蒜者，行距 15 cm，株距 4～6 cm，每亩种蒜用量宜为 250～350 kg。播深宜为 3～4 cm。按预设行距逐行开沟排种，或打孔播种。秋播者宜干播，即先播后镇压，再浇水。早春播种者，先开沟灌水，播后覆土。南方地区，播后常于畦面覆稻麦等秸秆保湿降温，且草不揭除。亦可覆遮阳网，出苗后揭除。

（5）大田管理

1）中耕。幼苗两叶生时，第一次中耕锄草，要求浅、薄、匀、细。第二次中耕稍深，但不要超过 5 cm。一般中耕 3～4 次。秋播大蒜宜在 12 月下旬前结束中耕。

2）浇水。大蒜根系浅，喜湿怕旱。播种前后，对土壤湿度要求较高；幼苗前期适当控水，防止烂种，以松土保墒为主，土壤过干时则浇水；幼苗后期提前灌水，促进长苗；花茎伸长期和鳞茎膨大期，需水最多，要求经常保持土壤湿润，至接近成熟期则降低土壤湿度。秋播大蒜越冬前，宜灌大水一次，提高土壤湿度，促进根系生长，同时有保温作用。北方秋播大蒜封冻前，地面应盖草保温，以利幼苗安全越冬。翌春 2—3 月返青期，浇一次返青水。花茎伸长期，要及时满足水分要求，尤其遇旱时应及时浇水。蒜薹采收前 3～5 d 停止浇水。

3）追肥。出苗后宜及早追肥，以腐熟人粪尿或氮肥为主。秋播大蒜越冬前及翌年 2 月中下旬各追肥一次，每亩宜用腐熟人粪尿 150 kg 对水稀释后浇施。新蒜瓣开始形成后，每亩宜用硫酸钾 5 kg 化水浇施一遍。

4）病虫害防治。虫害可用频振式杀虫灯、黑光灯、高压汞灯、双波灯等诱杀，还可用昆虫性信息素、黄板或白板诱杀。实际上，大蒜病虫害少，一般可以不用药防治。通过选用抗病品种、合理轮作、加强管理、施用有机肥等措施，可以达到不用药防治的目的。

（6）采收

青蒜可从出苗后 50～60 d 起采收，长江流域一带可从 11—12 月采收至翌年 3 月中下旬，分批进行，每亩产量 2 000～3 500 kg。蒜薹一般在花序苞片伸出叶鞘 5～10 cm 时采收，每亩产量 250～400 kg。用剖茎法收蒜薹，可早采上市，且产量较高，但影响蒜头产量。蒜头一般在蒜薹采收 20～30 d 后收获，秋播大蒜每亩产蒜头 1 000～1 500 kg，春播大蒜每亩产蒜头 750～1 000 kg。

任务 3 有机果品生产技术

任务介绍

有机果品是按照有机生产方式生产的并符合标准，且经过认证的果品。有机果品在生产中最基本的要求是在施肥、防病虫、控制杂草等管理中禁止使用人工合成的化肥、杀虫剂和除草剂等现代农业投入品，而是通过有机的、生物的、物理的手段来控制病虫的发生与蔓延。通过本任务的学习，让学生掌握有机苹果、有机脐橙、有机沙田柚、有机龙眼等果品的种植生产技术。

任务解析

有机果品的生产，首先应进行生产基地的选择和建设，然后选择优良品种及种苗，经整地、施肥、定植后进行科学的果园管理，采收经初级处理后得到有机果品。

知识储备

1 基本要求

有机果品生产必须满足的条件：①生产基地在最近 3 年内未使用过农药、化肥等。②种苗为非转基因植物。③生产单位需建立长期的土地培肥、植物保护计划。④生产基地无水土流失及其他环境问题。⑤果品在收获、清洗、贮存和运输过程中未受化学物质的污染。⑥从种植其他作物转为有机果树种植需要两年以上的转换期（新开垦荒地例外）。⑦有机生产的过程必须有完整的档案记录。其中，果树有机生产最基本的要求是在施肥、防病虫、控制杂草等管理中禁止使用人工合成的化肥、杀虫剂和除草剂等现代农业投入品。

2 土壤和品种选择

有机栽培技术中土壤管理的基本原理是，充分发挥土地的活力，提高土地自身的机能，以改善土壤的物理性状，利于根的旺盛生长，防止病虫害侵入。土壤管理的基本技术是，在不破坏土壤结构的前提下，疏松、改良土壤，增加土壤有机质含量，创造正常的物质循环系统和生物生态系统，保证果树健康生长发育，提高产量与品质。

选择适宜果树生长的地点是果树有机生产成功与否的重要基础。在种植之前必须明确该地是否符合有机生产的环境要求、是否最适宜该品种果树生长，此外，还要调查所选园地是否存在难以根除的杂草。

选择抗性品种是有机栽培者应对逆境胁迫、病虫害危害的重要措施之一。如桃细菌性斑腐病，最佳控制方法是选用抗性品种。目前还没有发现对直接以果实为食的节肢动物害虫的遗传抗性资源，但是对间接危害果实害虫的抗性资源有很多，如抗蚜虫的树莓、抗葡萄根瘤病的砧木、抗螨虫的草莓品种、抗线虫的桃砧木等。

3　地表管理

果园地表或行间管理有清耕、种植覆盖作物或用有机废料覆盖等方法，以增加生物的多样性、减少蒸发、保护天敌、培肥土壤、防治病虫和杂草等。日本的许多果园普遍种植红三叶苜蓿，此外还有白三叶、草木樨、禾本科绿草等。当草生长到 30 cm 左右时留 2～5 cm 刈割。割草时，先保留周边 1 m 不割，给昆虫（天敌）保留一定的生活空间，等内部草长出后，再将周边杂草割除，割下的草直接覆盖在树盘周围的地面上。这样，可以减少对土壤结构和微生物环境的破坏，减少水土流失，降低物质投入。美国有机果树种植中采用的农用纺织品覆盖，其透气、透水，能抑制杂草生长，正在替代非可透塑料覆盖，并用于多年生果树栽培中。

4　肥料管理技术

为提高有机栽培的果树产量与品质，需要增施有机肥，尤其是发酵肥料和腐熟的农家肥。常用的有机肥料如堆肥、厩肥、棉籽粉、羽毛、血粉等含有大量的不溶成分，肥效迟。为确保其足量降解，使果树适时获得营养，一般应在早春提前施用。当果树营养不足时，应用可溶性的有机肥料如鱼乳状液、可溶性的鱼粉或水溶性的血粉等进行叶面喷施。

日本琉球大学的比嘉照夫教授经过多年的研究，从土壤中发现并分离了大量的有益微生物，开发研制出了系列有效微生物（effective microorganisms，EM）产品，在日本及世界许多国家推广应用。EM 实际上是一群来源于自然的微生物，包括乳酸菌、酵母菌、光合细菌、放线菌等 10 属 80 种以上的微生物。在日本，常采用 EM 发酵有机肥料，也利用 EM 发酵农家肥和秸秆及所有的生活垃圾等。

5　杂草管理

在果树有机栽培中，控制杂草是田间管理的重要工作之一。主要措施有：①耕作。耕作主要用来控制行间杂草，同时也将覆盖作物翻耕到土壤中，耕作深度不宜过深，否则易损伤根系并且还会将土壤深层的杂草种子带到地表使之易萌发。②应用有机除草剂。如美国 Ringer 公司生产的除草剂 Superfast，是一种基于脂肪酸的钾盐，为一种非运转、接触型除草剂，对刚萌发的 1 年生杂草最有效，但对多年生或者已经长大的 1 年生杂草，需喷多次才有效。③养禽除草。草食鹅已用于草莓、越橘和树莓等果树的杂草控制，如在俄克拉何马州，有机栽培者用鹅成功控制了商业化规模草莓和越橘种植园的杂草，一般地，鹅对消除刚萌发的小草最为有效，它们最喜爱食用狗牙根和石茅这两种果园里特别难除的杂草。④火灼除草（flame weeding）。其原理是用高温烫杀杂草，使杂草细胞破裂而死亡，火灼杀草在越橘和葡萄中已开展，但对植株会造成一定程度的伤害，可结合喷水防止烧伤植株。

6　病虫害控制

减少农药，尤其是剧毒农药的使用，是生产有机果品的关键，有机栽培是通过有机的、生物的、物理的手段来控制病虫害的发生与蔓延。

1）病虫枝条、病果、病叶等集中深埋或烧毁，冬季刮除老翘皮，萌芽前用高压喷水枪对树干、大小枝条进行冲洗、消毒，以减少初侵染源。

2）生长季节使用 EM 波卡西系列喷洒树冠。据日本山梨县胜沼町的高野武治在葡萄园的试验，每年 4 月、6 月、7 月、11 月，分别利用 EM Ⅰ型、Ⅱ型活性液加木酢液，对树冠全面喷洒，可有效抑制霜霉病、黑痘病、白粉病以及蚜虫、螨类的发生与蔓延，显著减少了农药的使用量。

3）利用性引诱剂扰乱昆虫的交配信息，减少繁衍。日本许多果园的树上都挂着一段段长 20～30 cm 的红绳子，这是一种昆虫信息素引诱剂。利用复合性激素，扰乱昆虫之间的交尾信息，减少 2 代昆虫的虫口密度。这种性信息素的效果可持续 4 个月以上。

4）利用天敌。由于有机栽培中农药使用量大大减少，再加上地面生草栽培，给许多益虫提供了良好的栖息环境，从而有效抑制了害虫的发生。

5）防虫网和黏着剂。日本的一些葡萄园、苹果园，全部被纱网罩住。防虫网的设置，可阻止外来害虫进入，同时也不影响通风透光。对于蚜虫、白粉虱，常采用防虫网或黏着剂防治。将含有黏着剂、农药的黄带子悬挂在温室或果园内，蚜虫接触后便会被黏着并很快死亡。

6）有机和生物杀虫剂防治。用于果树害虫管理的生物杀虫剂有：①苏云金杆菌（*Bt*）。美国开发的 *Bt* 产品有 Attack、Dipel、Thuricide 和 Javelin 等，我国也有众多 *Bt* 产品。*Bt* 杀虫剂已成功控制卷叶蛾、葡萄烟翅蛾、天幕毛虫等很多取食果树叶片的鳞翅类（蛾和蝶）幼虫。但 *Bt* 对取食茎、根颈、树干和果实等已度过幼虫阶段的鳞翅目害虫效果不理想（如树莓根颈蛀心虫、桃树钻蛀虫、苹果蠹蛾、葡萄蛀根虫）。另外还有用于防治甲虫幼虫的 *Bacillus popilllae*（*Bp*）细菌制剂。②植物源杀虫剂。它是通过从植物中提取有杀虫剂特性的化合物配制而成。但很多植物源杀虫剂为广谱的有毒物质，对害虫和有益生物一样有毒，所以不一定是生物合理的选择。常用于有机栽培的植物源杀虫剂有除虫菊、鱼藤酮、鱼尾汀和楝树油等。③特殊配制的含有高脂肪酸的皂液。杀虫剂型的皂液能有效防治软体昆虫如蚜虫、粉虱、叶蝉和红蜘蛛等。防虫机理是皂液渗入昆虫的体内后，扰乱细胞膜的正常功能，引起细胞内含物渗漏。但肥皂只能在液态并且是触杀才有效。④休眠油。在果树萌芽前喷一层薄的休眠油，可通过闷死越冬的成虫和卵而抑制卷叶虫、蚜虫、螨类和介壳虫的发生。⑤昆虫信息素。一般每种昆虫都有特定的信息素，利用信息素扰乱某些昆虫的交配已用于防治葡萄蛾、苹果蠹蛾、桃蛀心虫和东方果树蛾等害虫。⑥高岭土。高岭土为制作牙膏和果胶的原料，对环境安全。美国已开发出一种商品名为 Surround 高岭土产品，以液态喷施，水分蒸发后在植株表面形成粉状的保护膜，当昆虫落在植物上时，这些很小的黏土颗粒将昆虫粘住，从而达到驱虫目的。Surround 高岭土对象鼻虫这种有机栽培中很难控制的害虫也较为有效。

任务操作

1 有机苹果生产技术

1.1 适宜栽培区的基本自然条件

年平均气温 8～14℃，绝对低温不低于–25℃。1 月平均气温不低于–10℃。年降水量 300～800 mm。

1.2　建园

（1）园地选择

选择土层深厚、土壤肥沃、土壤有机质含量在 1.5%以上、pH 为 6.5～8.5、排水良好的砂壤土或壤土建园，山地建园坡度宜在 23°以下。

（2）园地规划和设计

规划设计内容包括防护林、道路、排灌设施、作业区、品种配置、房屋及附属设施等，绘制平面图。对于计划采用平行生产的果园，应设置缓冲区或隔离带以及专用的排灌设施。

（3）整地与土壤改良

园地采用沟状整地，沟宽 1 m、深 80 cm；丘陵山地修筑梯田或等高撩壕。每亩施腐熟有机肥 5～10 t。

（4）苗木选择

选用一级苗木［参见《苹果苗木》（GB 9847—2003）］建园，苗木不能带有危险性及检疫性病虫害。

（5）栽植密度

平地建园，株距 2～4 m，行距 4～6 m；丘陵山地建园，株距 2～3 m，行距 4～5 m。采用乔化砧苹果苗，栽植密度宜稀些，而采用矮化砧、矮化中间砧苹果苗或短枝型品种栽植密度宜密些。

（6）栽植行向

平地南北向，丘陵山地沿等高线栽植。

（7）栽植时期

秋栽在苗木落叶后至土壤封冻前进行；春栽在土壤解冻后至苗木萌芽前进行。

（8）栽植方法

挖长、宽、深各 30 cm 的定植穴，每穴灌水 5～10 kg，将苗木放入穴内，埋土使根颈与地面齐平。

（9）栽后管理

栽后及时灌水，水渗下后覆盖地膜或覆草。根据苗木质量和树形要求，在距地面 80～110 cm 处定干或不定干，在适当部位刻芽，苗干套塑料筒袋或牛皮纸筒袋，下部袋口用细绳扎紧或用土压严。袋内温度超过 35℃时，袋上扎眼防风降温，害虫危害期过后，解除筒袋。

1.3　栽培管理

（1）树下管理

1）土壤管理

①覆草。春季在树盘内或行内用作物秸秆等进行覆盖，厚度 15～20 cm。树干根颈处不宜覆草，覆草后零星压土，防止大风吹散覆盖物。

②生草。在群体光照条件较好又有灌溉条件的果园，宜实行行间生草、行内覆盖制度。适宜草种有紫花苜蓿、黑麦草、早熟禾、高羊茅、白三叶、聚合草等。也可在行内种植绿肥作物，如黑麦、黄豆、黑豆等，适时翻压。

③自然生草。在自然杂草生长均匀、种类较为适宜的果园，可以采用自然生草法。根据杂草长势适时进行土壤中耕或旋耕。树盘可使用脂肪酸甲酯专用除草剂。

2）施肥

①基肥。秋季施用优质腐熟农家肥，方法有环状沟、条沟、放射沟或撒施，施肥量为4～5 t/亩。撒施后及时旋耕或翻压。肥料主要选择畜禽粪尿、作物秸秆堆肥、饼肥、草木灰等有机肥。人粪尿、畜禽粪尿、饼肥应当按照相关要求进行充分腐熟和无害化处理。外购的商品有机肥，应通过有机认证或经认证机构许可。不得使用城市污水和污泥。施用有机肥种类宜逐年更换或一年同时混施多种有机肥。

在土壤培肥过程中，允许使用某些土壤培肥物质（参见 GB/T 19630—2019 附录 A.1）。使用 GB/T 19630—2019 附录 A.1 未列入的物质时，应由认证机构按照 GB/T 19630—2019 附录 C 的准则对该物质进行评估。

②追肥。萌芽期、幼果期和果实迅速膨大期追施沼渣沼液、腐熟人粪尿等。

3）灌水

①灌水时期。在萌芽前、春梢速长期、果实膨大期、采果后和封冻前各浇一次水。

②灌水方法。宜采用喷灌、滴灌、渗灌、沟灌、小管出流等节水灌溉方法。如果有平行生产，有机地块与常规地块的排灌系统应具备有效的隔离措施，以保证常规生产地块的水不会渗透或漫入有机生产的地块。

③灌水量。花芽分化临界期，60 cm 以上土层土壤持水量宜保持在 55%～60%。生长季其他时期保持在 60%～80%。

（2）花果管理

1）授粉

花前 2 d 将蜜蜂箱置于园中，每公顷 2 箱蜂。有条件的果园提倡采用壁蜂授粉。花期遇不良气候时应进行人工授粉。

2）疏果

坐果后 10～15 d 根据品种特性进行疏果。

3）果实套袋

花后 20～40 d，根据不同品种的果实特性套袋。果袋质量应符合有机生产的要求。套袋时，袋口要扎紧，果实在袋内悬空，袋底放水口张开。

4）果实摘袋

对于红色品种，采收前 20～30 d 摘袋。应根据套袋种类、气候条件逐步摘袋，以防日灼。

5）促进着色

摘袋后，应酌情采取摘叶、转果和树下铺设反光膜等技术措施。

（3）整形修剪

1）主要树形

根据不同苹果园的立地条件、栽植密度和管理水平，可选用自由纺锤形、细长纺锤形、小冠疏层形或圆柱形等。

①自由纺锤形。树高 2.5～3.0 m，干高 0.5～0.7 m，中央干上螺旋式着生 10～15 个主枝。主枝长度 1.5～2.0 m，分枝角度 70°～90°，同向重叠主枝上下间距不小于 0.5 m。

②细长纺锤形。树高 2.0～3.0 m，干高 0.5～0.7 m，冠径 1.5～2.0 m，在中央领导干上

不分层次，均匀着生生长势相近、角度水平、枝型细长的侧生分枝 15～20 个。

③小冠疏层型。树高 3.0～3.5 m，干高 0.5～0.6 m，全树 5 个主枝，第一层 3 个，第二层 2 个。第一层主枝上各有 2 个侧枝，第二层 1 个或无侧枝。

④圆柱形。树高 2.0 m 左右，干高 0.3～0.4 m，冠径 2.0 m 左右，无主枝。围绕中心干螺旋式着生大、中、小结果枝组 30～35 个，每个结果枝组由 3 个以上结果枝组成。

2）整形修剪要点

①幼树期。按照树形要求，选留好各级骨干枝，春季对枝条中后部、背后和两侧不易萌发的芽进行刻伤。树形基本完成时，要及时控制树高，并加大促花保果力度。对于较难形成花芽的品种，应采用刻芽、拉枝和环剥等促花措施。修剪时尽量做到轻剪多留枝，充分利用下裙枝、辅养枝和中长果枝结果。

②盛果期。每年回缩一部分衰弱枝，以缩代疏；缓放中庸枝，控制背上枝。每年短截部分壮枝作为预备枝，结果枝连续结果 3～5 年后，及时回缩。花芽多的年份，对中、长枝少缓多截，对果台副梢截一放一，截壮缓弱。花芽少的年份，对中、长枝多放少截，对多年生单轴延伸的无花弱枝适当回缩。

1.4 病虫害综合防控

（1）防控原则

从果病虫害整个生态系统出发，综合运用各种防控措施，创造不利于病虫害发生和有利于天敌繁衍的环境条件，保持果园生态系统的平衡和生物多样化，将病虫数量控制到经济危害允许阈值以下。

（2）防控方法

1）农业防控

①清园。萌芽前彻底刮除粗老翘皮、病瘤，并涂抹 5°～10°Be 石硫合剂。彻底清除杂草、落叶、残枝、僵果；剪除病虫枝、枯枝，带出果园集中烧毁。尽量降低轮纹病、腐烂病、斑点落叶病、褐斑病、白粉病、苹果绵蚜、大衰蛾、金纹细蛾、卷叶蛾、山楂红蜘蛛等越冬病虫基数。

②深翻树盘。封冻前果园深翻树盘，结合灌水，破坏土壤中越冬害虫的生存环境，消灭部分山楂红蜘蛛、桃小食心虫、舟形毛虫、刺蛾、棉铃虫等。

③树干或大枝绑草。8 月中下旬在树干或大枝上绑 3 cm 厚、长度 15～30 cm 的草把，诱集卷叶蛾、叶蝉、红蜘蛛、食心虫等害虫越冬，落叶后解下草把，带出果园烧毁。

④果实套袋。幼果及时套袋，预防轮纹病、炭疽病、桃小食心虫、苹小卷叶蛾危害。

2）物理防控

①频振式杀虫灯。果园内安装频振式杀虫灯，灯座位置略低于树高，诱杀桃小食心虫、金纹细蛾、苹小卷叶蛾、刺蛾、舟形毛虫、棉铃虫等害虫。

②糖醋液加性诱芯。采用树冠悬挂糖醋液碗、配合性诱芯的方法诱杀害虫。糖醋液的配比为 1 份糖+1 份酒+4 份醋+20 份水，每亩悬挂 6 个糖醋液碗或罐。同时，根据果园害虫发生情况选用桃小食心虫、金纹细蛾或苹小卷叶蛾性诱芯，悬挂在碗上方 5 cm 处。

③黏虫胶和黏虫板。在树干上涂抹宽度适宜的黏虫胶环、果园悬挂黏虫板，可有效预防美国白蛾、绿盲蝽蟓、蚜虫、红蜘蛛、康氏粉蚧、苹果绵蚜等危害。采用黏虫板时，每

亩悬挂 3～5 片即可。

3）生物防控

①利用天敌。应根据果园病虫发生特点，充分利用和保护天敌，可防治桃小食心虫、绣线菊蚜、苹小卷叶蛾、山楂红蜘蛛等。

②性诱剂防控。果园悬挂性诱剂诱捕器诱杀成虫，一般每亩挂 2 个，可以防控桃小食心虫、梨小食心虫、苹小食心虫、苹果小卷叶蛾、金纹细蛾等。

4）化学防控

萌芽期，全园喷洒 5 °Be 石硫合剂，控制白粉病、霉心病、腐烂病、轮纹病、介壳虫、蚜虫等。生长季叶部病害发生时，喷施波尔多液；山楂红蜘蛛等达到防治指标时，喷布 0.3°～0.5°Be 石硫合剂。对烂根病及时扒根晾根，用 3°～5°Be 石硫合剂灌根。

若以上药剂不能有效控制病虫害时，允许使用 GB/T 19630—2019 附录 A.2 所列出的物质。使用 GB/T 19630—2019 附录 A.2 未列入的物质时，应由认证机构按照 GB/T 19630—2019 附录 C 的准则对该物质进行评估。

1.5　采收

根据品种特性、当地气候特点、果实用途和运输条件等确定适宜采收期。成熟期不一致的品种，应分期采收。注意避免盛果容器对果实的污染。

采用手摘法。摘果时要剪除果柄，轻拿轻放。采收过程中避免一切机械伤害，保证果实完整，无损伤；采果宜先外后内、先下后上。

2　有机脐橙生产技术

2.1　环境条件

脐橙作为我国甜橙类中的重要成员，要求年平均温度在 15℃以上，适宜年平均温度为 17～19℃，冬季最冷月平均气温为 7℃左右。在 3—11 月生长季节中，要求≥12.8℃有效积温 1 700～1 900℃为宜，1 400℃以下太低，2 800℃以上过高。脐橙最低生长温度为 12.5℃，适宜生长的温度为 13～36℃，最适宜的温度为 23～32℃，春梢抽生和开花初期的温度在 13～23℃，果实生长期温度 28～38℃，果实成熟期温度降到 13℃左右有利于果实着色。脐橙能耐-6.5℃的低温，气温降至-7℃时新叶及新梢受冻，-11～-9℃则全株冻死。脐橙要求空气相对湿度为 40%～75%，相对湿度 63%～72%为脐橙理想产区。

脐橙对热量条件的要求较严格，一般在年均温度 18℃以上积温稍高的地区品质优良；在年均温度 17℃以下，日照不足地区，则品质较差。

2.2　品种选择

在选择品种时，必须首先考虑其抗病性、抗虫性和生态适应性。原产地表现优良的品种，在其他地区不一定表现优良；所以保持优质与丰产的统一是选择适应当地条件的优良品种时必须注意的重要原则。优良品种具有生长强健，抗逆性强、丰产、质优等较好的综合性状。此外，还必须注意其独特的经济性状，如果形、颜色、成熟期的早晚、种子的有无或多少、风味或肉质的特色等，这是生产名、优、特、新水果的种质基础。目前主要推广的品种有纽荷尔、奈维林娜、朋娜和福本等。

目标市场的销售状况及消费习惯应成为品种选择的依据。以大、中城市为目标市场的果园，应以周年供应鲜果为主要目标，距离城市较远或运输条件差的地区，则应从实际出发选择耐储运的树种、品种。外向型商品果园，选择品种时应与国外市场的消费习惯和水平接轨。生产加工原料的果园，则宜选择适宜加工的优良品种。当一个果园适宜栽培多种品种时，应根据市场的需要及经济效益，选择市场紧俏、经济效益高的品种。

2.3 培育壮苗

培育壮苗是有机脐橙生产的首要环节。品种选定后，首先要有针对性地选择无病毒的母树采集接穗，将繁育出的苗木用于建立采穗圃。脐橙苗木的繁育宜采用容器育苗法进行，苗木的出圃标准必须达到国家规定的一级苗木标准。

培育壮苗时必须确保所使用的砧木、种子和接穗达到有机的要求，在得不到有机生产的种子和种苗的情况下（如在有机农业种植的初始阶段），经认证机构许可，可以使用未经禁用物质和方法处理的非有机来源的种子和种苗，但必须制订获得有机种子和种苗（含接穗、芽）的计划。

2.4 栽培技术

（1）定植与大田管理

脐橙苗的定植必须注意如下几个问题：

1）品种纯正，质量达到国家规定的一级苗木标准。

2）定植前将苗木消毒，未带土的苗木用泥浆沾根，确保定植成活。

3）定植密度应根据品种的生长结果习性确定合适的密度，有机食品脐橙的生产不主张密植，采用计划密植的脐橙园应及时间伐，要留有足够的空间供通风透光。

4）未在苗圃内整形的苗木，定植后及时定干整形，培养合理的树体骨架。

（2）合理灌溉

1）灌水。脐橙对土壤含水量的要求，一般以土壤最大持水量的 60%～80%为宜。果园灌水要抓住几个关键时期：①开花前可结合施肥进行灌水；②新梢生长和幼果膨大期只有在特别少雨年份才有灌水的必要；③果实膨大期需水较多，但早熟品种此时正值降雨集中时，除极个别年份外，需注意排除渍水，以利改良土壤的供水状况；④夏秋干旱期脐橙果实需大量水分，必须灌水；⑤果实成熟期则应适当控水，以提高脐橙果实可溶性固形物含量。合理的灌水量，以完全浸润果树根系分布层内的土壤为准。沙土保水力差，宜少量多次灌水。但灌溉水的质量必须符合相关规定。

2）排水。果园要迅速排除土壤积水，或降低地下水位。一般平地果园排水应"三沟"配套，排水入河。丘陵、山地果园则应做好水土保持工程，采用迂回排水，降低流速，防止土壤冲刷。急流涌泉，需经跌水坑、拦水坝，导入排水沟，流入溪河或水库。

（3）土壤管理与施肥技术

土壤管理的基本技术是，在不破坏土壤结构的前提条件下，疏松改良土壤，增加土壤有机质含量，创造正常的物质循环系统和生物生态系统，保证果树健康生长发育，提高产量与品质。

1）生草栽培。即在果树的行间种植杂草或牧草，树盘覆盖稻草，以增加生物的多样性，减少蒸发，保护天敌，培肥土壤，防治病虫杂草等。目前，许多果园普遍种植红三叶、白三叶、草木樨、禾本科绿草等。当草生长到 30 cm 左右时留 2～5 cm 刈割。割草时，先保留周边 1 m 不割，给昆虫（天敌）保留一定的生活空间，等内部草长出后，再将周边杂草割除，割下的草直接覆盖在树盘周围的地面上，可以减少对土壤结构和微生物环境的破坏，减少水土流失，降低物质投入。

2）土壤施肥与 EM 技术。土壤施肥时，首先要认真做好土壤分析和叶片分析，以确定果园施肥量；其次要根据不同品种的需肥特性制订合理的施肥配方；再次要根据配方严格按照有机脐橙生产的要求配肥；最后要在有关专家的指导下科学施用。

①基肥。是较长时期供应果树多种养分的基础肥料。通常以迟效性的有机肥料为主，如腐殖酸类肥料、堆肥、厩肥、鱼肥及作物秸秆、绿肥等。此次施肥量应占全年施肥总量的 70%以上。

②追肥。追肥又分为花前肥（催芽肥）、花后追肥（稳果肥）、果实膨大期追肥（壮果肥）和果实生长后期追肥。此次施肥量应占全年施肥总量的 30%左右。

③根外追肥。根外追肥主要是将肥液喷于叶面，通过叶片的气孔和角质层进入叶内，而后运送到树体的各个器官。

④EM 技术。向土壤中加入 EM，可使土壤机能得到强化，增加有机营养；同时伴随着土壤微生物的增加，可使硬土层分解，土壤肥力状况得到改善，达到持续生产的目的。但短期效果不明显，需坚持 2～3 年后，效果才会显著增加。

2.5 病虫草害综合防治

有机栽培是通过有机的、生物的、物理的手段来控制病虫害的发生与蔓延。具体做法如下。

1）选择抗病品种，使用 EM 有机肥、合理负载、合理修剪、增强树体的自身抗逆能力。在使用 EM 的同时，接种 VA 菌根真菌来增加土壤根际微生物，促进果树生长发育，提高抗病性。

2）采取完善的果园卫生管理措施，防止病原菌的扩散，包括冬季清园消毒、果园适当翻耕、树干涂白、挖除病株残余，将病虫枝条、病果、病叶和落叶烂果等清出园外集中深埋或烧毁，以消灭越冬病虫源，减少来年病虫害发生基数。

3）生长季节使用 EM 喷洒树冠，可有效抑制蚜虫、螨类的发生与蔓延，产量比平常增加 20%，优果率上升 10%，显著减少了农药的使用量。

4）利用性引诱剂扰乱昆虫的交配信息，减少二代昆虫的虫口密度。

5）保护天敌，生物防治。引入、繁殖和释放捕食性和寄生性天敌如瓢虫、捕食螨等，可以有效防治蚧类、蚜虫及红蜘蛛等害虫，达到以虫治虫的目的；同时，也可以利用白僵菌、绿僵菌防治吉丁虫（以菌治虫），或者以禽治虫、以鸟治虫等。由于有机栽培中农药使用量大大减少，再加上地面生草栽培，给许多益虫提供了良好的栖息环境，从而有效抑制了害虫的发生。

6）配合使用少量生物农药。可以使用矿物源农药中的硫制剂、铜制剂等进行防治，也可以使用有药效作用的中草药等植物的水提取液防治脐橙病害；还可以有限度使用活体微生物农药或使用中等毒性以下的植物源杀虫剂防治脐橙害虫，禁止在其中混配有机合成的各种制剂。

7）日本提倡利用机能水和汉方药。所谓的"机能水"，就是用电解水生成器生产一种高碱或高酸的水，对人畜无害。强酸性水的 pH 可达 2.5～2.7，强碱性水的 pH 可达 11.3～11.7，一般每周喷洒 1 次，具有很强的抗菌防病作用。日本的"汉方药"实际上就是利用中草药配制的一种植物源生物农药，如将黄柏、陈皮、甘草、薄荷、大蒜、辣椒、木酢液、黄连等按一定的比例直接加工后使用，具有很强的刺激气味。通常用强酸性机能水加中草药来喷洒植株，待叶面干燥后再喷碱性机能水，对防治轮纹病、黑星病及常见虫害有很好的效果。另外，日本近两年开始推广无害波尔多液，用人体必需的有机铜及钙生产而成，对人畜无害。

种植可以抑制有害杂草生长的作物，或用可生物降解的材料如塑料薄膜或其他的合成材料覆盖以防止果园草害的发生，但这些覆盖材料必须在脐橙收获后从果园移走并进行无害化处理。

2.6　采收

采收期是根据果实的成熟度与采收后的用途来决定的。近距离鲜销宜于果实成熟时采摘，远距离运输或贮藏用的果实宜于果实八成熟时采摘。脐橙类果实用圆头剪剪断果梗，将果实装入随身背带的特制帆布袋内，盛满后打开袋底的扣子，将果实倾入装运箱内。

同一株树上的果实由于花期不一致，其果实的成熟期也有不同，故应分期采收。

3　有机沙田柚生产技术

3.1　生产基地选择与建设

（1）基地环境要求

有机沙田柚生产需要在适宜的环境条件下进行。有机沙田柚生产基地应远离城区、工矿区、交通主干线、工业污染源、生活垃圾场等。有机沙田柚基地的环境质量应符合以下要求：

1）土壤环境质量符合 GB 15618—2018 中的二级标准。

2）农田灌溉用水水质符合 GB 5084—2021 的规定。

3）环境空气质量符合 GB 3095—2012 中二级标准。

一般而言，有机沙田柚生产基地应选择环境优美，空气清新，远离城区、工矿区、交通主干线、工业污染源、生活垃圾场等，年平均温度 18～22℃，土壤质地良好，疏松肥沃，有机质含量最好在 1.5%以上；排水良好，土层深厚，pH 为 5.5～6.5；山坡地坡度在 25°以下。种植密度按 1 hm² 种植的永久树计，株距 4.0～5.5 m，行距 5～6 m，种植 300～495 株/hm²。也可将密度加大 1.0～1.5 倍，封行后留下永久树，将其他树逐年间伐。

（2）基地应有缓冲带和天敌栖息地

如果有机沙田柚生产基地的有机生产区域有可能受到邻近的常规生产区域染的影响，则在有机和常规生产区域之间应当设置缓冲带或物理障碍物，保证有生产地块不受污染，以防止临近常规地块的禁用物质的漂移。另外，有机沙田柚生产基地应间种豆科农作物及留、种适量的有益杂草花木以培育地力，并在有机生产区域周边设置天敌的栖息地、提供天敌活动、产卵和寄居的场所，提高生物多样和自然控制能力。

（3）基地转换期与平行生产

转换期的开始时间从提交认证申请之日算起。沙田柚的转换期一般不少于 36 个月，转换期内必须完全按照有机生产的要求进行管理。

如果基地存在平行生产，应明确平行生产的作物管理，并制订实施平行生产的生产、收获、贮藏和运输的计划，具有独立和完整的记录体系，能明确区分有机产品与常规产品（或有机转换产品）

（4）基地禁止性要求

有机沙田柚生产基地内禁止引入或使用转基因生物及其衍生物，包括植物、动物、种子、成分划分、繁殖材料及肥料、土壤改良物质、植物保护产品等农业投入物质。

3.2 种植

（1）种苗选择

严禁使用任何经化学物质处理的种苗和转基因技术和产品。尽可能使用有机种苗，必要时可使用本基地自身经验证未被污染或污染极小的原有沙田柚种苗资源。

（2）种植

有机沙田柚种植时间为 9—10 月和 2—3 月。在沙田柚种植的前半年，应选择丘陵区域，设置果园，深挖一个长 1.5 m、下宽 0.8 m、上宽 1.2 m、深 0.8 m 的壕沟（穴），在每个穴位中都应施入有机肥 40 kg，也可施入一定量的有机物秸秆、杂草、谷壳，将这两者与土壤进行混合、搅拌，将其回填。起畦后架构土墩，保证土墩的高度控制在 50 cm，直径参数为 1.0 m。在果园内，应按 1∶10 比例配置授粉树，授粉树品种选择酸柚或舒氏柚。做好根系与枝叶的规范性修剪，并将这些放入穴内，保证根系处于舒展的状态，及时扶正苗木与根部，一边填土一边提拉苗木，能让嫁接的位置与接口浮出地面，用脚踩实。踩实后，应淋入足够的定根水，设置直径为 1.2 m 的树盘，并利用杂草或干稻草进行覆盖。种植完毕后，应及时浇入足量的水，以保证土壤的湿润性与疏松程度，禁止出现杂草。植株发出新根后，可在根前施沼气液肥或稀释的腐熟有机液肥约 5.0 kg/株，2 次/月。同时，应做好病虫害的防治工作，对萌芽等进行药物涂抹，一旦发现有死苗或缺苗出现，要及时补种。

3.3 土肥水管理

（1）土壤培肥

严禁施用任何人工合成的化学肥料（包括叶面肥类），可采用如下措施进行土壤地力培育：

1）深翻改土。每年在 6—7 月或 10—12 月，在树冠一侧外围滴水线附近，挖长×宽×深为（1.0～2.0）m×（0.5～0.7）m×（0.6～0.8）m 的施肥坑，坑内施入鲜绿肥、杂草、有机堆肥等，肥料与土拌匀填入，挖坑位置逐年轮换。

2）合理间作。在果园内间种矮生豆科植物（如花生、黄豆、山木豆等）或绿肥等固氮作物以培育地力。间作作物的生产管理也必须按有机生产方式进行，同时确保不影响沙田柚的正常生长。

3) 树盘覆盖。适当保留有益杂草、花木以防止水土（肥）流失。在干旱的季节，用杂草或稻草覆盖树盘 5～8 cm 厚，覆盖物离树干距离约 10 cm。

4) 增施肥料。充分利用基地内果树修剪的残枝残叶、间种植物的秸秆、杂草和农家土杂肥、畜禽粪便等添加农业有益生物菌群进行完熟发酵后作为基肥。其主要配方：可用场内杂草或秸秆等 43.5%、花生麸 13%、猪粪 43.5%、适量允许使用生物发酵剂进行完熟发酵堆（沤）制成优质的适合沙田柚生长的有机肥，每年施两次，每公顷每次 3.75 t 左右（平均每生产一个沙田柚施放 0.4 kg）。生产过程中视实际情况，必要时使用经有机认证的商品有机肥进行追肥和用沼气液、天然矿物元素进行叶面喷施，以满足沙田柚生长的需要。一般情况下，施肥的主要时期是 2—3 月、5 月上旬、6 月上中旬和采果前 15～20 d 四个时期，对肥量的要求最大，应勤施薄施。全年各时期施肥量以萌芽肥占 30%、稳果肥占 20%、壮果肥占 35%、采果肥占 15% 为宜。萌芽肥在 1—2 月萌芽前 10 d 左右施用；稳果肥在谢花后至第 1 次生理落果前施；壮果肥在果实迅速膨大的 5—8 月每月施 1 次；采果肥在果实采收前约 15 d 施用。施肥时以堆沤腐熟的有机堆肥为主，商品有机肥、沼气液肥为辅，具体用量根据果园沙田柚的生长情况和挂果量而定，一般以株产 50 kg 果为例，株施有机堆肥 25 kg、商品有机肥 3～5 kg。

（2）水分管理

幼年树生长季节要保持园内湿润，梢期保证水分充足。冬季要适当控水，雨季要尽快排除积水。结果树春、夏、秋季，要保持土壤相对湿润，既要防湿度过大，又要防旱，久旱后一次灌水不能过湿。冬季适当控水，但叶片过卷时，应及时分次淋水，但不能一次过湿。在干旱的 8—12 月，及时进行灌溉。有条件的果园实施作物喷灌技术，以确保干旱季节沙田柚对水分的需求。多雨季节或地下水位高的果园及时疏通排灌系统，排除积水。

3.4 树体管理

树体管理及其他未提及的生产管理技术措施在不违背有机产品国家标准（GB/T 19630—2019）的原则上参照常规生产管理技术措施。

（1）整形修剪

多主枝自然圆头形宜干高 35～40 cm，无明显主干，主枝 3～4 个，分布错落有致，分枝角度 40°～50°，各主枝上配置副主枝 2～3 个。圆头形宜干高 40～50 cm，有明显主干，主枝 3～5 个，分布错落有致，分枝角度 40°～50°，主枝上副主枝 3 个以上。幼树定植第 1 年，春梢萌芽前约 10 d，在无分枝单干苗离地面约 40 cm 处剪顶，选留健壮分枝 3～5 条春梢作主枝，夏秋梢抽出后，各留 3～4 条作副主枝和枝组；多分枝的留 3～5 条作主枝，其余剪掉。每次新梢萌芽后要及时抹芽控梢放梢，过长枝留 40～45 cm 剪顶。以轻剪为主，除剪除病虫枯密枝外，3 年生树冬剪时，适当保留树冠中下部及内膛无叶枝、弱枝。初结果期春梢萌芽前 10～15 d，适当剪短树冠周围弱末级梢，疏剪树冠顶部直立、过密枝和内膛干枯枝；抹除夏梢，但结果少、树冠小的树应适当留夏梢，扩大树冠；秋梢抽出前约 10 d，适当回缩衰弱枝组、过长末级营养枝。以轻剪为主，剪除病虫枯密枝，续留树冠中下部及内膛无叶弱枝。盛果期每年只放一次春梢。春梢萌芽前及时回缩结果枝、衰弱枝、落花落果枝组；生理落果结束后至冬季清园前开"天窗"；结果后逐年疏剪近地荫枝。剪除病虫枯密枝，续留树冠中下部及内膛无叶弱枝。衰老期春梢萌芽前 15～20 d，重回缩树冠外围的营养枝、衰弱枝组和骨干枝的延长枝，促发强旺春梢；极衰弱树，可在春季进行主枝或副主枝露骨更新，重新培养树冠。

（2）促花与疏花

9 月上旬至 10 月上旬，对树势过旺的树，在直立主枝、副主枝上环割 2～3 圈，或在树冠滴水线内侧挖深 15～20 cm、长 100～150 cm 的环沟断根；8 月中旬后抽出的晚秋梢及冬梢需及时抹除。花蕾期按每一结果母枝留 1～2 个花序、每一花序留 3～4 朵花的标准，将过多过密的花序、花蕾疏掉。

（3）人工授粉与疏果

开花期的上午、下午，用酸柚或其他优良早熟柚类的花粉及时对当天开的沙田柚花进行人工授粉，提高坐果率。第 1 次生理落果结束后，及时将畸形果、病中果、小果、过密过多果疏除；第 2 次生理落果结束后，视树势强弱，再次将过多的小果或过密的大果疏除；以后出现的严重病虫果及时疏除。一般每一花序留 1～3 个，每一结果母枝留果 1～4 个：3～4 年生柚树留果 10～30 个，五年生以上柚树留果 30～100 个。

（4）果实套袋

5—6 月，根据病虫害发生情况，在全园喷 1 次生物药剂后，用专用袋将生长正常、健壮的果实进行套袋。果实采收前 15 d 左右摘袋。

3.5　有机沙田柚病虫鼠草害防控

沙田柚常见的病虫害主要有脚腐病、黑星病、炭疽病、红（黄）蜘蛛、锈蜘蛛、花蕾蛆、矢尖蚧、潜叶蛾、蚜虫、橘实雷瘿蚊等。防治上要从有机柚园生态系统全局考虑，掌握病虫发生规律，坚持防重于治的原则，以生态调控为基础，综合运用生态调控、物理防治、生物防治等措施防控沙田柚病虫草害，确保有机沙田柚生产质量与生态环境安全。

（1）严格检疫

对所有进入果园的苗木严格进行植物检疫，确保无病虫害的果苗才能进入果园，防止检疫性病虫草害传播蔓延；维护柚园生态平衡，创造有利于沙田柚害虫天敌生长的环境，利用自然因素将害虫的发生程度控制在较低水平。

（2）冬季清园

冬季采果后，进行全面清园，保持柚园清洁。翻松土壤表层 8～15 cm，降低病虫源，春、夏季保留柚园杂草，有利于天敌栖息和土壤墒情抗旱保湿。树体喷施一次石硫合剂及基地场地撒施适量的生石灰消毒，清园时间一般在 12 月至翌年 1 月。

对感染病虫害的树枝、枯枝、树叶、病果进行清除并集中烧毁，消灭或遏制病虫害的源头。对沙田柚进行树干涂白，涂白剂的配制比例可采用：生石灰 10 份、石硫合剂 2 份、食盐 1～2 份、黏土 2 份、水 35～40 份。涂白的时间以 2 次为好，第 1 次在果树落叶后至土壤结冻前，第 2 次在早春。将石硫合剂 500 倍液喷洒果树，能够有效遏制并减少病虫源的基数。

（3）间作、套种

适当间作豆科植物或绿肥以控制恶性杂草生长，保留或种植适当的有益杂草花木作为有益昆虫（天敌）的中间寄主，必要时采取人工方法清除恶性杂草（间种作物种苗的来源与生产管理也必须按有机方式进行，并保证不影响沙田柚的正常生长）。

（4）生物防治

生物措施主要是以虫治虫，在果园中放养虫害的寄生性天敌或捕食性天敌，以达到长期控制虫害的效果。

人工释放捕食螨和自然培育捕食螨防控沙田柚红蜘蛛等害螨危害，每年或隔年（绝对低温 6℃ 以下少于 5 d 时）人工释放 1～2 次捕食螨。在基地适当种植山木豆和保留或种植有益杂草花木和种植藿香蓟等捕食螨寄主植物，让其自然繁殖越冬，减少来年人工投放量，创造基地物种多样性。人工释放捕食螨时间：选择在沙田柚害螨危害盛期前半个月进行，一般在每年的 3—4 月和 7—8 月进行人工释放，当害螨（卵）达到每叶 2 头（粒）的防治指标时开始释放。如当有机沙田柚同时有红蜘蛛、蚧壳虫危害时，也可以投放其天敌瓢虫。

（5）物理防治

1）挂放黄色诱杀板。自制或购买大小约 30 cm×20 cm 薄木板，用黄色的油漆将木板和两面均匀地涂上油漆，待油漆干后均匀地在木板两面涂上机油或黄油，然后每隔 4～6 株在果行间挂一块黄板，高度在沙田柚的中上部树枝上，进行诱杀蚜虫、木虱等趋黄色的小飞行害虫。根据黄色诱杀板上的油量或虫量每 2～4 d 清理一次及重新涂上机油或黄油。

2）安装频振式自动诱杀灯诱杀害虫。3—10 月，每 2 hm^2 安装一盏频振式太阳能诱杀灯，高度为高于地面 1.7～2.0 m，进行诱杀沙田柚的蟪蛄、黑蚱蝉、金龟子、天牛、蝶蛾类等害虫。

3）安装害虫诱捕器防控果实蝇。在果园内，以 4 株果树为单位投放 1 个橘小实蝇诱捕器。

4）水果套袋。当 6 月下旬果实开始结果时，可利用果实套袋的方式，降低虫害。对柚果实施套袋可防控沙田柚的黑星病、疮痂病、果实蝇、介壳虫等害虫为害和防止日灼或风雨机械损伤等。

（6）药剂防治

严格按照有机产品国家标准（GB/T 19630—2019）的要求进行相关药物的使用，严禁使用人工合成的化学农药以及其他有机生产禁用物质来防控病虫草害，若一定要使用药物，可有限制地使用生物源药剂（如大蒜浸出液）、矿物源药剂（如石硫合剂）或者经认证机构许可的植物源、动物源、微生物源或矿物源药剂。

如对褐腐疫霉病、黑星病可用含 1 000 亿芽孢的枯草芽孢杆菌 2 000～2 500 倍液喷雾；对蚧壳虫可用松脂合剂 8～10 倍液喷雾；对螨虫类可使用 1.3% 的苦参碱水剂 600～1 000 倍液喷雾。

用药的时机也非常重要，针对病虫害的时间，选择合适的施药时间，在有效防控病虫害的基础上，保证有机沙田柚的品质。施药时间以晴天傍晚时分为最宜，这时树叶吸收药性的能力最好，能最大限度地发挥药效。

3.6　采收

在柚果成熟期（一般是每年的 10 月下旬至 11 月上旬）及时以温和手法进行人工采收，并尽量减少对树体及周边植被的破坏。

采果前严格按照有机沙田柚种植中允许使用的植保产品要求用药，采果前 20 d 内不要灌水。果实采收期应在果皮由绿转黄、果肉丰满、成熟时开始采收，为保证品质，在 11 月中旬后分批分级采收最佳。在晴天早上露水消除后的 8—18 时采果，雨天、雨后或晨露未干时不宜采收。采收时"一果两剪"，第一剪连果柄剪下，第二剪再齐果蒂将果梗剪去，不伤果蒂萼片。采收时轻拿轻放轻装运，减少对沙田柚树及果实的伤害，采后果实及时入库，减少日晒。

4 有机龙眼生产技术

4.1 产地环境要求

产地环境质量应符合以下要求：栽植土壤环境质量应符合 GB 15618—2018 中的二级标准；灌溉用水水质应符合 GB 5084—2021 的规定；环境空气质量应符合 GB 3095—2011 中二级标准。

宜选择生态环境良好，周边没有污染源的山地种植龙眼或现有果树生长正常的龙眼果园进行有机转换生产。

选择土壤质地良好，有机质含量 1%以上，pH 为 5.5～6.5 的土地；山坡地以缓坡为宜。

园地宜选择距水源近，可打井或从已有水源灌溉；年平均温度 20～23.5℃，最低月平均温度高于 11℃，多年平均极端低温高于−1.5℃。

4.2 园地规划

根据园地地形，划分小区，小区适宜的面积为 0.6～1.3 hm^2。同一小区避免种植成熟期差异大的品种。根据园地规模、地形地势建设必要的道路、排灌、蓄水、喷药设施和附属建筑物。

设置缓冲带、营造防风林。防风林应选择与龙眼无共生性病虫害的速生抗风树种。

4.3 栽培管理

（1）品种选择与种苗来源

根据种植区气候特点和品种适应性，选择优质、高产、抗逆性强的品种。种苗来源必须符合 GB/T 19630—2019 的要求。

（2）禁止使用经化学药剂处理过的种苗或转基因种苗

宜选择品种纯正且没有检疫性有害生物的种苗。若采用嫁接苗要求嫁接口愈合良好、接口上方 10 cm 处直径 0.8 cm 以上的种苗。

（3）种植

1）种植密度。推荐种植密度：330～495 株/hm^2，株行距（4～5）m×（5～6）m。平地和土壤肥力较好的园地宜疏植，坡度较大的园地可适当缩小行间距，密植的园地后期视植株生长情况进行疏伐。

2）植穴准备。植穴大小约为长 100 cm、宽 100 cm、深 80 cm，挖穴时将表土和底土分开，回填时混以杂草绿肥及有机堆肥 30～40 kg/穴，置于植穴的下层和中层，表土覆盖于植穴底层，并培成土丘。植穴应于定植前 1～2 个月准备完成。

3）定植。将龙眼苗置于定植穴中间，根颈部与地面平齐或稍高于地面，扶正、填土、压实，再覆土，在树苗周围做成直径 0.8～1.0 m 的树盘，淋足定根水，用杂草或不经禁用物质和方法处理过的秸秆覆盖树盘保湿。

4）植后管护。植后注意浇水，保持土壤湿润、疏松，防旱防涝，发现死苗及时补种。及时防治病虫害和抹除主分枝以下萌芽，植株发新根后方可施肥。

（4）土肥水管理

1）合理间作。在果园内间种矮生豆科植物或绿肥。间作作物应确保不影响龙眼的正常生长，其生产管理也必须按有机生产方式进行，禁止使用经化学药剂处理过的或转基因的种子、种苗。

2）覆盖。适当保留藿香蓟（*Ageratum conyzoides*）、白三叶（*Trifolium repens*）、旋扭山绿豆（*Desmodium intortum*）、百喜草（*Paspalum natatu*）等有益花草。用杂草或秸秆覆盖树盘 5～8 cm 厚，覆盖物离树主干距离约 10 cm。

3）中耕松土。在秋季的雨后或灌水后及冬季进行中耕，每年 2～3 次，中耕深度为 5～10 cm。

4）扩穴改土。种植 1～2 年后，每年的 10—12 月，于植株的一侧或相对两侧树冠的滴水线位置挖长 50～100 cm、宽 50 cm、深 50 cm 的深坑，挖坑位置逐年轮换。回填坑穴时绿肥、杂草、树叶等放在底层，表土放在中层，心土放在表层。

5）幼树施肥。宜勤施薄施，少量多次，以有机堆肥或沼气液肥为主。冬季施肥结合扩穴改土进行，春、夏、秋梢生长期间分别施 1～2 次。其中抽梢前 10～15 d 施 1 次，叶片转绿期间再施 1 次。施肥数量视植株大小和土壤肥力状况而定，平均每株年施有机堆肥 2～3 kg 或沼气液肥 5～10 kg。

6）结果树施肥。施肥量根据龙眼树的生长情况和挂果量而定，一般株产 50 kg 的树全年株施有机堆肥 30～50 kg。分别于花芽分化前后施花前肥 1 次（占 30%～40%）、谢花后施壮果肥 1～2 次（占 30%～40%）、采果后施促梢肥 1～2 次（占 30%～40%），具体操作可看树施肥。宜适量补施石灰。

7）叶面追肥。可选择沼液（经过滤的沼液 10%稀释液）、5%～7%草木灰浸出液（新鲜草木灰加水搅拌后放置 14 h，取澄清液）、0.2%～0.3%硼砂水溶液等作叶面肥，将叶面肥按使用倍数兑水后直接喷到叶片上或结合喷药一起喷施。沼液可在抽梢前、叶片转绿期使用，草木灰浸出液或硼砂水溶液可在抽梢前、叶片转绿期、抽穗期、花期、幼果期等物候期使用，施用间隔期 7～10 d。

8）灌溉。灌溉水质应符合 GB 5084—2021 要求，宜使用天然集雨库水及高山引水、地下水等未受污染的自然水进行灌溉。建立水质监测制度，根据实际情况不定期进行水质监测，确保符合有机生产要求。根据树体需要及时进行灌溉，控梢期和采果前 15 d 内不宜灌溉。

9）排水。多雨季节或地下水位高的果园，及时疏通排灌系统，排除积水。

（5）整形修剪

禁止使用人工合成的植物生长调节剂调控树体，其他操作可按常规方法进行，重点去除虫蛀枝、病枝、交叉枝、过密枝。

（6）花果管理

1）控水控肥。宜进行科学的肥、水管理，促使优良秋梢适时老熟后不再抽生冬梢。末次秋梢老熟后，停止施肥和灌水。可沿滴水线挖 20～30 cm 深的环状沟，通过断根控制果树对水肥的吸收。

2）环割或环剥。末次秋梢老熟后，可对长势旺盛的结果树进行环割或环剥控制冬梢。

3）人工控冬梢。若有冬梢萌发，当冬梢长至 3～5 cm 时可人工摘除冬梢。

4）防止冲梢。花穗冲梢初期，可通过人工摘除花穗小叶及摘心。

5）创造良好授粉条件。宜采用盛花期放蜂、人工辅助授粉、高温干燥天气果园喷水等措施提高坐果率。

6）疏花疏果。花穗过多过长的树，可疏去一些花量大、坐果率低的长花穗，也可在花穗长 15～20 cm 时，将花穗主轴顶端过长部分摘掉。生理落果后，将坐果好挂果量大的果穗适当疏除，使果穗分布均匀、果与果之间分布均匀。

7）果实套袋。在第二次生理落果结束后，将病虫危害果剪除，用干净且不含禁用物质的塑料网袋进行果穗套袋。

8）其他。禁止使用植物生长调节剂控梢促花，禁止使用化学药剂处理花果。

（7）病虫和杂草防治

1）病虫和杂草防治原则。病虫草害防治的基本原则应从农业生态系统出发，综合运用各种防治措施，创造不利于病虫草滋生和有利于各类天敌繁衍的环境条件，保持农业生态系统的平衡和生物多样化，减少各类病虫草害所造成的损失。应优先采用农业措施，通过选用抗病抗虫品种、非化学药剂种苗处理、培育壮苗、加强栽培管理、中耕除草、耕翻晒垡、清洁田园、轮作倒茬、间作套种等一系列措施，起到防治病虫草害的作用。还应尽量利用灯光、色彩诱杀害虫，机械或人工捕捉害虫，机械或人工除草等措施防治病虫草害。上述方法不能有效控制病虫草害时，可使用 GB/T 19630—2019 的附录 A.2 所列出的植物保护产品。禁止使用人工合成的化学农药及转基因物质。

2）农业防治。选用对当地主要病虫害抗性较强的优良种苗。实行种植单元区内单一品种栽培，控制小区栽种品种梢期和成熟期一致。适当间作豆科植物或绿肥以控制恶性杂草，并采取人工方法清除恶性杂草。进行平衡施肥和科学灌水，提高树体抗病虫能力。及时剪去病虫残枝，剪下的枝条和落叶落果等将其深埋入土（或作堆肥原料），严重病虫枝条集中处理，减少病虫源。

3）物理防治。使用频振式诱虫灯诱杀防治危害龙眼的蛀蒂虫成虫、荔枝蝽象、尖细蛾、龙眼亥麦蛾等趋光性的害虫，一般每 2 hm² 安装 1 盏。使用不含化学药剂的黄板或蓝板诱杀蚜虫或蓟马等害虫，一般均匀挂放 450～600 块/hm²。利用干净且不含禁用物质的塑料或尼龙丝网袋进行果穗套袋防虫，利用塑料或尼龙丝网拦捕果蝠。

4）生物防治。适当留种檀香蓟（*Ageratum conyzoides*）、白三叶（*Trifolium repens*）、旋扭山绿豆（*Desmodium intortum*）、百喜草（*Paspalum natatu*）等有益的花草作为天敌的中间寄主，保护和利用有益昆虫（天敌）。

提倡人工释放平腹小蜂防治荔枝蝽，释放姬蜂防治蛀蒂虫，释放捕食螨防治螨类和蓟马。

5）药剂防治。每年冬季进行 1 次清园，对树体均匀喷施 1 次石硫合剂或用石灰水进行根部树干涂白防治龙眼的病虫害。

有限制地使用矿物源农药、植物源农药、微生物农药等杀虫杀菌剂来防治龙眼的炭疽病、霜疫霉病、鬼帚病、瘦螨、木虱、荔枝蝽象、尖细蛾、蛀蒂虫、龙眼亥麦蛾等病虫害。

4.4 采收

（1）采收时期

在龙眼成熟期（7—8 月），根据果实成熟度、用途、市场需求和气候条件等决定果实采收时间。

（2）采收方法

选择晴天和阴天以温和手法人工采收，采收时轻拿轻放，减少对龙眼树及果实的伤害；采后果实及时入库或销售，尽量避免日晒或雨淋。

项目考核

1．简述有机水稻育秧技术要点。
2．简述有机小麦种植中配方施肥原则及方法。
3．有机玉米种植中常见虫害有哪些？如何防治？
4．有机蔬菜间作、套作的基本原则是什么？
5．简述有机芦笋病虫害种类及防治技术。
6．有机黄瓜生产中育苗用的培养土如何配制？
7．概述有机水果种植中病虫害防治有哪些措施？
8．苹果的栽培管理有哪些环节？
9．如何综合防控有机苹果的病虫害？
10．参考本项目内容，请为当地一种有机水果编写生产技术规程。

参考文献

[1] 郭春敏，李秋洪，王志国. 有机农业与有机食品生产技术[M]. 北京：中国农业科学技术出版社，2005.
[2] 杜相革，王慧敏. 有机农业概论[M]. 北京：中国农业大学出版社，2001.
[3] 徐振龙. 有机芦笋高产栽培技术[J]. 安徽农学通报，2021（9）：27.
[4] 吕子强，吕建钊. 有机西兰花栽培技术[J]. 农业与技术，2013，33（1）：1.
[5] 计桥. 有机茄子的栽培与管理[J]. 吉林农业，2016（10）：100.
[6] 王军. 有机黄瓜种植技术规程[J]. 农民致富之友，2018（20）：1.
[7] 袁才生，朱业斌，周明海. 有机黄瓜病虫草害综合防控技术[J]. 蔬菜，2015（4）：2.
[8] 闫东林. 有机大蒜栽培技术[J]. 科学种养，2013（9）：26-27.
[9] 越祖江. 有机水稻栽培技术[J]. 现代农村科技，2018（3）：16.
[10] 王铁良，张会芳，魏亮亮，等. 有机小麦生产基地建立与生产技术论述[J]. 安徽农业科学，2016，44（33）：3.
[11] 刘登科，董文明. 有机玉米的种植模式与生态农业技术推广研究[J]. 新农业，2023（23）：13.
[12] 北京市科学技术协会. 有机食品与有机农业[M]. 北京：中国农业出版社，2006.

[13] 上海有机蔬菜工程技术研究中心. 有机蔬菜种植技术手册[D]. 上海：上海交通大学，2015.

[14] 王久兴，杨靖. 图说蔬菜育苗关键技术[M]. 北京：中国农业出版社，2010.

[15] 黄丹枫. 都市菜园生产模式之一：有机蔬菜生产与经营[M]. 长江蔬菜（学术版），2012，10：1-5.

[16] 王迪轩，何永梅，王雅琴. 有机蔬菜栽培技术[M]. 北京：化学工业出版社，2015.

[17] 王迪轩. 蔬菜标准园创建与实用新技术[M]. 北京：化学工业出版社，2013.

[18] 劳秀荣，杨守祥，李俊良. 菜园测土配方施肥技术[M]. 北京：中国农业出版社，农村读物出版社，2008.

[19] 程智慧. 蔬菜栽培学总论[M]. 北京：科学出版社，2010.

[20] 高振宁，赵克强，肖兴基，等. 有机农业与有机食品[M]. 北京：中国环境科学出版社，2009.

[21] 周文美. 有机蔬菜栽培管理技术[J]. 现代农业科技，2013，8：72.

[22] 杨钦亮. 有机蔬菜栽培土壤的培肥技术探讨[J]. 创新科技，2014，7：106.

[23] 陈冬林. 有机蔬菜的肥料使用技术探讨[J]. 园艺与种苗，2014，4：41-43.

[24] 汪李平. 有机蔬菜的肥料施用技术[J]. 长江蔬菜，2013，5：4-9.

[25] 有机水稻生产质量控制技术规范：NY/T 2410—2013[S].

[26] 有机茶生产技术规范：DB53/T 614—2014[S].

[27] 有机茶生产技术规程：NY/T 5197—2002[S].

[28] 有机苹果生产质量控制技术规范：NY/T 2411—2013[S].

[29] 有机茶产地环境条件：NY 5199—2002[S].

[30] 有机苹果生产技术规程：DB13/T 1405—2011[S].

[31] 乔玉辉，曹志平. 有机农业[M]. 北京：化学工业出版社，2015.

[32] 席运官，张纪兵，汪云岗. 有机农业技术与食品质量[M]. 北京：化学工业出版社，2012.

[33] 北京市科学技术协会. 有机食品与有机农业[M]. 北京：中国农业出版社，2006.

扫码查看

◉ AI农业专家
◉ 课件辅读
◉ 答案速查
◉ 案例促学

项目六　有机农业种植企业案例

案例1　企美实业集团有限公司

1　基地概况

早在1999年，为生产有机产品，在一片无污染的沙荒地上成立起来的企美实业集团有限公司，树立了"以食品安全为己任，以环境保护为使命"的企业宗旨，致力于集有机农产品种植、有机农产品加工、有机养殖、有机肥生产于一体的有机闭合大产业建造。25年来，在各级领导、各有关部门和国内外专家大力支持和帮助下，企美团队和基地父老乡亲辛勤耕耘、不懈努力，现已扩展并发展了有机种养农场85 000亩，带领22 900余农户通过有机种养增收致富，建有年产37 000 t有机速冻、冻干产品加工厂，生产并研发出有机果蔬速冻类、冻干类、保鲜类、风干类，有机禽蛋类、粮油类、即食类七大类达中欧美加日有机标准农产品和食品127种，产品出口到欧洲、北美、日本、韩国等37个国家和地区。同时国内市场迅速发展，销售领域已遍及京津冀、江浙沪、珠江三角洲及港澳台等经济圈，形成了有机产品直营店、线上旗舰店、VIP会员、抖店等多渠道销售方式，实现国内大型高端渠道合作多项覆盖。其中企美有机速冻甜玉米粒在京东购物连续388天销量霸榜第一。

公司有机农场和加工厂连续多年均取得美国农业部NOP、加拿大COR、欧盟EU、日本JAS有机认证证书和中国OFDC认证机构颁发的有机认证证书；加工厂同时连续多年取得美国犹太KOSHER认证证书和英国BRC的A级认证证书，取得HACCP、ISO 22000体系认证证书，建立了完善的有机农产品质量可追溯体系。集团公司荣获农业产业化国家重点龙头企业、国家高新技术企业、国家知识产权优势企业、全国有机食品生产示范基地、全国巾帼现代农业科技示范基地、国家级生态农场，出入境检验检疫信用管理AA级企业，河北省优秀民营企业、河北省科技型中小企业、河北省专精特新中小企业、河北省创新型中小企业、河北省扶贫龙头企业、河北省有机蔬菜种植标准化示范区，北京2022年冬奥会供应河北省先进集体，美国速冻协会会员单位，美国优质食品协会会员单位，国际有机农业运动联盟（IFOAM）会员单位等荣誉和资质。

在北京2008年百年奥运圆梦、2022年与冬奥会携手之际，企美集团圆满成功完成双奥食材供应工作，成为国内屈指可数的双奥食材供应企业，河北省唯一一家双供奥企业。作为取得国际有机认证的企业，2008年7月30日，CCTV-1晚7点《新闻联播》以"奥运带动中国农业，牵手世界高标准"为题，给予了头条报道。

公司坚持国际国内双循环发展。公司海外事业部设在美国纽约，拥有博士研发团队。企美集团长期与美国康奈尔大学、华南理工大学、广东农科院等科研院所保持紧密合作，共同开展产品研发、土壤改良和新品种的培育等课题研究，使得公司产品长期处于世界前沿地位。

公司多次代表中国有机食品企业迎接欧盟认证委员会、国际有机认可协会检查，每次都得到充分肯定且顺利通过；率先尝试产教融合模式，与河北环境工程学院合作成立了企美有机产业学院，打造集人才培养、科学研究和有机理念传播于一体的平台，为区域乃至全国全球有机产业发展提供了人才储备和科技支撑；公司发起成立了邯郸市有机产业协会，融合龙头、经营主体和市场资源，将为邯郸市有机产业发展壮大贡献一份微薄之力。

为满足日益增长的市场需求，公司按照有机理念、有机加工标准设计建设了占地 350 亩的企美有机产品加工园，统筹布局了生产、加工、研发、示范、服务等功能板块，聚集了现代科技要素，是消费者能够全程看得见食得着、安全安心、透明化的"家庭厨房"，是通往国内外市场的桥梁和纽带，是企美有机闭合大产业的龙头。加工园内设有机速冻、冻干、风干果蔬、有机预制食品、有机面点、有机休闲食品等加工厂，另设有机产业科技大厦、有机产品检测中心、有机产品展厅和体验厅等符合欧美有机标准的建设单元。有机产品加工园全部投产后，将带动 30 万个农户通过 130 万亩有机种养增收致富，为全球消费者年产 78 万 t 更加丰富的有机食品，为 755 人提供就业岗位。

企美真诚欢迎国内外有志于有机产业发展的各界人士，共同将有机产业这件利国利民、功在当代、利在千秋的大善事做强、做大，让全球消费者共享安全安心有机食品，为建设"天蓝、地绿、水清"的美丽家园、为我们的子孙后代留下"泥土依然是泥土的芳香、食物依然是食物的美味"做出有机产业发展的贡献。

2 组织模式

公司致力于有机农产品种植、有机农产品加工、有机养殖、有机肥生产于一体的有机闭合大产业建造，设立了 13 个专职部门服务于有机闭合产业。

基地部、生产部、仓储物流部、品管部、有机食品研究所、采购部各司其职，围绕产能直接开展工作；国际贸易部、国内贸易部将企美有机产品销往全球 37 个国家和地区；财务部、综合办、人资部、金融事业部、工程部为产能及销售做好保障工作。

公司有机基地由基地部统一管理，基地设置基地管理员和植保员，根据公司订单制订种植计划，准备有机生产所需的农资，指导基地按照有机标准进行生产。各基地配备 1 名负责人，负责各基地的农工安排、作物栽培、病虫害防治、除草管理等具体工作。

3 关键技术

企美实业集团有限公司有机农场依据《有机产品　生产、加工、标识与管理体系要求》（GB/T 19630—2019）、美国农业部 NOP 标准、加拿大 COR 标准、欧盟 EU 标准、日本 JAS 标准进行有机农业种植生产。在土壤选择、种源选择、土壤培肥、植保、栽培管理等多方面进行技术积累，总结了 127 个有机品种的有机技术规程。

（1）产地环境选择

有机农业种植基地选择：在适宜的环境条件下进行，生产基地远离城区、工矿企业、交通主干道、工业污染源、生活垃圾等，并要持续改善产地环境。

土壤选择：在种植有机作物之前，对土壤进行检测，选择具备符合 GB 15618—2018

要求的土壤，必要时可以检测 200 项农药残留进行进一步评估。全部达标后，方可作为有机农业种植的土壤。

水源选择：选择井水，不宜选择河水，以免河水水质不稳定，造成污染。水源水质要符合 GB 5084 要求，每年要对水源水质进行检测，合格后方可用于有机农作物的灌溉。

空气标准：环境空气质量符合 GB 3095—2012 的规定。

基地地块标准：要求成方连片，最小面积 100 亩，地块四周边界清晰，与常规农田有 8 m 以上，能够有效预防有机地块受到污染的缓冲带。

（2）作物品种选择

选择适应当地土壤和气候条件、抗病虫害的品种，结合基地当地种植习惯选择适宜的作物种类。

选择有机的种子，当市场上无法获得有机种子时，选择未经过禁用物质处理过的，并且不能是使用转基因技术的种子。一些可以自留的品种，如大蒜、杂粮等，尽量使用有机自留种。

需要育苗的作物，育苗的管理过程也要严格执行有机标准，使用的机质要符合有机标准要求，如使用天然来源的草炭土，使用充分发酵的有机肥等，不得使用有机标准禁止使用的物质。病虫害防治也要按照有机标准进行管理。并且整个育苗的过程要有农事记录。

（3）轮作

轮作对土壤保持肥力、减少病虫害发生有重要意义。有机标准要求一年生作物应进行三种以上不同种类植物的轮作。一般会安排一种豆科等绿肥植物进行轮作，以改善土壤肥力。例如：甜玉米—西兰花—毛豆；或小麦—玉米—苜蓿。

（4）土壤培肥管理

有机农业种植过程中不允许使用任何化学合成的肥料和城市污水污泥，施用达到欧盟有机标准的有机肥以维持和提高土壤的肥力、营养平衡和土壤生物活性。

有机肥优先来源于有机养殖体系，要添加适量的植物秸秆以调节碳氮比，初始碳氮比控制在 25∶1～40∶1，并经过充分的发酵堆置，发酵过程中添加来源于自然界的微生物。有机肥的堆置过程中多次测量温度并翻堆，整个堆置过程有详细的记录。

有机肥富含有机质，并含有植物生长所需的氮、磷、钾及各种微量元素，根据作物的需肥量不同，有机肥的施用量会有不同，一般每公顷每年施用量在 30 t 以上，但也不是越多越好，要控制每年每公顷土地施用有机肥的含氮量不超过 170 kg。

除动物粪便堆置的有机肥外，还会使用有机豆饼、菜籽饼等发酵的有机肥作为追肥，以快速提供植物生长特别是结果期所需的各种养分。

（5）病虫草害防治管理

病虫草害防治从农业生态系统出发，综合防治以防为主，创造不利于病虫草害发生的环境条件。优先使用农业方法和物理方法。有别于传统农业以治为主，"头痛医头，脚痛医脚"大量使用化学合成农药的防治理念。

有机基地首先选择抗病虫性强的品种，培育壮苗，种植在富含有机质的有机土壤中，并且种植之前进行深耕整地，降低病虫害的发生概率。作物收获后，清洁田园，把作物残留枝叶清理干净，减少病虫害宿主，截断上一茬口作物的病菌、虫卵继续侵染新种植的作物。使用杀虫灯、性诱剂等物理方法除虫。在农业方法、物理方法无法控制病虫害的情况下，使用天然除虫菊素、苏云金杆菌、鱼腾酮、哈茨木霉菌等天然制剂的方法防治病虫害。

有机基地土壤肥沃，会滋生大量杂草，与有机作物争夺生长空间和养分。有机基地冬季深翻土壤，让草种无法在第二年继续生长，并适当使用覆盖物对地块进行覆盖，使杂草无法正常生长。结合人工和机械的中耕除草，在消除杂草影响的同时，增加土壤透气性，为作物根系创造适宜的生长环境。

4　经济及社会效益分析

企美实业集团有限公司，深耕有机产业 25 年，为食品安全和环境保护做出了非常大的贡献，同时取得了非常大的经济效益和社会效益。

企美集团指导合作社、农户开展有机标准化生产，发展规模化经营，帮助农户发展成为合作社或家庭农场，企美集团以高于市场保护价格收购产品，已带动近 13 000 个农户走上了有机种养致富路，实现农户每亩收益增收 1 000 元以上，企美集团和农户共同发展、合作双赢。目前，企美集团的种养基地分布于甘肃省张掖市、河北省邢台市以及邯郸市永年区、经开区、武安市等省市，总面积达到 8 万余亩。

企美的有机基地不只增加了当地农民的收入，更把有机的理念、有机的生活方式传播到基地周边，让农民更加注重健康，避免自身受到农药化肥除草剂等化学物质的毒害，同时大量减少了对土壤的污染，每年每亩减少化肥用量 200 kg 以上，减少大量的农药和除草剂的使用，为"天蓝、地绿、水净"做出了自己的贡献。

5　推广应用前景

企美集团建立"龙头企业+有机标准+有机农场+合作社+农户+有机加工+市场"的有机产业经营模式，通过土地流转，采取"公司+合作社""公司+农户"等形式。建立有机农场，组织农户到有机农场管理或务工，让农户的一份土地拥有两份收入。

企美集团成立之初，志在进军国际市场，实施有机农业"走出去"，农场和加工厂连续多年获得中国、美国、加拿大、欧盟和日本 5 个标准的有机产品认证及中国 HACCP 体系认证等多个认证，企美集团有机产品取得了进入国内外市场的通行证。

企美集团长期与华南理工大学、美国康奈尔大学等高校合作，共同开展项目开发、产品研发、土壤改良和新品种的开发。2019 年，企美集团与河北环境工程学院合作成立了"企美有机产业学院"，为有机产业发展提供了科技支撑。同时企美集团发起并成立了邯郸市有机产业协会，发挥国家重点龙头企业的优势，融合龙头、经营主体和市场资源。

企美集团为保障有机产品品质，培育品牌，产品从种植、加工、销售等环节进行全程监管和检测，建立了完善的可追溯体系，实现有机农产品和食品农残 583 项"未检出"的突破。2022 年以来，企美集团落实"疫情要防住、经济要稳住、发展要安全"的要求，主动推进复工复产，确保了有机产品国内外市场的供应。

未来，企美集团将继续推动有机产业与生态保护、美丽乡村建设的结合，保障农业高质量发展，确保有机基地不施用化肥、化学合成农药、激素等化学投入物，进而减少农业面源污染，切实为农村形成干净、卫生的生活环境创造条件，为助力乡村振兴贡献力量。

企美有机产业模式是中国特色的有机发展模式，得到了 25 年的验证，在全民越来越重视健康，国家越来越重视环保的情况下，企美有机产业模式具有非常广阔的推广应用前景。

案例 2　北京青圃园菜蔬有限公司

扫码查看案例

案例 3　北京市蟹岛绿色生态度假村有限公司

扫码查看案例

案例 4　黑龙江省双城市顺利村有机农庄及有机食品基地

扫码查看案例

案例 5　美国 UCSC 有机农业试验农场

扫码查看案例

配套课件

扫码查看课件